高等中医药院校教材
习题精选

主编 · 邵建华　陈世红

高等数学

习题精选

上海科学技术出版社

图书在版编目(CIP)数据

高等数学习题精选 / 邵建华,陈世红主编. — 上海:上海科学技术出版社,2015.2(2025.1 重印)
高等中医药院校教材习题精选
ISBN 978-7-5478-2510-5

Ⅰ.①高… Ⅱ.①邵… ②陈… Ⅲ.①高等数学-中医学院-习题集 Ⅳ.①013-44

中国版本图书馆 CIP 数据核字（2014）第 312043 号

高等数学习题精选
主编/邵建华　陈世红

上海世纪出版(集团)有限公司
上海科学技术出版社 出版、发行
(上海市闵行区号景路 159 弄 A 座 9F-10F)
邮政编码 201101　www.sstp.cn
常熟市兴达印刷有限公司印刷
开本 787×1092 1/32 印张 7.875 字数 180 千
2015 年 2 月第 1 版 2025 年 1 月第 6 次印刷
ISBN 978-7-5478-2510-5/O·45
定价:17.00 元

编委名单

主　编

邵建华　上海中医药大学
陈世红　江西中医药大学

副主编

关明云　辽宁中医药大学
赵文峰　河南中医学院
魏兴民　甘肃中医学院
钱微微　浙江中医药大学
胡灵芝　陕西中医学院

主　审

王世钦　甘肃中医学院

编写说明

在数学的学习过程中，习题练习是最基本的形式之一，这对于学生数学概念的理解、定理和定义的掌握、运算技巧的获得、逻辑思维的培养等都有非常重要的意义。怎样来衡量是否学好了数学，解决问题是重要的评判要素。同时，习题也是教材的重要组成部分。

本书是普通高等教育中医药类“十二五”规划教材《高等数学》的配套学习辅导用书，按《高等数学》的章节顺序编排，便于学生与教材同步学习。每章包括内容提要、习题解答、课外练习三部分，且在全书最后附有课外练习的参考答案。

内容提要部分，将每章必须要求掌握的知识点、重点和难点列出，引导学生提高归纳总结的能力。

习题解答部分，对教材中每章习题进行了详细的解答，不但有解题过程，有的还附有对习题的分析，方便学生进行对照学习。

课外练习部分，按照教学大纲要求，以模拟考试试卷的形式，给出了单选题、填空题、计算及证明题，学生可以对学习内容掌握的情况进行自测。

课外练习参考答案部分，给出了详细的解题和证明过程及其答案，对学生知识掌握、复习考试等会有极大的帮助，同时也提高了学习效率。

本书第一章由黄爱武、刘敏编写；第二章由赵文峰编写；第三章由陈世红、韦杰、周丽编写；第四章由黄浩、覃洁编写；第五章由钱微微、汪春华、陈赠思编写；第六章由魏兴民、周菲、张忠文编写；第七章由胡灵芝、陈丽君编写；第八章由关明云、谢国梁、董丹编写；第九章由邵建华、孙继佳、赵莹、郝小枝编写。最后由邵建华统稿，孙继佳和赵莹也参加了统稿工作。

由于水平所限，书中不足之处在所难免，敬请同行和读者批评指正，以便再版时修订和改进。

《高等数学习题精选》编委会

2014年10月

目　录

第一章
函数与极限

【内容提要】

1. 函数的定义与性质

(1) 常量与变量　**常量**就是在某变化过程中不变的量，而**变量**则是在某变化过程中变化的量。

(2) 函数的概念　设有两个变量 x 和 y，D 为一非空数集，如果对于 D 内每一个数 x，变量 y 按一定的法则 f 总有唯一确定的值与之对应，则称 y 是 x 的函数。记作 $y=f(x)$。数集 D 称为函数的**定义域**。

(3) 函数的表示法　解析法、列表法、图象法。

(4) 函数的性质　有界性、奇偶性、单调性、周期性。

2. 函数的极限

(1) 自变量趋于无穷大时函数的极限　对于给定的任意小的正数 ε，总存在一个正数 X，当 $|x|>X$ 时，不等式 $|f(x)-A|<\varepsilon$（A 是一个确定的常数）恒成立，则称常数 A 为函数 $f(x)$ 当 $x\to\infty$ 时的**极限**，记作 $\lim\limits_{x\to\infty}f(x)=A$ 或 $f(x)\to A(x\to\infty)$。

(2) 自变量趋于有限值时函数的极限　设函数 $f(x)$ 在点 x_0 的某一去心邻域内有定义，如果对于任意给定的无论多么小的正数 ε，总存在一个正数 δ，当 $0<|x-x_0|<\delta$ 时，不等式 $|f(x)-$

$A| < \varepsilon$(A是一个确定的常数)恒成立,则称常数A为函数$f(x)$当$x \to x_0$时的极限,记作$\lim\limits_{x \to x_0} f(x) = A$或$f(x) \to A(x \to x_0)$。

(3) 极限存在定理　函数$f(x)$在点x_0极限存在的充分必要条件是左极限和右极限存在并且相等,即

$$\lim_{x \to x_0} f(x) = A \Leftrightarrow \lim_{x \to x_0^+} f(x) = \lim_{x \to x_0^-} f(x) = A$$

(4) 函数极限的性质

定理1　唯一性　若$\lim\limits_{x \to \infty} f(x)$(或$\lim\limits_{x \to x_0} f(x)$)存在,则它的极限是唯一的。

定理2　局部有界性　若$\lim\limits_{x \to x_0} f(x)$存在,则在点$x_0$的某一邻域内函数$f(x)$有界。

定理3　局部保号性　若$\lim\limits_{x \to x_0} f(x) = A$,且$A > 0$(或$A < 0$),则存在点$x_0$的某一去心邻域,使得在该邻域内的任意$x$都有$f(x) > 0$(或$f(x) < 0$)。

推论1　若$\lim\limits_{x \to x_0} f(x) = A$,且在点$x_0$的某一去心邻域内恒有$f(x) \geqslant 0$(或$f(x) \leqslant 0$),则必有$A \geqslant 0$(或$A \leqslant 0$)。

(5) 无穷大量与无穷小量

定理5　当$x \to x_0$(或$x \to \infty$),函数$f(x)$以常数A为极限的充分必要条件是在该变化过程中,函数$f(x)$可表示为A与一个无穷小量的和。

性质1　在同一变化过程中,有限个无穷小量的和仍是无穷小量。

性质2　在同一变化过程中,有限个无穷小量的积仍是无穷小量。

性质3　在同一变化过程中,一个有界变量与一个无穷小量的积仍是无穷小量。

(6) 函数极限的运算法则

定理4　四则运算法则　若$\lim\limits_{x \to x_0} f(x) = A$, $\lim\limits_{x \to x_0} g(x) = B$,则有

1) $\lim\limits_{x \to x_0}(f(x) \pm g(x)) = A \pm B$。

2) $\lim\limits_{x \to x_0} f(x)g(x) = AB$。

3) $\lim\limits_{x \to x_0} kf(x) = kA$。

4) $\lim\limits_{x \to x_0} \dfrac{f(x)}{g(x)} = \dfrac{A}{B}(B \neq 0)$。

5) 一般地，$\lim\limits_{x \to \infty} \dfrac{a_0 x^m + a_1 x^{m-1} + \cdots + a_{m-1}x + a_m}{b_0 x^n + b_1 x^{n-1} + \cdots + b_{n-1}x + b_n} = \begin{cases} \dfrac{a_0}{b_0}(m = n) \\ 0(m < n) \\ \infty(m > n) \end{cases}$。

3. 两个重要极限

(1) $\lim\limits_{x \to 0} \dfrac{\sin x}{x} = 1$；(2) $\lim\limits_{x \to \infty}\left(1 + \dfrac{1}{x}\right)^x = \mathrm{e}$。

4. 函数的间断与连续

(1) *函数连续性条件*　从函数连续的定义可知，函数在点 x_0 处连续必须同时满足三个条件。

1) 函数 $f(x)$ 在点 x_0 处有定义。

2) 自变量 $x \to x_0$ 时函数 $f(x)$ 的极限存在。

3) $\lim\limits_{x \to x_0} f(x) = f(x_0)$。

(2) *函数间断点的类型*　如果函数连续性的三个条件中，任何一个得不到满足，则称函数 $y = f(x)$ 在 $x = x_0$ 处不连续。函数不连续点称为**间断点**。间断点可以按左、右极限是否存在进行分类，即：①左、右极限都存在的间断点，称为第一类间断点。②第一类间断点中，左、右极限相等的间断点，称为可去间断点。③左、右极限至少有一个不存在的间断点，称为第二类间断点。

(3) *初等函数的连续性*

定理 1　若函数 $f(x)$，$g(x)$ 在点 x_0 处都连续，则它们的和、差、积、商(分母不为零)在点 x_0 处连续。

定理 2 设函数 $u=\varphi(x)$ 当 $x\to x_0$ 时极限存在且等于 a，即 $\lim\limits_{x\to x_0}\varphi(x)=a$，而函数 $y=f(u)$ 在点 $u=a$ 连续，则复合函数 $y=f(\varphi(x))$ 当 $x\to x_0$ 时的极限也存在且等于 $f(a)$，即 $\lim\limits_{x\to x_0}f(\varphi(x))=f(a)$。

定理 3 设函数 $u=\varphi(x)$ 在点 x_0 处连续，而函数 $y=f(u)$ 在点 $u=\varphi(x_0)$ 连续，则复合函数 $y=f(\varphi(x))$ 在点 x_0 处连续。

最后，我们可以得到总结：**一切初等函数在其定义域内都是连续函数。**

【习题解答】

1-1 下列各题中的两个函数是否相同。

(1) $f(x)=x$, $g(x)=\sqrt{x^2}$；(2) $f(x)=\lg x^2$, $g(x)=2\lg x$；

(3) $f(x)=x+1$, $g(x)=\dfrac{x^2-1}{x-1}$。

解 (1)不是，对应法则不同；(2)不是，定义域不同；(3)不是，定义域不同。

1-2 求下列函数的定义域。

(1) $y=a\ln(bx-c)(ab\neq 0)$；

(2) $y=\dfrac{1}{x}-\sqrt{1-x^2}$；

(3) $y=\ln(x+\sqrt{x^2+1})$；

(4) $y=\dfrac{1}{|x|-x}$。

解 (1) 当 $b>0$ 时 $x>\dfrac{c}{b}$；当 $b<0$ 时 $x<\dfrac{c}{b}$；(2) $[-1,0)\cup(0,1]$；(3) $x\in\mathbf{R}$；(4) $x<0$。

1-3 设 $f(x)=\begin{cases}1-x^2(x\leqslant 0)\\ -2^x(x>0)\end{cases}$，求 $f(-1)$，$f(0)$，$f(1)$，

$f(f(-1))$。

解 $f(-1)=0$，$f(0)=1$，$f(1)=-2$，$f(f(-1))=1$。

1-4 求下列函数的反函数。

(1) $y=\sqrt[3]{1+x}$；(2) $y=\dfrac{ax+b}{cx+d}(ad-bc\neq 0)$。

解 (1) $y=x^3-1$；(2) $y=\dfrac{b-dx}{cx-a}\left(x\neq\dfrac{a}{c}\right)$。

1-5 当 $x\to 0$ 时,下列函数与 x 相比是什么阶的无穷小量。

(1) $x^2+\sin x$；(2) $x^3+1\,000x^2$；(3) $\ln(1+2x)$。

解 (1) $\lim\limits_{x\to 0}\dfrac{x^2+\sin x}{x}=\lim\limits_{x\to 0}\left(x+\dfrac{\sin x}{x}\right)=1+0=1$,所以是 x 的等价无穷小。

(2) $\lim\limits_{x\to 0}\dfrac{x^3+1\,000x^2}{x}=\lim\limits_{x\to 0}(x^2+1\,000x)=0$,所以是 x 的高阶无穷小。

(3) $\lim\limits_{x\to 0}\dfrac{\ln(1+2x)}{x}=2$,所以是 x 的同阶无穷小。

1-6 求下列极限。

(1) $\lim\limits_{x\to 2}\dfrac{x-1}{x+3}$；(2) $\lim\limits_{x\to 0}\left(1-\dfrac{2}{x-3}\right)$；

(3) $\lim\limits_{x\to 1}\dfrac{x^2-1}{2x^2-x-3}$；(4) $\lim\limits_{x\to 0}\dfrac{x^2}{1-\sqrt{1+x^2}}$；

(5) $\lim\limits_{x\to 0}\dfrac{\sqrt{1-x}-3}{2+\sqrt[3]{x}}$；(6) $\lim\limits_{x\to 1}\left(\dfrac{3}{1-x^3}-\dfrac{1}{1-x}\right)$。

解 (1) $\lim\limits_{x\to 2}\dfrac{x-1}{x+3}=\lim\limits_{x\to 2}\dfrac{2-1}{2+3}=\dfrac{1}{5}$

(2) $\lim\limits_{x\to 0}\left(1-\dfrac{2}{x-3}\right)=\lim\limits_{x\to 0}\left(1-\dfrac{2}{0-3}\right)=\dfrac{5}{3}$

(3) $\lim\limits_{x\to 1}\dfrac{x^2-1}{2x^2-x-3}=\lim\limits_{x\to 1}\dfrac{(x+1)(x-1)}{(x+1)(2x-3)}=\lim\limits_{x\to 1}\dfrac{x-1}{2x-3}=0$

(4) $\lim\limits_{x\to 0}\dfrac{x^2}{1-\sqrt{1+x^2}}=\lim\limits_{x\to 0}\dfrac{x^2(1+\sqrt{1+x^2})}{(1-\sqrt{1+x^2})(1+\sqrt{1+x^2})}$

$$=\lim_{x\to 0}-(1+\sqrt{1+x^2})=-2$$

(5) $\lim\limits_{x\to 0}\dfrac{\sqrt{1-x}-3}{2+\sqrt[3]{x}}=\lim\limits_{x\to 0}\dfrac{1-3}{2+0}=-1$

(6) $\lim\limits_{x\to 1}\left(\dfrac{3}{1-x^3}-\dfrac{1}{1-x}\right)=\lim\limits_{x\to 1}\left(\dfrac{3}{1-x^3}-\dfrac{1+x+x^2}{1-x^3}\right)$

$$=\lim_{x\to 1}\frac{x^2+x-2}{(x-1)(1+x+x^2)}$$

$$=\lim_{x\to 1}\frac{x+2}{1+x+x}=1$$

1-7 求下列极限。

(1) $\lim\limits_{x\to 0}\dfrac{\tan x-\sin x}{x}$； (2) $\lim\limits_{x\to 0}\dfrac{\sin 2x}{\sin 3x}$；

(3) $\lim\limits_{x\to 0}\dfrac{x-\sin x}{x+\sin x}$； (4) $\lim\limits_{x\to 0}\dfrac{\tan x-\sin x}{\sin^3 x}$。

解 (1) $\lim\limits_{x\to 0}\dfrac{\tan x-\sin x}{x}=\lim\limits_{x\to 0}\left(\dfrac{\tan x}{x}-\dfrac{\sin x}{x}\right)=1-1=0$

(2) $\lim\limits_{x\to 0}\dfrac{\sin 2x}{\sin 3x}=\lim\limits_{x\to 0}\dfrac{\sin 2x}{2x}\cdot\dfrac{3x}{\sin 3x}\cdot\dfrac{2}{3}=1\cdot 1\cdot\dfrac{2}{3}=\dfrac{2}{3}$

(3) $\lim\limits_{x\to 0}\dfrac{x-\sin x}{x+\sin x}=\lim\limits_{x\to 0}\dfrac{1-\dfrac{\sin x}{x}}{1+\dfrac{\sin x}{x}}=\dfrac{1-1}{1+1}=0$

(4) $\lim\limits_{x\to 0}\dfrac{\tan x-\sin x}{\sin^3 x}=\lim\limits_{x\to 0}\dfrac{\dfrac{1}{\cos x}-1}{\sin^2 x}=\lim\limits_{x\to 0}\dfrac{1-\cos x}{\cos x\cdot\sin^2 x}$

$$=\lim_{x\to 0}\frac{\dfrac{1}{2}\left(\dfrac{\sin\dfrac{x}{2}}{\dfrac{x}{2}}\right)^2}{\cos x\left(\dfrac{\sin x}{x}\right)^2}=\frac{1}{2}$$

1-8 求下列极限。

(1) $\lim\limits_{x\to\infty}\left(1+\dfrac{2}{x}\right)^{2x}$；(2) $\lim\limits_{x\to\infty}\left(1-\dfrac{2}{x}\right)^{\frac{x}{2}-1}$；

(3) $\lim\limits_{x\to 0}\left(\dfrac{2-x}{2}\right)^{\frac{2}{x}}$；　(4) $\lim\limits_{x\to\infty}\left(\dfrac{x-1}{x+1}\right)^{x}$。

解　(1) $\lim\limits_{x\to\infty}\left(1+\dfrac{2}{x}\right)^{2x}=\lim\limits_{x\to\infty}\left[1+\dfrac{1}{\dfrac{1}{2}x}\right]^{\left(\frac{1}{2}x\right)\cdot 4}=\mathrm{e}^{4}$

(2) $\lim\limits_{x\to\infty}\left(1-\dfrac{2}{x}\right)^{\frac{x}{2}-1}=\lim\limits_{x\to\infty}\left[1+\dfrac{1}{-\dfrac{1}{2}x}\right]^{\left(-\frac{x}{2}\right)\cdot(-1)-1}=\mathrm{e}^{-1}$

(3) $\lim\limits_{x\to 0}\left(\dfrac{2-x}{2}\right)^{\frac{2}{x}}=\lim\limits_{x\to 0}\left(1-\dfrac{1}{2}x\right)^{\frac{2}{x}}$

$=\lim\limits_{x\to 0}\left(1+\left(-\dfrac{1}{2}\right)x\right)^{\left(-\frac{1}{\frac{1}{2}x}\right)\cdot(-1)}=\mathrm{e}^{-1}$

(4) $\lim\limits_{x\to\infty}\left(\dfrac{x-1}{x+1}\right)^{x}=\lim\limits_{x\to\infty}\left(\dfrac{x+1-2}{x+1}\right)^{x}=\lim\limits_{x\to\infty}\left(1+\dfrac{-2}{x+1}\right)^{x}$

$=\lim\limits_{x\to\infty}\left[1+\dfrac{1}{-\dfrac{1}{2}(x+1)}\right]^{\left[-\frac{1}{2}(x+1)\right]\cdot(-2)-1}$

$=\mathrm{e}^{-2}$

1-9　请问 a 取何值时，下列函数在$(-\infty,\ +\infty)$内为连续函数。

(1) $f(x)=\begin{cases}\dfrac{\sin x}{x}(x<0)\\ 2a-x^{2}(x\geqslant 0)\end{cases}$；

(2) $f(x)=\begin{cases}x+a(x\leqslant 0)\\ \dfrac{1-\cos x}{x^{2}}(x>0)\end{cases}$。

解　(1) $\lim\limits_{x\to 0^{-}}f(x)=\lim\limits_{x\to 0^{-}}\dfrac{\sin x}{x}=1$，$\lim\limits_{x\to 0^{+}}f(x)=\lim\limits_{x\to 0^{+}}(2a-x^{2})=2a$，则 $2a=1$，即 $a=\dfrac{1}{2}$。

(2) $\lim\limits_{x\to 0^-}f(x)=\lim\limits_{x\to 0^-}(x+a)=a$, $\lim\limits_{x\to 0^+}f(x)=\lim\limits_{x\to 0^+}\dfrac{1-\cos x}{x^2}=\dfrac{1}{2}$,即 $a=\dfrac{1}{2}$。

1-10 试确定下列函数的间断点并说明类型。

(1) $y=\dfrac{1}{x^2-3x+2}$;　　(2) $y=\begin{cases}x-1(x\leqslant 1)\\3-x(x>1)\end{cases}$。

解 (1) $x=1$ 和 $x=2$,可去间断点;(2)$x=1$,可去间断点。

1-11 求下列极限。

(1) $\lim\limits_{x\to 1}\left(\dfrac{3}{x^3-1}-\dfrac{1}{x-1}\right)$;　　(2) $\lim\limits_{x\to 0}\dfrac{\sin 3x}{\sqrt{x+4}-2}$;

(3) $\lim\limits_{x\to 0}\dfrac{\ln(1+2x)}{\sin 3x}$;　　(4) $\lim\limits_{x\to +\infty}\left(1-\dfrac{1}{x}\right)^{\sqrt{x}}$;

(5) $\lim\limits_{x\to +\infty}\left(\dfrac{2x+3}{2x-1}\right)^{x+1}$;　　(6) $\lim\limits_{x\to +\infty}x[\ln(x+2)-\ln x]$。

解 (1) $$\lim_{x\to 1}\left(\frac{3}{x^3-1}-\frac{1}{x-1}\right)=\lim_{x\to 1}\left(\frac{3}{x^3-1}-\frac{1+x+x^2}{x^3-1}\right)$$
$$=-\lim_{x\to 1}\frac{x^2+x-2}{(x-1)(1+x+x^2)}$$
$$=-\lim_{x\to 1}\frac{x+2}{1+x+x^2}=-1$$

(2) $$\lim_{x\to 0}\frac{\sin 3x}{\sqrt{x+4}-2}=\lim_{x\to 0}\frac{3x\cdot(\sqrt{x+4}+2)}{(\sqrt{x+4}-2)(\sqrt{x+4}+2)}$$
$$=\lim_{x\to 0}\frac{3x\cdot(\sqrt{x+4}+2)}{x}=12$$

(3) $$\lim_{x\to 0}\frac{\ln(1+2x)}{\sin 3x}=\lim_{x\to 0}\frac{2x}{3x}=\frac{2}{3}$$

(4) $$\lim_{x\to +\infty}\left(1-\frac{1}{x}\right)^{\sqrt{x}}=\lim_{x\to +\infty}\left[\left(1-\frac{1}{\sqrt{x}}\right)\left(1+\frac{1}{\sqrt{x}}\right)\right]^{\sqrt{x}}$$
$$=\lim_{x\to +\infty}\left[\left(1-\frac{1}{\sqrt{x}}\right)^{-\sqrt{x}}\right]^{-1}\cdot\left(1+\frac{1}{\sqrt{x}}\right)^{\sqrt{x}}$$

$$= e^{-1} \cdot e = 1$$

(5) $\lim\limits_{x\to+\infty}\left(\frac{2x+3}{2x-1}\right)^{x+1} = \lim\limits_{x\to+\infty}\left(1+\frac{4}{2x-1}\right)^{x+1}$

$$= \lim_{x\to+\infty}\left(1+\frac{1}{\frac{1}{2}x-\frac{1}{4}}\right)^{\left(\frac{1}{2}x-\frac{1}{4}\right)\cdot 2+\frac{3}{2}}$$

$$= e^2$$

(6) $\lim\limits_{x\to+\infty} x[\ln(x+2)-\ln x] = \lim\limits_{x\to+\infty}\ln\left(1+\frac{2}{x}\right)^{x}$

$$= \lim_{x\to+\infty}\ln\left[\left(1+\frac{2}{x}\right)^{\frac{x}{2}}\right]^{2} = 2$$

1－12 证明方程 $x\cdot 2^x=1$ 至少有一个小于 1 的正根。

证 略

【课外练习】

一、单选题

1\. 函数 $f(x)=\frac{1+x}{1-x}$ 的定义域是(　　)。

A．$x\leqslant 1$　　B．$x\geqslant 1$

C．$x\neq 1$　　D．$-1<x<1$

2\. 函数 $y=|\sin 2x|$ 的最小周期是(　　)。

A．2π　　B．π　　C．$\frac{\pi}{2}$　　D．$\frac{\pi}{4}$

3\. $\lim\limits_{x\to 1}\frac{x^2-1}{x^2-3x+2}=$ (　　)。

A．1　　B．2　　C．-2　　D．不存在

4\. 函数 $f(x)=\begin{cases}-\cos\frac{\pi x}{2}\ (|x|\leqslant 1)\\ |x-1|\ (|x|>1)\end{cases}$ 的间断点是(　　)。

A. $x=1$　　B. $x=-1$

C. $x=0$　　D. $x=1$ 或 $x=-1$

5. $\lim\limits_{x\to\pi}\dfrac{\sin x}{\pi-x}=$ (　　)。

A. 1　　B. -1　　C. 0　　D. ∞

6. $\lim\limits_{x\to 0}(1-3x)^{\frac{1}{x}}=$ (　　)。

A. e^3　　B. e^{-3}　　C. $e^{\frac{1}{3}}$　　D. $e^{-\frac{1}{3}}$

7. $\lim\limits_{x\to\infty}(1+3x)^{\frac{1}{x}}=$ (　　)。

A. $\dfrac{3}{2}$　　B. $\dfrac{2}{3}$　　C. $-\dfrac{3}{2}$　　D. $-\dfrac{2}{3}$

8. 函数 $y=f(x)$ 在 $x=x_0$ 点处有定义是它在该点处连续的(　　)。

A. 必要充分　　B. 充分条件

C. 充要条件　　D. 无关条件

9. 函数 $f(x)=\begin{cases}x-1(0<x\leqslant 1)\\2-x(1<x\leqslant 3)\end{cases}$，在 $x=1$ 处间断是因为(　　)。

A. $f(x)$ 在点 $x=1$ 处无意义

B. $\lim\limits_{x\to 1^-}f(x)$ 不存在

C. $\lim\limits_{x\to 1^+}f(x)$ 不存在

D. $\lim\limits_{x\to 1}f(x)$ 不存在

10. $\lim\limits_{x\to 0}\left(x\sin\dfrac{1}{x}+\dfrac{1}{x}\sin x\right)=$ (　　)。

A. 0　　B. 1　　C. 2　　D. 不存在

11. 若 $f(x)=\dfrac{2}{x+1}$，则 $f[f(3)]=$ (　　)。

A. $\dfrac{4}{3}$　　B. $\dfrac{5}{4}$　　C. $\dfrac{7}{8}$　　D. $\dfrac{6}{5}$

12. 下列函数中,表达式为基本初等函数的是(　　)。

A. $y=\begin{cases}2x^2(x\geqslant 0)\\2x+1(x<0)\end{cases}$　　B. $y=2x+\cos x$

C. $y=x$　　D. $y=\sin\sqrt{x}$

13. 若 $\lim\limits_{x\to x_0}f(x)=a$($a$ 为常数),则函数 $f(x)$ 在 x_0 处(　　)。

A. 有定义,且 $f(x_0)=a$

B. 可以有定义,也可以没定义

C. 有定义,但 $f(x_0)$可以为 a 以外任何值

D. 没有定义

14. 当 $x\to 0$ 时,函数 $\sin\dfrac{1}{x}$ 是(　　)。

A. 无穷大量　　B. 无穷小量

C. 有界变量　　D. 极限为 1

15. 当 $x\to+\infty$时,下列变量中与 x 相比为高阶无穷大量的是(　　)。

A. $x+1$　　B. $\ln(x+1)$　　C. $x+\sin x$　　D. e^x

16. 若 $\lim\limits_{x\to 0}\dfrac{\sin 3x}{kx}=2$,则 $k=$(　　)。

A. 6　　B. $\dfrac{1}{6}$　　C. $\dfrac{2}{3}$　　D. $\dfrac{3}{2}$

17. 设 $f(x)=\begin{cases}-x^2+3 & (x\geqslant 3)\\x^2-3 & (x<3)\end{cases}$,则$\lim\limits_{x\to 3}f(x)=$(　　)。

A. 0　　B. -6　　C. 6　　D. 不存在

18. 设 $f(x)=\sqrt[x]{1-2x}$,则$\lim\limits_{x\to 0}f(x)=$(　　)。

A. $e^{\frac{1}{2}}$　　B. $e^{-\frac{1}{2}}$　　C. e^{-2}　　D. e^2

19. 函数 $y=\dfrac{\sqrt{x-3}}{(x+1)(x+2)}$ 的连续区间是(　　)。

A. $(-\infty,-2)\cup(-2,-1)\cup(-1,+\infty)$

B. $[3,+\infty)$

C. $(-\infty, -2) \cup (-2, +\infty)$

D. $(-\infty, -1) \cup (-1, +\infty)$

20. 设 $f(x) = \begin{cases} (1+kx)^{\frac{m}{x}} & (x \neq 0) \\ a & (x = 0) \end{cases}$，若 $f(x)$ 在 $x=0$ 处连续，则 $a=$（　　）。

A. e^{km}　　B. e^{-km}　　C. e^{k}　　D. e^{m}

二、填空题

1. 函数 $y = \dfrac{1}{\sqrt{x^2-x-2}} + \ln(2x-7)$ 的定义域是________。

2. 已知 $f(x-1) = x^2 + 2x$，则 $f(x) =$ ________。

3. $\lim\limits_{x\to\infty} \dfrac{5x^4 - 2x^2 + 1}{7x^5 + 2x^2 + x + 3} =$ ________。

4. $\lim\limits_{x\to 0} \dfrac{\sin 5x - \sin 2x}{\sin 3x} =$ ________。

5. $\lim\limits_{x\to\infty} \left(\dfrac{x-1}{x+1}\right)^x =$ ________。

6. $\lim\limits_{x\to 0} \dfrac{\sin x}{x^2 - x} =$ ________。

7. 当 $x \to 0$ 时，$\tan x - \sin x$ 为 x 的________阶无穷小量。

8. $\lim\limits_{x\to 1} (\sqrt{x} - 1)\cos\dfrac{1}{x-1} =$ ________。

9. 设函数 $f(x) = \begin{cases} x^2 \sin\dfrac{1}{x} & (x > 0) \\ a + x^2 & (x < 0) \end{cases}$，则 $a =$ ________时 $\lim\limits_{x\to 0} f(x)$ 存在。

10. 当 $a=$（　　）时使函数 $f(x) = \begin{cases} a + x & (x \leqslant 0) \\ \cos x & (x > 0) \end{cases}$，在 $x=0$ 点连续。

三、计算及证明题

1. 判断下列各对函数是否相同。

(1) $f(x)=\frac{x}{x}$, $g(x)=1$;

(2) $f(x)=\ln x^2$, $g(x)=2\ln x$;

(3) $f(x)=\sqrt{x^2}$, $g(x)=x$;

(4) $f(x)=\sqrt{x^2-1}$, $g(x)=\sqrt{x+1}\cdot\sqrt{x-1}$

2. 求下列极限。

(1) $\lim\limits_{x\to 2}\frac{x-1}{x+3}$;

(2) $\lim\limits_{x\to 3}\frac{x^2-2x-3}{x-3}$;

(3) $\lim\limits_{x\to 0}\left(1-\frac{2}{x-3}\right)$;

(4) $\lim\limits_{x\to 2}\frac{x^2-3}{x-2}$;

(5) $\lim\limits_{x\to 1}\frac{x^2-1}{2x^2-x-3}$;

(6) $\lim\limits_{x\to 0}\frac{4x^3-2x^2+x}{3x^2+2x}$;

(7) $\lim\limits_{x\to 1}\frac{x^2-3x+2}{1-x^2}$;

(8) $\lim\limits_{h\to 0}\frac{(x+h)^3-x^3}{h}$;

(9) $\lim\limits_{x\to 1}\frac{x^n-1}{x-1}$ (n 为正整数);

(10) $\lim\limits_{x\to\infty}\frac{2x+3}{6x-1}$;

(11) $\lim\limits_{x\to\infty}\frac{1\,000x}{1+x^2}$;

(12) $\lim\limits_{u\to\infty}\frac{\sqrt[4]{1+u^3}}{1+u}$。

3. 当 $x\to 0$ 时,下列无穷小量与 x 相比,是什么阶的无穷小量?

(1) $x^3+1\,000x$;

(2) $\sqrt{1+x}-\sqrt{1-x}$;

(3) $x+\sin x^2$;

(4) $\sqrt{x}+\sin x$;

(5) $\frac{(x+1)x}{4+\sqrt[3]{x}}$;

(6) $\ln(1+2x)$。

4. 设 $f(x)=\begin{cases}3x+2 & (x\leqslant 0)\\ x^2+1 & (0<x\leqslant 1)\\ \frac{2}{x} & (1<x)\end{cases}$,分别讨论 $x\to 0$ 及 $x\to 1$

时$f(x)$的极限是否存在。

5. 设 $f(x)=\begin{cases}\dfrac{1}{x^2} & (x<0)\\ 0 & (x=0)\\ x^2-2x & (0<x\leqslant 2)\\ 3x-6 & (2<x)\end{cases}$，讨论 $x\to 0$ 及 $x\to 2$ 时，$f(x)$ 的极限是否存在?并求 $\lim\limits_{x\to-\infty}f(x)$ 及 $\lim\limits_{x\to+\infty}f(x)$。

6. 若 $\lim\limits_{x\to 3}\dfrac{x^2-2x+k}{x-3}=4$，求 k 的值。

7. 若 $\lim\limits_{x\to 1}\dfrac{x^2+ax+b}{1-x}=5$，求 a 和 b 的值。

8. 若 $\lim\limits_{x\to\infty}\left(\dfrac{x^2+1}{x+1}-ax-b\right)=0$，求 a 和 b 的值。

9. 求下列极限。

(1) $\lim\limits_{x\to 0}\dfrac{\tan x-\sin x}{x}$；(2) $\lim\limits_{x\to 0}\dfrac{\sin 2x}{\sin 3x}$；(3) $\lim\limits_{x\to 0}\dfrac{x-\sin x}{x+\sin x}$。

10. 求下列极限。

(1) $\lim\limits_{x\to\infty}\left(1+\dfrac{2}{x}\right)^{2x}$；(2) $\lim\limits_{x\to\infty}\left(1-\dfrac{2}{x}\right)^{\frac{x}{2}-1}$；(3) $\lim\limits_{x\to\infty}\left(\dfrac{x-1}{x+1}\right)^{x}$。

第二章
导数与微分

【内容提要】

1. 导数的定义

设函数 $y = f(x)$ 在 x_0 的某邻域 $(x_0 - \delta, x_0 + \delta)(\delta > 0)$ 内有定义，当自变量 x 在点 x_0 处有改变量 Δx 时，相应地，函数有改变量 $\Delta y = f(x_0 + \Delta x) - f(x_0)$。若 $\Delta x \to 0$ 时，极限 $\lim\limits_{\Delta x \to 0} \dfrac{\Delta y}{\Delta x}$ 存在，则称函数 $y = f(x)$ 在 $x = x_0$ 处可导，称此极限值为 $f(x)$ 在点 x_0 处的**导数**，记为

$$f'(x_0) \text{ 或 } y'(x_0) \text{ 或 } y'\Big|_{x=x_0} \text{ 或} \frac{\mathrm{d}y}{\mathrm{d}x}\Big|_{x=x_0} \text{ 或} \frac{\mathrm{d}f}{\mathrm{d}x}\Big|_{x=x_0}$$

$\Delta x \to 0^+$ 时，改变量比值的极限 $\lim\limits_{\Delta x \to 0^+} \dfrac{\Delta y}{\Delta x}$ 称 $f(x)$ 在 x_0 处的**右导数**，记为 $f'_+(x_0)$。

$\Delta x \to 0^-$ 时，改变量比值的极限 $\lim\limits_{\Delta x \to 0^-} \dfrac{\Delta y}{\Delta x}$ 称 $f(x)$ 在 x_0 处的**左导数**，记为 $f'_-(x_0)$。

2. 导数的意义

导数的几何意义　$f'(x_0)$ 是曲线 $y = f(x)$ 在点 (x_0, y_0) 处

切线的斜率。导数的几何意义给我们提供了直观的几何背景，是微分学的几何应用的基础。

导数的物理意义　路程对时间的导数 $s'(t_0)$ 是瞬时速度 $v(t_0)$。以此类推，速度对时间的导数 $v'(t_0)$ 是瞬时加速度 $a(t_0)$。

3. 可导与连续的关系

定理　若函数 $y=f(x)$ 在点 x_0 处可导，则函数在点 x_0 处一定连续。

此定理的逆命题不成立，即连续未必可导。

4. 导数的运算

定理 1　代数和求导法则　若 $u(x)$ 和 $v(x)$ 都在点 x 处可导，则

$$(u\pm v)'=u'\pm v'$$

定理 2　积的求导法则　若 $u(x)$ 和 $v(x)$ 都在点 x 处可导，则

$$(uv)'=u'v+uv'$$

定理 3　商的求导法则　若 $u(x)$ 和 $v(x)$ 都在点 x 处可导，且 $v(x)\neq 0$，则

$$\left(\frac{u}{v}\right)'=\frac{u'v-uv'}{v^2}$$

定理 4　若函数 $u=g(x)$ 在点 x 处可导，且 $y=f(u)$ 在其相应点 u 处可导，则复合函数 $y=f[g(x)]$ 在 x 处可导，且

$$y'_x=y'_u\cdot u'_x \quad 或 \quad \frac{\mathrm{d}y}{\mathrm{d}x}=\frac{\mathrm{d}y}{du}\cdot\frac{\mathrm{d}u}{\mathrm{d}x}$$

5. 基本初等函数求导公式

现将所有基本初等函数的导数，整理如下。

$(C)'=0$　　　　$(x^\mu)'=\mu x^{\mu-1}$

$(a^x)'=a^x\ln a$　　　　$(\mathrm{e}^x)'=\mathrm{e}^x$

$$(\log_a x)' = \frac{1}{x\ln a} \qquad (\ln x)' = \frac{1}{x}$$

$$(\sin x)' = \cos x \qquad (\cos x)' = -\sin x$$

$$(\tan x)' = \sec^2 x \qquad (\cot x)' = -\csc^2 x$$

$$(\sec x)' = \sec x\tan x \qquad (\csc x) = -\csc x\cot x$$

$$(\arcsin x)' = \frac{1}{\sqrt{1-x^2}} \qquad (\arccos x)' = -\frac{1}{\sqrt{1-x^2}}$$

$$(\arctan x)' = \frac{1}{1+x^2} \qquad (\mathrm{arc\,cot}\,)' = -\frac{1}{1+x^2}$$

这些基本导数公式必须熟记，与各种求导法则、求导方法配合，可求出初等函数的导数。

6. 微分的概念

设函数 $y = f(x)$ 在点 x 处可导，则称函数 $f(x)$ 在 x 点的导数 $f'(x)$ 与自变量增量 Δx 的乘积为函数 $y = f(x)$ **在 x 处的微分**，记为

$$\mathrm{d}y = f'(x)\Delta x$$

若 $y = x$，则 $\Delta x = \mathrm{d}x$，即自变量的微分等于自变量的改变量，因此函数的微分可记为

$$\mathrm{d}y = f'(x)\mathrm{d}x$$

由 $\mathrm{d}y = f'(x)\mathrm{d}x$ 可知，先计算函数的导数，再乘以 $\mathrm{d}x$ 或 Δx，就得到函数的微分 $\mathrm{d}y$。

7. 微分的计算

由 $\mathrm{d}y = f'(x)\mathrm{d}x$ 可知，微分的计算归结为导数的计算。由初等函数导数的计算公式、法则和方法，可以直接得到微分基本公式和运算法则。

$$\mathrm{d}(C) = 0 \qquad \mathrm{d}(x^{\mu}) = \mu x^{\mu-1}\mathrm{d}x$$

$$\mathrm{d}(a^x) = a^x \ln a\mathrm{d}x \qquad \mathrm{d}(\mathrm{e}^x) = \mathrm{e}^x\mathrm{d}x$$

$$\mathrm{d}(\log_a x) = \frac{1}{x\ln a}\mathrm{d}x \qquad \mathrm{d}(\ln x) = \frac{1}{x}\mathrm{d}x$$

$$\mathrm{d}(\sin x) = \cos x\mathrm{d}x \qquad \mathrm{d}(\cos x) = -\sin x\mathrm{d}x$$
$$\mathrm{d}(\tan x) = \sec^2 x\mathrm{d}x \qquad \mathrm{d}(\cot x) = -\csc^2 x\mathrm{d}x$$
$$\mathrm{d}(\sec x) = \sec x \cdot \tan x\mathrm{d}x \qquad \mathrm{d}(\csc x) = -\csc x \cdot \cot x\mathrm{d}x$$
$$\mathrm{d}(\arccos x) = -\frac{1}{\sqrt{1-x^2}}\mathrm{d}x \qquad \mathrm{d}(\arcsin x) = \frac{1}{\sqrt{1-x^2}}\mathrm{d}x$$
$$\mathrm{d}(\arctan x) = \frac{1}{1+x^2}\mathrm{d}x \qquad \mathrm{d}(\mathrm{arc\,cot}\, x) = -\frac{1}{1+x^2}\mathrm{d}x$$

四则运算法则　当 u 和 v 可微时，可以得到微分的四则运算法则，即

$$\mathrm{d}(u \pm v) = \mathrm{d}u \pm \mathrm{d}v$$
$$\mathrm{d}(uv) = v\mathrm{d}u + u\mathrm{d}v$$
$$\mathrm{d}(Cu) = C\mathrm{d}u$$
$$\mathrm{d}\left(\frac{u}{v}\right) = \frac{v\mathrm{d}u - u\mathrm{d}v}{v^2} \quad (v \neq 0)$$

复合函数的微分法则　设函数 $y = f(x)$ 可微，当 x 是自变量时，$\mathrm{d}y = f'(x)\mathrm{d}x$；当 x 是中间变量 $x = g(t)$ 时，复合函数 $y = f[g(t)]$ 的微分为 $\mathrm{d}y = y'_t\mathrm{d}t = f'(x)g'(t)\mathrm{d}t = f'(x)\mathrm{d}g(t) = f'(x)\mathrm{d}x$。

就是说，不论 x 是中间变量还是自变量，函数 $y = f(x)$ 的微分都可以表示为 $\mathrm{d}y = f'(x)\mathrm{d}x$。由于表达形式一致，称之为**一阶微分的形式不变性**。

8. 微分的简单应用

由微分的定义可知，当 $|\Delta x|$ 很小时，可以用函数 $y = f(x)$ 的微分 $\mathrm{d}y$ 代替函数改变量 Δy，误差仅为 Δx 的高阶无穷小，即

$$\Delta y \approx \mathrm{d}y = f'(x_0)\mathrm{d}x$$

由 $\Delta y = f(x_0 + \Delta x) - f(x_0)$，得到近似公式为

$$f(x_0 + \Delta x) \approx f(x_0) + f'(x_0)\Delta x$$

记 $x=x_0+\Delta x$，近似公式可以写为

$$f(x)\approx f(x_0)+f'(x_0)(x-x_0)$$

若取 $x_0=0$，则得到当 $|x|$ 很小时，$f(x)$ 的近似公式为

$$f(x)\approx f(0)+f'(0)x$$

微分还可以用来估计误差。若 $y=f(x)$，测量 x 时产生的绝对误差为 Δx，当 $|\Delta x|$ 很小时，函数 $y=f(x)$ 的绝对误差、相对误差分别计算为

$$|\Delta y|\approx|\mathrm{d}y|,\ \frac{|\Delta y|}{|y|}\approx\frac{|\mathrm{d}y|}{|y|}$$

【习题解答】

2-1 求下列函数的导数。

(1) $y=4x^3+2x-1$；　(2) $y=\dfrac{1}{x}+\dfrac{x^2}{2}$；

(3) $y=\dfrac{2x+4}{x^4}$；　(4) $y=(x^2+3)\tan x$；

(5) $y=\sqrt{x}\ln x$；　(6) $y=(1+\sqrt{x})\left(1-\dfrac{1}{\sqrt{x}}\right)$；

(7) $y=\dfrac{x\sin x}{1+\cos x}$；　(8) $y=\sec x\tan x+\csc x\cot x$；

(9) $y=x\log_2 x+\lg 2$；　(10) $y=\dfrac{1}{1+\sqrt{t}}-\dfrac{1}{1-\sqrt{t}}$。

解 (1) $y'=12x^2+2$

(2) $y'=-\dfrac{1}{x^2}+x$

(3) $y'=\dfrac{2x^4-8x^4-16x^3}{x^8}=-\dfrac{6x-16}{x^5}$

(4) $y'=2x\tan x+(x^2+3)\sec^2 x$

(5) $y' = \dfrac{\ln x + 2}{2\sqrt{x}}$

(6) $y' = \dfrac{1}{2\sqrt{x}}\left(1 - \dfrac{1}{\sqrt{x}}\right) + (1+\sqrt{x})\dfrac{1}{2x\sqrt{x}}$

$= \dfrac{1}{2\sqrt{x}} + \dfrac{1}{2x\sqrt{x}}$

(7) $y' = \dfrac{(\sin x + x\cos x)(1+\cos x) - x\sin x(-\sin x)}{(1+\cos x)^2}$

$= \dfrac{x + \sin x}{1 + \cos x}$

(8) $y' = \sec x\tan^2 x + \sec^3 x - \csc x\cot^2 x - \csc^3 x$

(9) $y' = \log_2 x + \dfrac{1}{\ln 2}$

(10) $y' = \dfrac{-\dfrac{1}{2\sqrt{t}}}{(1+\sqrt{t})^2} - \dfrac{\dfrac{1}{2\sqrt{t}}}{(1-\sqrt{t})^2} = -\dfrac{1+t}{\sqrt{t}(1-t)^2}$

2-2 设 $f(x) = \cos x\sin x$,求 $f'(0)$, $f'\left(\dfrac{\pi}{2}\right)$。

解 $f'(x) = -\sin x\sin x + \cos x\cos x = \cos 2x$

$f'(0) = 1$ $\qquad f'\left(\dfrac{\pi}{2}\right) = -1$

2-3 设 $f(x) = \dfrac{x}{1-x^2}$,求 $f'(0)$, $f'(2)$。

解 $f'(x) = \dfrac{1 - x^2 - x(-2x)}{(1-x^2)^2} = \dfrac{1+x^2}{(1-x^2)^2}$

$f'(0) = 1$ $\qquad f'(2) = 5/9$

2-4 求曲线 $y = 4x^2 + 4x - 3$ 在点(1, 5)处的切线和法线方程。

解 $y' = 8x + 4 \quad k = 12$

切线方程 $12x - y - 7 = 0$

法线方程 $x + 12y - 61 = 0$

2－5 物体运动方程为 $s=t+\sin t$，求物体运动的速度和加速度。

解 $v=s'=1+\cos t$ $\qquad a=s''=-\sin t$

2－6 求下列各函数的导数。

(1) $y=\sqrt{1+x^2}$； (2) $y=\cos ax\sin bx$；

(3) $y=\ln^2 x$； (4) $y=\ln\cos x$；

(5) $y=\sin^2\dfrac{x^2}{2}$； (6) $y=\arctan\dfrac{2x}{1-x^2}$；

(7) $y=\cos^2\dfrac{x}{2}$； (8) $y=\arctan\dfrac{x}{\sqrt{a^2-x^2}}$；

(9) $y=\ln\sqrt{\dfrac{1+\sin x}{1-\sin x}}$； (10) $y=e^{-kx^2}$。

解 (1) $y'=\dfrac{x}{\sqrt{1+x^2}}$

(2) $y'=-a\sin ax\sin bx+b\cos ax\cos bx$

(3) $y'=\dfrac{2\ln x}{x}$

(4) $y'=\dfrac{-\sin x}{\cos x}=-\tan x$

(5) $y'=2\sin\dfrac{x^2}{2}\cos\dfrac{x^2}{2}(x)=x\sin x^2$

(6) $y'=\dfrac{1}{1+\left(\dfrac{2x}{1-x^2}\right)^2}\dfrac{2(1-x^2)-2x(-2x)}{(1-x^2)^2}=\dfrac{2}{1+x^2}$

(7) $y'=2\cos\dfrac{x}{2}\left(-\sin\dfrac{x}{2}\right)\dfrac{1}{2}=-\dfrac{1}{2}\sin x$

(8) $y'=\dfrac{1}{1+\left(\dfrac{x}{\sqrt{a^2-x^2}}\right)^2}\dfrac{\sqrt{a^2-x^2}-x\dfrac{-2x}{2\sqrt{a^2-x^2}}}{a^2-x^2}$

$=\dfrac{1}{\sqrt{a^2-x^2}}$

(9) $y=\ln\sqrt{\dfrac{1+\sin x}{1-\sin x}}=\ln\dfrac{1+\sin x}{\cos x}=\ln(1+\sin x)-\ln\cos x$

$$y'=\frac{\cos x}{1+\sin x}-\frac{-\sin x}{\cos x}=\frac{1}{\cos x}$$

(10) $y'=\mathrm{e}^{-kx^2}(-2kx)=-2kx\mathrm{e}^{-kx^2}$

2-7 求下列各隐函数的导数。

(1) $y^2=apx$； (2) $x^2+y^2-xy=1$；

(3) $x^3+y^3-3axy=0$； (4) $y=1-x\mathrm{e}^y$。

解 (1) $y^2=apx$

$$2yy'=ap \quad y'=ap/2y$$

(2) $x^2+y^2-xy=1$

$$2x+2yy'-y-xy'=0 \quad y'=(y-2x)/(2y-x)$$

(3) $x^3+y^3-3axy=0$

$$3x^2+3y^2y'-3ay-3axy'=0$$

$$y'=(3ay-3x^2)/(3y^2-3ax)$$

(4) $y=1-x\mathrm{e}^y$

$$y'=-e^y-x\mathrm{e}^yy' \quad y'=\frac{-\mathrm{e}^y}{1+x\mathrm{e}^y}$$

2-8 取对数求下列各函数的导数。

(1) $xy=(x+1)^2(x-2)^3$； (2) $y=\dfrac{(x+1)(x-2)}{(x+3)(x-4)}$；

(3) $y^x=x^y$； (4) $\mathrm{e}^y=xy$。

解 (1) $xy=(x+1)^2(x-2)^3$

$$\ln x+\ln y=2\ln(x+1)+3\ln(x-2)$$

$$1/x+y'/y=2/(x+1)+3/(x-2)$$

$$y'=(x+1)^2(x-2)^3\left(\frac{2}{x+1}+\frac{3}{x-2}-\frac{1}{x}\right)$$

(2) $y=\dfrac{(x+1)(x-2)}{(x+3)(x-4)}$

$$\ln y=\ln(x+1)+\ln(x-3)-\ln(x+3)-\ln(x-4)$$

$$y'/y = 1/(x+1) + 1/(x-3) - 1/(x+3) - 1/(x-4)$$

$$y' = \frac{(x+1)(x-2)}{(x+3)(x-4)}\left(\frac{1}{x+1} + \frac{1}{x-2} - \frac{1}{x+3} - \frac{1}{x-4}\right)$$

(3) $y^x = x^y \quad x\ln y = y\ln x \quad \ln y + xy'/y = y'\ln x + y/x$

$$y' = \frac{\ln y - \frac{y}{x}}{\ln x - \frac{x}{y}}$$

(4) $e^y = xy \quad y = \ln x + \ln y \quad y' = 1/x + y'/y$

$y' = y/x(y-1)$

2-9 求下列各函数的二阶导数。

(1) $y = e^x \sin x$； (2) $y = x^2 e^{-x}$；

(3) $y = 2x^2 + \ln x$； (4) $y = a\cos bx$。

解 (1) $y = e^x \sin x$

$y' = e^x(\sin x + \cos x)$

$y'' = e^x(\sin x + \cos x) + e^x(\cos x - \sin x)$

$= 2e^x \cos x$

(2) $y' = 2xe^{-x} - x^2 e^{-x}$

$y'' = 2e^{-x} - 4xe^{-x} + x^2 e^{-x}$

(3) $y' = 4x + \dfrac{1}{x}$

$y'' = 4 - \dfrac{1}{x^2}$

(4) $y' = -ab\sin bx$

$y'' = -ab^2\cos bx$

2-10 某物体降温过程中的温度为 $u = u_0 e^{-kt}$，求物体的冷却速率。

解 $u' = -ku_0 e^{-kt}$

2-11 口服某药物后，血药浓度为 $C(t) = a(e^{-kt} - e^{-mt})$，求血药浓度的变化率。

解　$C'(t)=a(-ke^{-kt}+me^{-mt})$

2-12　一截面为倒置等边三角形的水槽，长 20 m，若以 3 m^3/s 速度把水注入水槽，在水面高 2 m 时，求水面上升的速度。

解　设水面高 h m 时体积为 v m^3，则

$$v=\frac{20\sqrt{3}}{3}h^2\qquad v'=\frac{40\sqrt{3}}{3}hh'$$

$$v'=3\quad h=2\quad \text{所以}\ h'=\frac{3\sqrt{3}}{80}\ \text{m/s}$$

2-13　求下列各函数的微分。

(1) $y=\dfrac{x}{1-x^2}$；　(2) $y=\sqrt{(a^2+x^2)^3}$；

(3) $y=x\sin x+\cos x$；　(4) $y=\arctan e^x$；

(5) $y=\ln(1+x^4)$；　(6) $y=e^{-x}-\cos(3-x)$。

解　(1) $dy=\dfrac{1+x^2}{(1-x^2)^2}dx$

(2) $dy=3x\sqrt{a^2+x^2}\,dx$

(3) $dy=x\cos x\,dx$

(4) $dy=\dfrac{e^x}{1+e^{2x}}dx$

(5) $dy=\dfrac{4x^3}{1+x^4}dx$

(6) $dy=[-e^{-x}-\sin(3-x)]dx$

2-14　在括号内填入适当函数，使下列等式成立。

(1) d(　　) $=3dx$；　(2) d(　　) $=2xdx$；

(3) d(　　) $=e^x dx$；　(4) d(　　) $=\sin t\,dt$；

(5) d(　　) $=\dfrac{1}{1+x^2}dx$；　(6) d(　　) $=\sec^2 x\,dx$。

解　(1) $d(3x+c)=3dx$；　(2) $d(x^2+c)=2xdx$；

(3) $d(e^x+c)=e^x dx$；　(4) $d(-\cos t+c)=\sin t\,dt$；

(5) $d[\arctan x+c]=\dfrac{1}{1+x^2}dx$；

(6) $d(\tan x + c) = \sec^2 x dx$。

2-15 已知 $\begin{cases} x = \ln(1+t^2) \\ y = t - \arctan t \end{cases}$，求 $\dfrac{dy}{dx}$，$\dfrac{d^2 y}{dx^2}$。

解 $\begin{cases} dx = \dfrac{2t}{1+t^2}dt \\ dy = \dfrac{t^2}{1+t^2}dt \end{cases}$ $\quad \dfrac{dy}{dx} = \dfrac{t}{2} \quad d\left(\dfrac{dy}{dx}\right) = \dfrac{1}{2} \quad \dfrac{d^2 y}{dx^2} = \dfrac{1+t^2}{4t}$

2-16 在 $|x|$ 很小时，证明下列各近似公式。

(1) $e^x \approx 1 + x$； (2) $(1+x)^n \approx 1 + nx$；

(3) $\tan x \approx x$； (4) $\ln(1+x) \approx x$。

证 (1) $f(x) = e^x$, $x_0 = 0$, $\Delta x = x$, $f'(x_0) = 1$, $f(x_0) = 1$

$f(x_0 + \Delta x) - f(x_0) \approx f'(x_0)\Delta x$

$e^x \approx 1 + x$

(2) $f(x) = (1+x)^n$, $x_0 = 0$, $\Delta x = x$, $f'(x_0) = n$, $f(x_0) = 1$

$f(x_0 + \Delta x) - f(x_0) \approx f'(x_0)\Delta x$

$(1+x)^n \approx 1 + nx$

(3) $f(x) = \tan x$, $x_0 = 0$, $\Delta x = x$, $f'(x_0) = 1$, $f(x_0) = 0$

$f(x_0 + \Delta x) - f(x_0) \approx f'(x_0)\Delta x$

$\tan x \approx x$

(4) $f(x) = \ln(1+x)$, $x_0 = 0$, $\Delta x = x$, $f'(x_0) = 1$,

$f(x_0) = 0$

$f(x_0 + \Delta x) - f(x_0) \approx f'(x_0)\Delta x$

$\ln(1+x) \approx x$

2-17 求下列各式的近似值。

(1) $e^{1.01}$； (2) $\sqrt[3]{998}$。

解 (1) $f(x) = e^x$, $x_0 = 1$, $\Delta x = 0.01$, $f'(x_0) = e$,

$f(x_0) = e$

$f(x_0 + \Delta x) - f(x_0) \approx f'(x_0)\Delta x$

$e^{1.01} \approx 1.01e$

(2) $f(x)=\sqrt[3]{x}$, $x_0=1\,000$, $\Delta x=-2$, $f'(x_0)=\dfrac{1}{300}$,

$$f(x_0)=10$$

$$f(x_0+\Delta x)-f(x_0)\approx f'(x_0)\Delta x$$

$$\sqrt[3]{998}\approx 10-\frac{2}{300}=9\,\frac{149}{150}$$

2-18 造一个半径为 1 m 的球壳,厚度为 1.5 cm,需用材料多少立方米?

解 设球体积为 V,半径为 R,则

$$V=\frac{4}{3}\pi R^3,\ \mathrm{d}V=4\pi R^2\,\mathrm{d}R,\ R=1,\ \mathrm{d}R=0.015$$

$$\Delta V\approx \mathrm{d}V=0.06\,\pi\mathrm{m}^3$$

2-19 为计算球的体积,要求误差不超过 1%,度量球的半径时允许的相对误差是多少?

解 设球体积为 V,半径为 R,则

$$V=\frac{4}{3}\pi R^3,\ \mathrm{d}V=4\pi R^2\,\mathrm{d}R,$$

$$\left|\frac{\Delta V}{V}\right|\approx\left|\frac{\mathrm{d}V}{V}\right|=3\left|\frac{\mathrm{d}R}{R}\right|\leqslant\frac{1}{100}$$

$$\left|\frac{\mathrm{d}R}{R}\right|\leqslant\frac{1}{300}$$

【课外练习】

一、单选题

1. 设 $f(x)=\dfrac{x}{\cos x}$,则 $f'(0)=($　　$)$, $f'(\pi)=($　　$)$。

A. 1, 0　　B. 1, −1　　C. 0, −1　　D. 0, 1

2. 设 $f(x)=\sqrt{x^2+1}$，则 $f'(0)=$（　　）。

A. 0　　B. 1　　C. $\frac{1}{2}$　　D. $-\frac{1}{2}$

3. 可导的偶函数，其导函数为（　　）函数；可导的奇函数，其导数为（　　）函数。

A. 奇，偶　　B. 偶，奇　　C. 奇，奇　　D. 不能确定

4. 函数 $f(x)$ 在点 $x=x_0$ 处可导是 $f(x)$ 在点 $x=x_0$ 处可微的（　　）条件。

A. 充分不必要　　B. 充分必要

C. 必要不充分　　D. 不能确定

5. 函数 $f(x)$ 在点 $x=x_0$ 处的左导数和右导数都存在并且相等是 $f(x)$ 在点 $x=x_0$ 处可导的（　　）条件。

A. 充分不必要　　B. 充分必要

C. 必要不充分　　D. 不能确定

6. 函数 $y=x^2$ 当 x 从 1 改变到 1.01 时的微分是（　　）。

A. 1.01　　B. 0.01　　C. 1.02　　D. 0.02

7. 设函数 $f(x)$可导且下列各极限都存在，则（　　）不成立。

A. $f'(0)=\lim\limits_{x\to 0}\frac{f(x)-f(0)}{x}$

B. $f'(a)=\lim\limits_{h\to 0}\frac{f(a+2h)-f(a)}{h}$

C. $f'(x_0)=\lim\limits_{\Delta x\to 0}\frac{f(x_0)-f(x_0-\Delta x)}{\Delta x}$

D. $f'(x_0)=\lim\limits_{\Delta x\to 0}\frac{f(x_0+\Delta x)-f(x_0-\Delta x)}{2\Delta x}$

8. 若 $\lim\limits_{x\to a}\frac{f(x)-f(a)}{x-a}=A$，$A$ 为常数，则有（　　）。

A. $f(x)$ 在点 $x=a$ 处连续　　B. $f(x)$ 在点 $x=a$ 处可导

C. $\lim\limits_{x\to a}f(x)$ 存在　　D. 以上都不对

9. 若 $y=\sin x$，则 $y^{(10)}=$（　　）。

A. $\sin x$　　B. $-\sin x$　　C. $\cos x$　　D. $-\cos x$

10. 曲线 $y = x^3 - 3x$ 上,切线平行于 x 轴的点有(　　)。

A. $(-1, -2)$　　B. $(1, 2)$

C. $(-1, 2)$　　D. $(0, 0)$

二、填空题

1. 若 $x = 1$,而 $\Delta x = 0.1$,则对于 $y = x^2$,Δy 与 $\mathrm{d}y$ 之差是________;当 $\Delta x = 0.01$ 时,Δy 与 $\mathrm{d}y$ 之差是________。

2. 若 $f(x) = 3x^4 + 2x^3 + 5$,则 $f'(0) =$ ________, $f'(1) =$ ________。

3. 若 $f(x) = \sqrt{1+\sqrt{x}}$,则 $f'(1) =$ ________, $f'(4) =$ ________。

4. 由参数方程 $\begin{cases} x = \cos^4 t \\ y = \sin^4 t \end{cases}$ 所确定的函数,在 $t = 0$ 时,此函数的导数 $\dfrac{\mathrm{d}y}{\mathrm{d}x} =$ ________;由参数方程 $\begin{cases} x = 2t - t^2 \\ y = 3t - t^3 \end{cases}$ 所确定的函数的二阶导数 $\dfrac{\mathrm{d}^2 y}{\mathrm{d}x^2} =$ ________。

5. 若已知函数 $f(x) = ax^2 + \sin bx + c$,且 $f'(0) = 1$, $f'(\pi) = 2\pi - 1$,则常数 $a =$ ________,常数 $b =$ ________。若 $f(0) = 2$,则常数 $c =$ ________。

6. 函数 $y = x\sin 2x$ 的微分是________,函数 $y = [\ln(1-x)]^2$ 的微分是________。

7. 填入适当的函数,使等号成立:$\mathrm{d}(\quad) = 3x\mathrm{d}x$, $\mathrm{d}(\quad) = \sin 2x\mathrm{d}x$, $\mathrm{d}(\quad) = \mathrm{e}^{-2x}\mathrm{d}x$。

8. 设函数 $y = y(x)$ 由方程 $\mathrm{e}^y + xy = \mathrm{e}$ 所确定,则 $y'(0) =$ ________, $y''(0) =$ ________。

9. 若抛物线 $y = x^2$ 与 $y = x^3$ 的切线平行,则自变量 x 取值为

________。

10. 设函数 $f(x)$ 是可导的偶函数，且 $f'(0)$ 存在，则 $f'(0)=$ ________。

三、计算及证明题

1. 求下列函数的导数。

(1) $y=3x^2+2$；　(2) $y=(x^2-1)^3$；

(3) $y=x^3\log_3 x$；　(4) $y=\dfrac{\tan x}{x}$；

(5) $y=\dfrac{x}{1-\cos x}$；　(6) $y=\dfrac{1-x^2}{1+x+x^2}$。

2. 求下列函数的微分。

(1) $y=\dfrac{1}{x}+2\sqrt{x}$；　(2) $y=x\sin 2x$；

(3) $y=x^2e^{2x}$；　(4) $y=\arctan\dfrac{1-x^2}{1+x^2}$。

3. 设 $y=\arctan x$，证明它满足方程 $(1+x^2)y''+2xy'=0$。

4. 用定义求函数 $f(x)=x^3$ 在点 $x=1$ 的导数。

5. 证明函数 $f(x)=\begin{cases}x\sin\dfrac{1}{x} & (x\neq 0)\\ 0 & (x=0)\end{cases}$ 在 $x=0$ 处不可导。

6. 设 $f(x)=\begin{cases}x^2 & (x\geqslant 3)\\ ax+b & (x<3)\end{cases}$，试确定 a 和 b 的值，使 $f(x)$ 在 $x=3$ 处可导。

7. 已知直线运动方程为 $s=10t+5t^2$，分别令 $\Delta t=1, 0.1, 0.01$。求从 $t=4$ 到 $t=4+\Delta t$ 这一段时间内运动的平均速度和 $t=4$ 时的瞬时速度。

8. 求曲线 $y=x^3$ 在点 $P(x_0, y_0)(x_0\neq 0)$ 的切线方程与法线方程。

9. 试确定曲线 $y=\ln x$ 上哪些点的切线平行于直线 $y=x-1$。

10. 求$\sqrt{0.97}$的近似值。

11. 求下列函数的高阶导数。

(1) $f(x)=x\ln x$,求 $f''(x)$;

(2) $f(x)=e^{-x^2}$,求 $f'''(x)$;

(3) $f(x)=\ln(x+1)$,求 $f^{(5)}(x)$;

(4) $f(x)=x^3e^x$,求 $f^{(10)}(x)$。

12. 现在已经测得一根圆轴的直径为 43 cm,并知在测量中绝对误差不超过 0.2 cm。求以此数据计算圆轴的横截面面积时所引起的误差。

13. 设有一个吊桥,其铁链成一抛物线形状,桥两端系于相距 100 m 且高度相同的支柱上,铁链之最低点在悬点(在支柱最下端,即铁链所系之处)下 10 m 处。求铁链与支柱所成的夹角。

第三章
导数的应用

【内容提要】

1. 微分中值定理

定理 1　罗尔(Rolle)定理　如果函数 $y = f(x)$ 满足下列条件。

(1) 在闭区间$[a, b]$上连续。

(2) 在开区间(a, b)内可导。

(3) $f(a) = f(b)$。

那么,在(a, b)内至少存在一点 ξ,使得 $f'(\xi)=0$。

定理 2　拉格朗日(Lagrange)中值定理　如果函数 $y = f(x)$ 满足下列条件。

(1) 在闭区间$[a, b]$上连续。

(2) 在开区间(a, b)内可导。

那么,在(a, b)内至少存在一点 ξ,使得 $\dfrac{f(b)-f(a)}{b-a} = f'(\xi)$。

推论 1　若 $\forall x \in (a, b)$,有 $f'(x) = 0$,则在(a, b) 内 $f(x)$ 为常值函数,即 $f(x) = C$。

推论 2　若 $\forall x \in (a, b)$,有 $f'(x) = g'(x)$,则在(a, b) 内 $f(x)$ 和 $g(x)$ 相差一个常数,即 $f(x) = g(x) + C$。

定理 3　柯西(Cauchy)中值定理　设函数 $f(x)$和 $g(x)$满足

下列条件。

(1) 在闭区间$[a, b]$上连续。

(2) 在开区间(a, b)内可导。

(3) 在(a, b)内任一点 $g'(x)\neq 0$。

那么,在(a, b)内至少存在一点ξ,使得$\dfrac{f(b)-f(a)}{g(b)-g(a)}=\dfrac{f'(\xi)}{g'(\xi)}$。

2. 洛必达法则$\left(“\dfrac{0}{0}, \dfrac{\infty}{\infty}”\right.$型未定式的运算$\left.\right)$

定理 1　洛必达(L'Hospital)法则　如果 $f(x)$和 $g(x)$满足下列条件。

(1) 在 x_0 的某去心邻域(x_0-h, x_0+h)内可导,且$g'(x)\neq 0$。

(2) $\lim\limits_{x\to x_0}f(x)=0$, $\lim\limits_{x\to x_0}g(x)=0$(或$\lim\limits_{x\to x_0}f(x)=\infty$, $\lim\limits_{x\to x_0}g(x)=\infty$)。

(3) $\lim\limits_{x\to x_0}\dfrac{f'(x)}{g'(x)}$存在或为$\infty$,则有$\lim\limits_{x\to x_0}\dfrac{f(x)}{g(x)}=\lim\limits_{x\to x_0}\dfrac{f'(x)}{g'(x)}$。

对于其他类型的未定式,$0\cdot\infty$, 0^0, ∞^0, $\infty-\infty$, 1^∞都可以化为$\dfrac{0}{0}$和$\dfrac{\infty}{\infty}$求解。

3. 函数的单调性

定理 1　设函数 $y=f(x)$ 在(a, b)内可导,如果在该区间内恒有 $f'(x)\geqslant 0$(或$f'(x)\leqslant 0$),那么函数$y=f(x)$在(a, b)内单调递增(或单调递减)。

由定理 1,讨论函数单调性可按以下步骤进行。①确定函数的定义域。②求 $f'(x)$,找出 $f'(x)=0$ 和 $f'(x)$不存在的点,以这些点为分界点,把定义域分成若干区间。③在各区间上判别$f'(x)$的符号,以此确定 $f(x)$的单调性。

4. 函数的极值

定义 1　如果函数 $y=f(x)$ 在点 x_0 及其附近有定义,且 $f(x_0)$的值比在 x_0 附近所有各点 x 的函数值都大(或都小),即 $f(x_0)>f(x)$,(或 $f(x_0)<f(x)$),我们称 $f(x)$在 x_0 处取得**极大**

值(**或极小值**)$f(x_0)$。点 x_0 称为 $f(x)$ 的**极大值点**(**或极小值点**)。

函数的极大值和极小值统称为函数的**极值**，而极大值点和极小值点统称为**极值点**。

定理 1　极值的必要条件　若函数 $f(x)$ 在点 x_0 处有极值，且 $f'(x_0)$ 存在，则 $f'(x_0)=0$。

定理 2　充分条件 1　设函数 $f(x)$ 在点 x_0 邻近可导，且 $f'(x_0)=0$，当 x 递增经过 x_0 时：

(1) 若 $f'(x)$ 由正变负，那么 $f(x)$ 在 x_0 处有极大值 $f(x_0)$。

(2) 若 $f'(x)$ 由负变正，那么 $f(x)$ 在 x_0 处有极小值 $f(x_0)$。

(3) 若 $f'(x)$ 的符号不改变，那么 $f(x)$ 在 x_0 处无极值。

定理 3　充分条件 2　设函数 $f(x)$ 在 x_0 处具有一、二阶导数，且 $f'(x_0)=0$。

(1) 若 $f''(x_0)<0$，那么 $f(x_0)$ 为极大值。

(2) 若 $f''(x_0)>0$，那么 $f(x_0)$ 为极小值。

(3) 若 $f''(x_0)=0$ 时，不能确定。

5. 函数的最大值和最小值

对于在闭区上连续函数求最大、最小值时，只要计算出极大、极小值及端点处的函数值，然后进行比较就行了，最大者为最大值，最小者为最小值。甚至可以这样做，求驻点、导数不存在点(若有的话)及端点的函数值，再进行比较就行了。

6. 曲线的凹凸区间与拐点

定义 1　如果一段曲线位于其每一点处切线的上方，我们就称这段曲线是**凹曲线**；如果一段曲线位于其每一点处切线的下方，则称这段曲线是**凸曲线**。

定理 1　设函数 $y=f(x)$ 在 (a, b) 上具有二阶导数，那么

(1) 如果在 (a, b) 内，总有 $f''(x)>0$，则曲线 $y=f(x)$ 在 (a, b) 上是凹的。

(2) 如果在 (a, b) 内，总有 $f''(x)<0$，则曲线 $y=f(x)$ 在 (a, b) 上是凸的。

定义 2 如果一条曲线既有凹的部分也有凸的部分，那么这两部分的分界点称为**拐点**。

7. 函数的渐近线

定义 如果曲线上的一点沿着曲线趋于无穷远时，该点与某条直线的距离趋于零时，则称此直线为**曲线的渐近线**。

(1) 水平渐近线 如果$\lim\limits_{x\to\infty}f(x)=C$(或$\lim\limits_{x\to-\infty}f(x)=C$，$\lim\limits_{x\to+\infty}f(x)=C$)，则直线$y=C$是曲线$y=f(x)$的一条水平渐近线。

(2) 垂直渐近线 如果$\lim\limits_{x\to x_0}f(x)=\infty$(或$\lim\limits_{x\to x_0^+}f(x)=\infty$，$\lim\limits_{x\to x_0^-}f(x)=\infty$)，则直线$x=x_0$是曲线$y=f(x)$的一条垂直渐近线。

(3) 斜渐近线 如果当$x\to\infty$(或$x\to+\infty$，$x\to-\infty$)时，曲线$y=f(x)$上的点到直线$y=ax+b$的距离趋近于零，则直线$y=ax+b$称为曲线$y=f(x)$的一条斜渐近线。

其中，$\lim\limits_{x\to\pm\infty}\dfrac{f(x)}{x}=a$，$\lim\limits_{x\to\pm\infty}[f(x)-ax]=b$。

8. 函数图象的描绘

描绘函数图象的步骤如下。①确定函数的定义域，确定函数的奇偶性、周期性等一般性质。②计算一、二阶导数，并求方程$f'(x)=0$和$f''(x)=0$的根及不可导点。③确定函数的单调性、极值、凹凸与拐点(最好列出表格)。④如果有渐近线，求出渐近线。⑤描出已求得的各点，必要时可补充一些点，如曲线与坐标轴的交点等，最后描绘函数图形。

9. 函数的幂级数展开式

如果等式

$$f(x)=f(0)+\frac{f'(0)}{1!}x+\frac{f''(0)}{2!}x^2+\cdots+\frac{f^{(n)}(0)}{n!}x^n+\cdots\quad(-a<x<a)$$

成立，则称等式右端为函数 $f(x)$ 在点 $x=0$ **处的幂级数展开式**。区间 $(-a,\ a)$ 称为收敛区间，它表示公式的适用范围。

常用的几个函数的幂级数展开式

(1) 正弦函数的展开式（x 以弧度表示）

$$\sin x = x-\frac{x^3}{3!}+\frac{x^5}{5!}-\frac{x^7}{7!}+\frac{x^9}{9!}-\cdots+(-1)^n\frac{x^{2n+1}}{(2n+1)!}+\cdots \quad (-\infty<x<+\infty)$$

(2) 余弦函数的展开式（x 以弧度表示）

$$\cos x = 1-\frac{x^2}{2!}+\frac{x^4}{4!}-\frac{x^6}{6!}+\frac{x^8}{8!}-\cdots+(-1)^n\frac{x^{2n}}{(2n)!}+\cdots \quad (-\infty<x<+\infty)$$

(3) 指数函数 e^x 的展开式

$$e^x = 1+x+\frac{x^2}{2!}+\frac{x^3}{3!}\cdots+\frac{x^n}{n!}+\cdots \quad (-\infty<x<+\infty)$$

(4) $\ln(1+x)$ 的展开式

$$\ln(1+x) = x-\frac{x^2}{2}+\frac{x^3}{3}-\frac{x^4}{4}+\cdots+(-1)^{n+1}\frac{x^n}{n}+\cdots \quad (-1<x\leqslant 1)$$

(5) $(1+x)^a$ 的展开式（α 是常数）

$$(1+x)^a = 1+ax+\frac{a(a-1)}{2!}x^2+\cdots+\frac{a(a-1)\cdots(a-n+1)}{n!}x^n+\cdots \quad (-1<x\leqslant 1)$$

【习题解答】

3-1 验证拉格朗日中值定理对函数 $f(x)=4x^3-5x^2+x-2$ 在区间[0, 1]上的正确性。

证 函数 $f(x)=4x^3-5x^2+x-2$ 在区间[0, 1]上连续,在(0, 1)内可导,故 $f(x)$ 在区间[0, 1]上满足拉格朗日中值定理条件,从而至少存在一点 $\xi\in(0,1)$,使 $f'(\xi)=\dfrac{f(1)-f(0)}{1-0}=\dfrac{-2-(-2)}{1}=0$。

又,$f'(\xi)=12\xi^2-10\xi+1=0$,可知 $\xi=\dfrac{5\pm\sqrt{13}}{12}\in(0,1)$,因此拉格朗日中值定理对函数 $f(x)=4x^3-5x^2+x-2$ 在区间上[0, 1]上的正确性。

3-2 $0<a<b$, $n>1$ 时,证明 $na^{n-1}(b-a)<b^n-a^n<nb^{n-1}(b-a)$。

证 令 $f(x)=x^n$, $f(x)$ 满足在$[a,b]$上连续,在(a,b)上可导,且由拉格朗郎日中值定理可得:

$$f'(\xi)=\frac{f(b)-f(a)}{b-a}=\frac{b^n-a^n}{b-a}=n\xi^{n-1},\ b^n-a^n=n\xi^{n-1}(b-a)。$$

而 $0<a<\xi<b$, $n>1$,则 $a^{n-1}<\xi^{n-1}<b^{n-1}$。所以,$na^{n-1}(b-a)<b^n-a^n<nb^{n-1}(b-a)$。

3-3 求下列函数的极限。

1. $\lim\limits_{x\to0}\dfrac{(1+x)^\alpha-1}{x}$;
2. $\lim\limits_{x\to1}\dfrac{x^3-3x+2}{x^3-x^2-x+1}$;
3. $\lim\limits_{x\to0}\dfrac{a^x-b^x}{x}$;
4. $\lim\limits_{y\to0}\dfrac{e^y+\sin y-1}{\ln(1+y)}$;
5. $\lim\limits_{x\to+\infty}\dfrac{x^n}{e^x}$($n$ 正整数);
6. $\lim\limits_{x\to+\infty}\dfrac{\ln x}{e^x}$;

7. $\lim\limits_{x\to0}x\cot 2x$；　　8. $\lim\limits_{x\to0}\left(\dfrac{1}{\sin x}-\dfrac{1}{x}\right)$；

9. $\lim\limits_{x\to0^+}\left(\dfrac{1}{x}\right)^{\tan x}$；　　10. $\lim\limits_{x\to1}x^{\frac{1}{1-x}}$；

11. $\lim\limits_{x\to+\infty}x^{-2}\mathrm{e}^{x}$；　　12. $\lim\limits_{x\to0^+}x^{\sin x}$。

解　1. $\dfrac{0}{0}$ 型，$\lim\limits_{x\to0}\dfrac{(1+x)^{\alpha}-1}{x}=\lim\limits_{x\to0}\dfrac{\alpha(1+x)^{\alpha-1}}{1}=\alpha$

2. $\dfrac{0}{0}$ 型，$\lim\limits_{x\to1}\dfrac{x^3-3x+2}{x^3-x^2-x+1}=\lim\limits_{x\to1}\dfrac{3x^2-3}{3x^2-2x-1}=\lim\limits_{x\to1}\dfrac{6x}{6x-2}=\dfrac{6}{4}=\dfrac{3}{2}$

3. $\dfrac{0}{0}$ 型，$\lim\limits_{x\to0}\dfrac{a^x-b^x}{x}=\lim\limits_{x\to0}\dfrac{a^x\ln a-b^x\ln b}{1}=\ln a-\ln b$

4. $\dfrac{0}{0}$ 型，$\lim\limits_{y\to0}\dfrac{\mathrm{e}^y+\sin y-1}{\ln(1+y)}=\lim\limits_{y\to0}\dfrac{\mathrm{e}^y+\cos y}{\dfrac{1}{1+y}}=2$

5. $\dfrac{\infty}{\infty}$ 型，$\lim\limits_{x\to+\infty}\dfrac{x^n}{\mathrm{e}^x}=\lim\limits_{x\to+\infty}\dfrac{nx^{n-1}}{\mathrm{e}^x}=\lim\limits_{x\to+\infty}\dfrac{n(n-1)x^{n-2}}{\mathrm{e}^x}=\cdots=\lim\limits_{x\to+\infty}\dfrac{n!}{\mathrm{e}^x}=0$

6. $\dfrac{\infty}{\infty}$ 型，$\lim\limits_{x\to+\infty}\dfrac{\ln x}{\mathrm{e}^x}=\lim\limits_{x\to+\infty}\dfrac{\dfrac{1}{x}}{\mathrm{e}^x}=0$

7. $0\cdot\infty$ 型，$\lim\limits_{x\to0}x\cot 2x=\lim\limits_{x\to0}\cos 2x\cdot\dfrac{x}{\sin 2x}=\lim\limits_{x\to0}\dfrac{x}{\sin 2x}=\lim\limits_{x\to0}\dfrac{1}{2\cos 2x}=\dfrac{1}{2}$

8. $\infty-\infty$ 型，$\lim\limits_{x\to0}\left(\dfrac{1}{\sin x}-\dfrac{1}{x}\right)=\lim\limits_{x\to0}\dfrac{x-\sin x}{x\sin x}=\lim\limits_{x\to0}\dfrac{1-\cos x}{\sin x+x\cos x}=\lim\limits_{x\to0}\dfrac{\sin x}{\cos x+\cos x-x\sin x}=0$

9. ∞^0 型，$\lim\limits_{x\to+0}\left(\dfrac{1}{x}\right)^{\tan x}=\mathrm{e}^{-\lim\limits_{x\to+0}\tan x\ln x}=\mathrm{e}^{-\lim\limits_{x\to+0}\frac{\ln x}{\cot x}}=\mathrm{e}^{\lim\limits_{x\to+0}\frac{\frac{1}{x}}{\csc^2 x}}=$

$e^{\lim\limits_{x\to+0}\frac{\sin x}{x}\cdot\sin x}=1$

10. 1^{∞} 型，$\lim\limits_{x\to1}x^{\frac{1}{1-x}}=e^{\lim\limits_{x\to1}\frac{\ln x}{1-x}}=e^{\lim\limits_{x}\frac{\frac{1}{x}}{-1}}=e^{-1}$

11. $0\cdot\infty$ 型，$\lim\limits_{x\to+\infty}x^{-2}e^{x}=\lim\limits_{x\to+\infty}\frac{e^{x}}{x^{2}}=\lim\limits_{x\to+\infty}\frac{e^{x}}{2x}=\lim\limits_{x\to+\infty}\frac{e^{x}}{2}=+\infty$

12. 0^{0} 型，$\lim\limits_{x\to0^{+}}x^{\sin x}=e^{\lim\limits_{x\to+0}\sin x\ln x}=e^{\lim\limits_{x\to+0}\frac{\ln x}{\csc x}}=e^{\lim\limits_{x\to+0}\frac{\frac{1}{x}}{-\csc x\cot x}}=$
$e^{-\lim\limits_{x\to+0}\frac{\sin x}{x}\tan x}=1$

3-4 求下列函数的单调区间。

1. $y=x^{3}-3x+2$；
2. $y=(x-1)(x+1)^{3}$；
3. $y=x-\sin x$；
4. $y=x-\ln(x+1)$。

解 1. 函数的定义域为$(-\infty,+\infty)$，$y'=3x^{2}-3=3(x+1)(x-1)$。

令 $y'=0$,得驻点为:$x=-1$, $x=1$,列表如下。

x	$(-\infty,-1)$	-1	$(-1,1)$	1	$(1,+\infty)$
$f'(x)$	$+$		$-$		$+$
$f(x)$	↗		↘		↗

则单调区间为:$(-\infty,-1)$单调增,$(-1,1)$单调减,$(1,+\infty)$单调增。

2. 函数的定义域为$(-\infty,+\infty)$，$y'=(x+1)^{3}+3(x-1)(x+1)^{2}=2(x+1)^{2}(2x-1)$。

令 $y'=0$,得驻点为:$x=-1$, $x=\frac{1}{2}$,列表如下。

x	$(-\infty,-1)$	-1	$\left(-1,\frac{1}{2}\right)$	$\frac{1}{2}$	$\left(\frac{1}{2},+\infty\right)$
$f'(x)$	$-$		$-$		$+$
$f(x)$	↘		↘		↗

则单调区间为：$(-\infty, -1)$，$\left(-1, \frac{1}{2}\right)$单调减，$\left(\frac{1}{2}, +\infty\right)$单调增。

3. 函数的定义域为$(-\infty, +\infty)$，$y'=1-\cos x\geqslant 0$；则单调区间为：$(-\infty, +\infty)$单调增。

4. 函数的定义域为$(-1, +\infty)$，$y'=1-\frac{1}{1+x}=\frac{x}{1+x}$。

令$y'=0$得驻点为：$x=0$；则单调区间为：$(-1, 0)$单调减，$(0, +\infty)$单调增。

3－5 求下列函数的极值。

1. $y=2x^3-3x^2$；　　2. $y=x+\frac{a^2}{x}\quad(a>0)$；

3. $y=1-(x-2)^{\frac{2}{3}}$；　　4. $y=x-\ln(x^2+1)$。

解 1. 函数的定义域为$(-\infty, +\infty)$，$y'=6x^2-6x=6x(x-1)$。

令$y'=0$，得驻点为：$x=0$，$x=1$，列表如下。

x	$(-\infty, 0)$	0	$(0, 1)$	1	$(1, +\infty)$
$f'(x)$	+		−		+
$f(x)$	↗		↘		↗

则当$x=0$时有极大值为0，当$x=1$时有极小值-1。

2. 函数的定义域为$(-\infty, 0)\cup(0, +\infty)$，$y'=1-\frac{a^2}{x^2}=\frac{x^2-a^2}{x^2}$。

令$y'=0$，得驻点为：$x=\pm a$，列表如下。

x	$(-\infty, -a)$	$-a$	$(-a, 0)$	0	$(0, a)$	a	$(a, +\infty)$
$f'(x)$	+		−		−		+
$f(x)$	↗		↘		↘		↗

则当 $x=-a$ 时有极大值 $-2a$，当 $x=a$ 时有极小值 $2a$。

3. 函数的定义域为 $(-\infty, +\infty)$，$y'=-\dfrac{2}{3\sqrt[3]{x-2}}$ 时，无驻点，但有导数不存在的点为：$x=2$。

当 $x=2$ 时有极大值为 1。

4. 函数的定义域为 $(-\infty, +\infty)$，$y'=1-\dfrac{2x}{x^2+1}=\dfrac{(x-1)^2}{x^2+1}\geqslant 0$，则无极值。

3-6 求下列函数的最值。

1. $y=(x^2-1)^3+1[-2, 1]$；
2. $y=2x^3+3x^2-12x+14[-3, 4]$；
3. $y=\sqrt{100-x^2}[-6, 8]$；
4. $y=3^x[-1, 4]$。

解 1. $y'=6x(x^2-1)^2$，令 $y'=0$，得驻点为：$x=-1$，$x=0$，$x=1$。

$f(-1)=f(1)=1$，$f(0)=0$，$f(-2)=28$；则最大值为 $f(-2)=28$，最小值为 $f(0)=0$。

2. $y'=6x^2+6x-12=6(x^2+x-2)=6(x+2)(x-1)$，令 $y'=0$，得驻点为：$x=-2$，$x=1$。$f(-3)=23$，$f(-2)=34$，$f(1)=7$，$f(4)=142$；则最大值 $f(4)=142$，最小值 $f(1)=7$。

3. $y'=\dfrac{-2x}{2\sqrt{100-x^2}}$，令 $y'=0$，得驻点为：$x=0$，导数不存在的点为：$x=\pm 10$（舍去）。$f(-6)=8$，$f(0)=10$，$f(8)=6$；则最大值为 $f(0)=10$，最小值为 $f(8)=6$。

4. $y'=3^x\ln 3>0$，函数单调递增，则最大值为 $f(4)=81$，最小值为 $f(-1)=\dfrac{1}{3}$。

3-7 肌内或皮下注射后，血药浓度为 $y=\dfrac{A}{a_2-a_1}(e^{-a_1 t}-$

$e^{-a_2 t})$，其中 $A>0$, $0<a_1<a_2$，求血药浓度的最大值。

解 $y'=\dfrac{A}{a_2-a_1}(-a_1 e^{-a_1 t}+a_2 e^{-a_2 t})$，令 $y'=0$，得驻点为：

$t_0=\dfrac{\ln a_2-\ln a_1}{a_2-a_1}$，则最大值为$\dfrac{A}{a_2-a_1}(e^{-a_1 t_0}-e^{-a_2 t_0})$。

3-8 求曲线 $y=x^3-5x^2+3x-5$ 的凹凸区间和拐点。

解 函数的定义域为 $(-\infty, +\infty)$, $y'=3x^2-10x+3=(3x-1)(x-3)$。

令 $y'=0$，得驻点为：$x=\dfrac{1}{3}$, $x=3$。

$y''=6x-10=2(3x-5)$，令 $y''=0$，得 $x=\dfrac{5}{3}$；做下表。

x	$\left(-\infty, \frac{1}{3}\right)$	$\frac{1}{3}$	$\left(\frac{1}{3}, \frac{5}{3}\right)$	$\frac{5}{3}$	$\left(\frac{5}{3}, 3\right)$	3	$(3, +\infty)$
$f'(x)$	+		−		−		+
$f''(x)$	−		−		+		+
$f(x)$	∩		∩		∪		∪

则凹凸区间为 $\left(-\infty, \dfrac{5}{3}\right)$为凸，$\left(\dfrac{5}{3}, +\infty\right)$为凹，当 $x=\dfrac{5}{3}$ 为拐点。

3-9 作下列函数的图象。

1. $f(x)=x^3-x^2-x+1$；　　2. $f(x)=\dfrac{4(x+1)}{x^2}-2$。

解 1. 定义域为$(-\infty, +\infty)$，无奇偶性及周期性

$$f'(x)=(3x+1)(x-1),\ f''(x)=2(3x-1)$$

令 $f'(x)=0$，得驻点为：$x=-\dfrac{1}{3}$, $x=1$；令 $f''(x)=0$，得特殊点为：$x=\dfrac{1}{3}$；补充点：$A(-1, 0)$, $B(0, 1)$, $C\left(\dfrac{3}{2}, \dfrac{5}{8}\right)$

列下表确定函数升降区间，凹凸区间及极值点与拐点。

x	$\left(-\infty, \frac{1}{3}\right)$	$-\frac{1}{3}$	$\left(-\frac{1}{3}, \frac{1}{3}\right)$	$\frac{1}{3}$	$\left(\frac{1}{3}, 1\right)$	1	$(1, +\infty)$
$f'(x)$	+	0	−		−	0	+

图形如图 3－1。

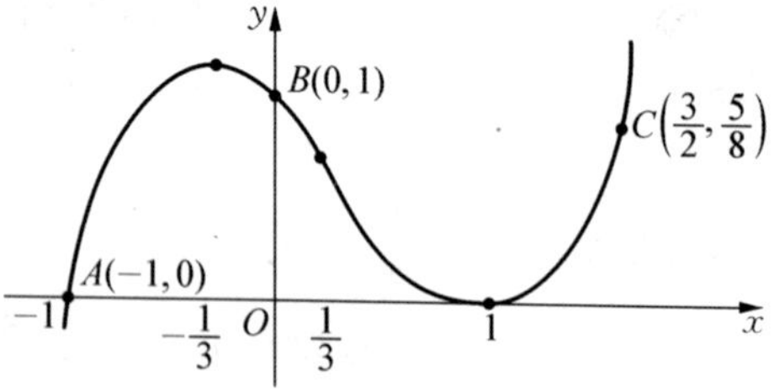

图　3－1

2. 定义域为$(-\infty, 0)$，$(0, +\infty)$，无对称性及周期性。

$$f'(x) = -\frac{4(x+2)}{x^3},\ f''(x) = \frac{8(x+3)}{x^4}。$$

令 $f'(x)=0$，得驻点为：$x=-2$；令 $f''(x)=0$，得特殊点为：$x=-3$。

$\lim\limits_{x\to\infty}\left(\frac{4(x+1)}{x^2}-2\right)=-2$，得水平渐近线：$y=-2$。

$\lim\limits_{x\to 0}\left(\frac{4(x+1)}{x^2}-2\right)=+\infty$，得垂直渐近线：$x=0$。

列下表确定函数升降区间、凹凸区间及极值点和拐点。

x	$(-\infty, -3)$	-3	$(-3, -2)$	-2	$(-2, 0)$	0	$(0, +\infty)$
$f'(x)$	−		−	0	+	不存在	−
$f''(x)$	−	0	+		+		+
$f(x)$	↘	拐点 $\left(-3, -\frac{26}{9}\right)$	↘	极小值 -3	↗	间断点	↘

图形如图 3－2。

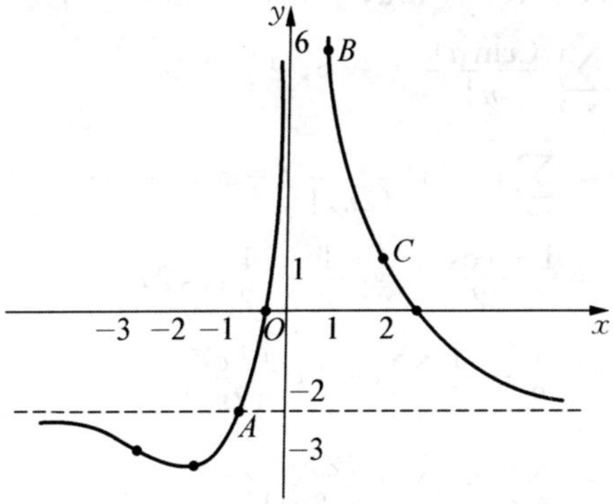

图　3－2

3－10　求下列函数的幂级数展开式。

1. $\dfrac{e^x - e^{-x}}{2}$；　　2. $\ln(a+x)(a>0)$；

3. a^x；　　4. $\sin^2 x$。

解　1. $e^x = 1 + x + \dfrac{x^2}{2!} + \dfrac{x^3}{3!} \cdots + \dfrac{x^n}{n!} + \cdots \quad (-\infty < x < +\infty)$

$e^{-x} = 1 - x + \dfrac{x^2}{2!} - \dfrac{x^3}{3!} \cdots + \dfrac{x^n}{n!} + \cdots \quad (-\infty < x < +\infty)$

则 $\dfrac{e^x - e^{-x}}{2} = x + \dfrac{x^3}{3!} + \dfrac{x^5}{5!} + \cdots + \dfrac{x^{2n-1}}{(2n-1)!} + \cdots = \sum_{n=1}^{\infty} \dfrac{x^{2n-1}}{(2n-1)!} \quad (-\infty, +\infty)$

2. $\ln(1+x) = x - \dfrac{x^2}{2} + \dfrac{x^3}{3} - \dfrac{x^4}{4} + \cdots + (-1)^{n+1} \dfrac{x^n}{n} + \cdots$

$(-1, 1)$

则 $\ln(a+x) = \ln a\left(1 + \dfrac{x}{a}\right) = \ln a + \ln\left(1 + \dfrac{x}{a}\right) = \ln a + \sum_{n=1}^{\infty} (-1)^{n-1} \dfrac{1}{n}\left(\dfrac{x}{a}\right)^n \quad (-a, a)$

3. $(a^x)' = a^x \ln a$, $(a^x)'' = a^x (\ln a)^2 \cdots (a^x)^{(n)} = a^x (\ln a)^n$

$f(0) = 1$, $f'(0) = \ln a$, $f''(0) = (\ln a)^2 \cdots f^{(n)}(0) = (\ln a)^n$

则 $a^x = \sum_{n=0}^{\infty} \frac{(x\ln a)^n}{n!}\ (-\infty, +\infty)$

4. $\cos x = \sum_{n=0}^{\infty} (-1)^n \frac{x^{2n}}{(2n)!}\ (-\infty, +\infty)$

则 $\sin^2 x = \frac{1-\cos 2x}{2} = \frac{1}{2} - \frac{1}{2}\cos 2x$

$$= \frac{1}{2} - \frac{1}{2}\sum_{n=0}^{\infty} (-1)^n \frac{(2x)^{2n}}{(2n)!}$$

$$= \sum_{n=1}^{\infty} (-1)^{n-1} \frac{(2x)^{2n}}{2(2n)!} (-\infty, +\infty)$$

【课外练习】

一、单选题

1. 如果 $f(x)$ 在 $[a, b]$ 连续，在 (a, b) 可导，c 为介于 a 和 b 之间的任一点，那么在 (a, b)(　　) 找到两点 x_1 和 x_2，使 $f(x_2) - f(x_1) = (x_2 - x_1)f'(c)$ 成立。

A．必能　　B．可能　　C．不能　　D．无法确定

2. 设 $\lim\limits_{x\to a} f(x) = \lim\limits_{x\to a} F(x) = 0$，且在点 a 的某邻域中（点 a 可除外），$f(x)$ 及 $F(x)$ 都存在，而 $F(x) \neq 0$，则 $\lim\limits_{x\to a}\frac{f(x)}{F(x)}$ 存在是 $\lim\limits_{x\to a}\frac{f'(x)}{F'(x)}$ 存在的(　　)。

A．充分条件　　B．必要条件

C．充分必要条件　　D．既非充分也非必要条件

3. 设 $f(x)$，$g(x)$ 在区间 $[a, b]$ 上可导，且 $f'(x) > g'(x)$ 则在 $[a, b]$ 上有(　　)。

A．$f(x)-g(x)>0$

B．$f(x)-g(x)\geqslant 0$

C．$f(x)-g(x)>f(b)-g(b)$

D．$f(x)-g(x)>f(a)-g(a)$

4．若 $f'(x_0)=0$，则 x_0 是 $f(x)$ 的（　　）。

A．极大值点　　B．最大值点

C．极小值点　　D．驻点

5．下列函数中，在 $(0, +\infty)$ 内单调递增的是（　　）。

A．$y=|x|$　　B．$y=\sin x$

C．$y=\left(\frac{1}{2}\right)^x$　　D．$y=-x^2$

6．对于函数 $y=x^3$，下列结论正确的是（　　）。

A．$x=0$ 是极大值　　B．$x=0$ 是极小值

C．点 $(0, 0)$ 是拐点　　D．点 $(0, 0)$ 不是拐点

7．设 $f(x)$ 在 $x=a$ 处具有二阶导数，且 $\lim\limits_{x\to a}\frac{f'(x)}{x-a}=-1$，则（　　）。

A．$x=a$ 是 $f(x)$ 的极大值点

B．$x=a$ 是 $f(x)$ 的极小值点

C．$(a, f(a))$ 是 $y=f(x)$ 的拐点

D．$x=a$ 不是 $f(x)$ 的极值点，$(a, f(a))$ 也不是 $y=f(x)$ 的拐点

8．设 $y=f(x)$ 在 x_0 处二阶可导，且 $f'(x_0)=f''(x_0)=0$，则下列结论正确的是（　　）。

A．x_0 是极大值点

B．x_0 是极小值点

C．$(x_0, f(x_0))$ 是拐点

D．x_0 可能是极值点，$(x_0, f(x_0))$ 可能是拐点

9．曲线 $y=3\ln\frac{x+2}{x}-2$ 的水平渐近线是（　　）。

A. $y=-2$　　B. $y=0$　　C. $y=1$　　D. $y=2$

10. 2 是函数 $y=x^3-3x^2+6x-2$ 在$[-1, 1]$上的(　　)。

A. 极大值　　B. 极小值　　C. 最大值　　D. 最小值

二、填空题

1. 若 $y=f(x)$ 在$[a, b]$上连续,在(a, b)内可导,则必存在一点 $\xi\in(a, b)$ 使得 $f'(\xi)=$________。

2. 函数 $y=3(x-1)^2$ 的驻点是________,单调递增区间是________,单调递减区间是________。

3. 函数 $y=|x|$ 在 $x=0$ 达到最小值,则 y 的驻点________。

4. 函数 $y=ax^2+1$ 在$(0, +\infty)$ 内单调递增,则 a ________。

5. 若连续函数 $f(x)$在区间(a, b)内恒有 $f'(x)<0$,则此函数在$[a, b]$上的最大值是________。

6. 曲线 $y=3x^2-x^3$ 的拐点是________。

7. 函数 $f(x)=\left(\dfrac{1+x}{1-x}\right)^4$ 的垂直渐近线为________,水平渐近线为________。

8. $\lim\limits_{x\to0}\dfrac{a^x-b^x}{x\cdot\sqrt{1-x^2}}=$________。

9. $\lim\limits_{x\to\infty}\dfrac{x+\sin x}{x}=$________。

10. 函数 $y=x+2\sqrt{x}$ 在区间$[0, 4]$上的最大值为________,最小值为________。

三、计算及证明题

1. 验证罗尔定理对函数 $y=\ln\sin x$ 在区间$\left[\dfrac{\pi}{6}, \dfrac{5\pi}{6}\right]$上的正确性。

2. 对函数 $f(x)=\sin x$ 及 $F(x)=x+\cos x$ 在区间$\left[0, \dfrac{\pi}{2}\right]$上验

证柯西中值定理的正确性。

3. 证明方程 $x^5+x-1=0$ 只有一个正根。

4. 设 $a>b>0$，证明：$\dfrac{a-b}{a}<\ln\dfrac{a}{b}<\dfrac{a-b}{b}$。

5. 设函数 $f(x)$ 在$[0,1]$上连续，在$(0,1)$内可导，证明：至少存在一点 $\xi\in(0,1)$，使 $f'(\xi)=2\xi[f(1)-f(0)]$。

6. 用洛必达法则求下列函数的极限。

(1) $\lim\limits_{x\to 0}\dfrac{\ln(1+x)}{x}$；　(2) $\lim\limits_{x\to a}\dfrac{\sin x-\sin a}{x-a}$；

(3) $\lim\limits_{x\to\pi}\dfrac{\sin 3x}{\tan 5x}$；　(4) $\lim\limits_{x\to a}\dfrac{x^m-a^m}{x^n-a^n}$；

(5) $\lim\limits_{x\to 0^+}\dfrac{\ln\tan 7x}{\ln\tan 2x}$；　(6) $\lim\limits_{x\to+\infty}\dfrac{\ln\left(1+\dfrac{1}{x}\right)}{\operatorname{arc\,cot} x}$；

(7) $\lim\limits_{x\to 0}x\cot 2x$；　(8) $\lim\limits_{x\to 0}x^2\mathrm{e}^{\frac{1}{x^2}}$；

(9) $\lim\limits_{x\to 1}\left(\dfrac{2}{x^2-1}-\dfrac{1}{x-1}\right)$；　(10) $\lim\limits_{x\to\infty}\left(1+\dfrac{a}{x}\right)^x$。

7. 求下列函数的单调区间。

(1) $y=2x^3-9x^2+12x-3$；　(2) $y=2x+\dfrac{8}{x}\quad(x>0)$；

(3) $y=\dfrac{2x-1}{(x-1)^2}$；　(4) $y=\ln(x+\sqrt{1+x^2})$；

(5) $y=x^n\mathrm{e}^{-x}\quad(n>0,\ x\geqslant 0)$；　(6) $y=x+|\sin 2x|$。

8. 求下列函数的极值。

(1) $f(x)=x^3-3x^2-9x+5$；　(2) $f(x)=1-(x-2)^{\frac{3}{2}}$；

(3) $f(x)=(x-2)^2\sqrt[3]{(x+1)^2}\quad(|x|<2)$；

(4) $f(x)=\begin{cases}x=t\mathrm{e}^t\\ y=t\mathrm{e}^{-t}\end{cases}$；　(5) $f(x)=\mathrm{e}^x\cos x$；

(6) $f(x)=x^{\frac{1}{x}}$。

9. 求下列函数的凹凸区间及拐点。

(1) $f(x)=3x^4-4x^3+1$；　(2) $f(x)=\ln(1+x^2)$；

(3) $f(x)=\dfrac{2x-1}{(x-1)^2}$；　(4) $f(x)=xe^{-x}$；

(5) $f(x)=(x+1)^4+e^x$；　(6) $f(x)=e^{\arctan x}$。

10. 求下列函数的最大值和最小值。

(1) $f(x)=2x^3-3x^2[-1, 4]$；

(2) $f(x)=x+\sqrt{1-x}[-5, 1]$；

(3) $f(x)=(x-5)\sqrt[3]{x^2}[-1, 4]$；

(4) $f(x)=|x|e^{-x}[-1, 1]$。

11. 证明下列不等式。

(1) 当 $x>0$ 时，$\ln(1+x)>x-\dfrac{1}{2}x^2$；

(2) 当 $x>0$ 时，$1+\dfrac{1}{2}x>\sqrt{1+x}$；

(3) 当 $x>4$ 时，$2^x>x^2$；

(4) 当 $x>0$ 时，$\sin x>x-\dfrac{x^3}{6}$；

(5) $2x\arctan x\geqslant\ln(1+x^2)$；

(6) 当 $x\neq y$ 时，$\dfrac{e^x+e^y}{2}>e^{\frac{x+y}{2}}$；

(7) $\ln x\leqslant n(x^{\frac{1}{n}}-1)$，$x>0$（等号仅在 $x=1$ 成立）；

(8) $x\ln x+y\ln y>(x+y)\ln\dfrac{x+y}{2}$ $(x>0, y>0, x\neq y)$。

12. 设 $f(x)=a\ln x+bx^2+x$ 在 $x_1=1$，$x_2=2$ 时都取得极值，试确定 a 和 b 的值，并判断 $f(x)$ 在 x_1 和 x_2 是取得极大值还是极小值？

13. 由直线 $y=0$ 和 $x=8$ 及抛物线 $y=x^2$ 围成一个曲边三角形，在曲边 $y=x^2$ 上求一点，使曲线在该点处的切线与直线 $y=0$ 和 $x=8$ 所围成的三角形面积最大。

14. 某人正处在森林地带中距公路 2 km 的 A 处，在公路右方 8 km 处有一个车站 B，假定此人在森林地带中每步行的速度为 6 km/h，沿公路行走的速度为 8 km/h，为了尽快赶到车站，他选择 $A \to C \to B$，问 C 应在公路右方多少？他最快能在多少时间内到达 B？

15. 一商店按批发价每件 6 元买进一批商品零售，若零售价每件定为 7 元，估计可卖出 100 件，若每件售价每降低 0.1 元，则可多卖出 50 件。问该商店应批发进多少件商品，每件商品售价为多少元时，才能获得最大利润？最大利润是多少？

16. 某地区防空洞的截面拟建成矩形加半圆（如图 3－3），截面的面积为 5m^2。问底宽 x 为多少时才能使截面的周长最小，从而使建造时所用的材料最省？

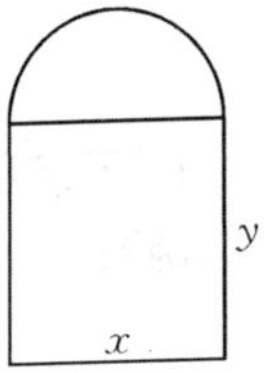

图　3－3

17. 描绘下列函数的图形。

(1) $y = x + \dfrac{x}{x^2 - 1}$；　　(2) $y = \dfrac{x}{1 + x^2}$。

18. 将下列函数展开成幂级数。

(1) $y = \dfrac{1}{1 + x^2}$；　　(2) $y = \dfrac{3x}{x^2 + x - 2}$；

(3) $y = \ln(2 + x - 3x^2)$；　　(4) $y = \arctan \dfrac{1 + x}{1 - x}$。

第四章
不定积分

【内容提要】

1. 不定积分的概念

函数 $f(x)$的原函数全体 $F(x)+C$ 称为 $f(x)$的**不定积分**，记作

$$\int f(x)\mathrm{d}x$$

其中符号“$\int$”称为**积分符号**，它表示积分运算；$f(x)\mathrm{d}x$ 称为**被积表达式**；$f(x)$ 称为**被积函数**；x 称为**积分变量**。

若 $F(x)$ 是 $f(x)$ 的一个原函数，则 $f(x)$ 的不定积分$\int f(x)\mathrm{d}x$ 就是它的原函数的全体 $F(x)+C$，即

$$\int f(x)\mathrm{d}x = F(x)+C$$

其中，任意常数 C 称为积分常数。

2. 不定积分的简单性质

性质 1 $\frac{\mathrm{d}}{\mathrm{d}x}\left[\int f(x)\mathrm{d}x\right] = f(x)$ 或 $\mathrm{d}\int f(x)\mathrm{d}x = f(x)\mathrm{d}x$

也就是说，一个函数先积分后微分，仍然等于这个函数。

性质 2 $\int f'(x)\mathrm{d}x = f(x)+C$ 或$\int \mathrm{d}f(x) = f(x)+C$

性质 3 如果 $\int f(x)\mathrm{d}x = F(x) + C$, u 为 x 的任何微函数,则

有

$$\int f(u)\mathrm{d}u = F(u) + C$$

此性质称为积分形式的不变形。

性质 4 $\int [f(x) \pm g(x)]\mathrm{d}x = \int f(x)\mathrm{d}x \pm \int g(x)\mathrm{d}x$

此性质可推广到有限多个函数之和的情况

$$\int [f_1(x) + \cdots + f_n(x)]\mathrm{d}x = \int f_1(x)\mathrm{d}x + \cdots + \int f_n(x)\mathrm{d}x$$

性质 5 $\int kf(x)\mathrm{d}x = k\int f(x)\mathrm{d}x$ (k 是常数,$k \neq 0$)

性质 6 $\int [\sum_{i=1}^{n} k_i f_i(x)]\mathrm{d}x = \sum_{i=1}^{n} k_i \int f_i(x)\mathrm{d}x$

3. 基本公式

(1) $\int 0\mathrm{d}x = C$ (2) $\int 1\mathrm{d}x = x + C$

(3) $\int k\mathrm{d}x = kx + C$ (k 为常数)

(4) $\int x^{\mu}\mathrm{d}x = \dfrac{x^{\mu+1}}{\mu+1} + C$ ($\mu \neq -1$)

(5) $\int \dfrac{1}{x}\mathrm{d}x = \ln|x| + C$ (6) $\int \mathrm{e}^x\mathrm{d}x = \mathrm{e}^x + C$

(7) $\int \sin x\mathrm{d}x = -\cos x + C$ (8) $\int \cos x\mathrm{d}x = \sin x + C$

(9) $\int \dfrac{\mathrm{d}x}{\cos^2 x} = \int \sec^2 x\mathrm{d}x = \tan x + C$

(10) $\int \dfrac{\mathrm{d}x}{\sin^2 x} = \int \csc^2 x\mathrm{d}x = -\cot x + C$

(11) $\int \dfrac{1}{1+x^2}\mathrm{d}x = \arctan x + C$

(12) $\int \frac{1}{\sqrt{1-x^2}}\mathrm{d}x = \arcsin x + C$

(13) $\int \sec x \tan x \mathrm{d}x = \sec x + C$

(14) $\int \csc x \cot x \mathrm{d}x = -\csc x + C$

(15) $\int a^x \mathrm{d}x = \frac{a^x}{\ln a} + C$

4. 基本积分法

(1) 第一类换元法(凑微分法) $\int f[\varphi(x)]\varphi'(x)\mathrm{d}x = \left[\int f(u)\mathrm{d}u\right]_{u=\varphi(x)}$

凑微分法的基本思路:将不同的部分即中间变量和积分变量变成相同形式。其步骤:凑微分;换元求出积分;回代原变量。

(2) 第二类换元法 设 $x=\psi(t)$ 是单调的、可导的函数,且 $\psi'(t)\neq 0$,又设 $f[\psi(t)]\psi'(t)$ 具有原函数,则有换元公式 $\int f(x)\mathrm{d}x = \left[\int f\left[\psi(t)\right]\psi'(t)\mathrm{d}t\right]_{\psi^{-1}(x)}$,其中 $\psi^{-1}(x)$ 是 $x=\psi(t)$ 的反函数。

第二类换元法是通过变量代换 $x=\psi(t)$ 将一个不易求解的不定积分 $\int f(x)\mathrm{d}x$ 转化成另一个易于求解的不定积分 $\int g(t)\mathrm{d}t$,常见的变量代换有根式代换、三角代换、倒数代换等。

(3) 分部积分法

设函数 $u=u(x)$ 和 $v=v(x)$ 具有连续导数,则由函数乘积的微分公式得

$$\mathrm{d}(u\cdot v) = u\mathrm{d}v + v\mathrm{d}u$$

移项得

$$u\mathrm{d}v = \mathrm{d}(u\cdot v) - v\mathrm{d}u$$

两边积分

$$\int u\mathrm{d}v = uv - \int v\mathrm{d}u$$

这个公式称为分部积分公式。u 和 v 选取的原则是:(1)积分容易者选为 v。(2)求导简单者选为 u。

【习题解答】

4-1 用直接积分法求下列不定积分。

(1) $\int \frac{dx}{x^2}$;　　(2) $\int x \cdot \sqrt[3]{x} dx$;

(3) $\int (\sqrt{x}+1)(\sqrt{x^3}-1)dx$;

(4) $\int (\cos x - 2a^x + \sec^2 x)dx$;

(5) $\int \left(\cot^2 x + \frac{2}{1+x^2} + \sin x\right)dx$;

(6) $\int \frac{x^3+1}{x+1}dx$;　　(7) $\int \frac{x^2+\cos^2 x+1}{\cos^2 x(x^2+1)}dx$;

(8) $\int e^x\left(1-\frac{e^{-x}}{x}\right)dx$;

(9) $\int \frac{\sqrt{1-x^2}-x^2-1}{(x^2+1)\sqrt{1-x^2}}dx$;

(10) $\int 2^x e^x dx$;　　(11) $\int \frac{\sqrt{1+x^2}}{\sqrt{1-x^4}}dx$;

(12) $\int \sec x(\sec x - \tan x)dx$;

(13) $\int \frac{\cos 2x}{\cos x - \sin x}dx$;　　(14) $\int \frac{\cos 2x}{\sin^2 x}dx$;

(15) $\int \cos^2 \frac{x}{2}dx$;　　(16) $\int \frac{\cos 2x}{\cos^2 x \sin^2 x}dx$;

(17) $\int \left(\cos\frac{x}{2}+\sin\frac{x}{2}\right)^2 dx$;　　(18) $\int (1-x^{-2})\sqrt{x\sqrt{x}}\,dx$;

(19) $\int \frac{1+\sin x}{1-\sin x}dx$;　　(20) $\int |x| dx$。

解 (1) $\int \frac{dx}{x^2} = \frac{1}{-2+1}x^{-2+1} + C = -\frac{1}{x} + C$

(2) $\int x \cdot \sqrt[3]{x}\,dx = \int x^{\frac{4}{3}}\,dx = \frac{1}{\frac{4}{3}+1}x^{\frac{4}{3}+1} + C = \frac{3}{7}x^{\frac{7}{3}} + C$

(3) $\int(\sqrt{x}+1)(\sqrt{x^3}-1)\,dx = \int(x^2 - x^{\frac{1}{2}} + x^{\frac{3}{2}} - 1)\,dx =$
$\int x^2\,dx - \int x^{\frac{1}{2}}\,dx + \int x^{\frac{3}{2}}\,dx - \int 1\,dx = \frac{x^3}{3} - \frac{2}{3}x^{\frac{3}{2}} + \frac{2}{5}x^{\frac{5}{2}} - x + C$

(4) $\int(\cos x - 2a^x + \sec^2 x)\,dx = \int \cos x\,dx - 2\int a^x\,dx + \int \sec^2 x\,dx$
$= \sin x - 2\frac{a^x}{\ln a} + \tan x + C$

(5) $\int\left(\cot^2 x + \frac{2}{1+x^2} + \sin x\right)dx = \int\left(\csc^2 x - 1 + \frac{2}{1+x^2} + \sin x\right)dx = \int \csc^2 x\,dx - \int dx + 2\int \frac{1}{1+x^2}\,dx + \int \sin x\,dx = -\cot x - x + 2\arctan x - \cos x + C$

(6) $\int \frac{x^3+1}{x+1}\,dx = \int \frac{(x+1)(x^2-x+1)}{x+1}\,dx = \int(x^2-x+1)\,dx$
$= \frac{x^3}{3} - \frac{x^2}{2} + x + C$

(7) $\int \frac{x^2+\cos^2 x+1}{\cos^2 x(x^2+1)}\,dx = \int\left[\frac{x^2+1}{\cos^2 x(x^2+1)} + \frac{\cos^2 x}{\cos^2 x(x^2+1)}\right]dx$
$= \tan x + \arctan x + C$

(8) $\int e^x\left(1 - \frac{e^{-x}}{x}\right)dx = \int\left(e^x - \frac{1}{x}\right)dx = e^x - \ln|x| + C$

(9) $\int \frac{\sqrt{1-x^2} - x^2 - 1}{(x^2+1)\sqrt{1-x^2}}\,dx = \int \frac{1}{x^2+1}\,dx - \int \frac{1}{\sqrt{1-x^2}}\,dx =$
$\arctan - \arcsin x + C$

(10) $\int 2^x e^x\,dx = \int (2e)^x\,dx = \frac{(2e)^x}{\ln(2e)} + C$

(11) $\int \frac{\sqrt{1+x^2}}{\sqrt{1-x^4}}dx=\int \frac{\sqrt{1+x^2}}{\sqrt{1+x^2}\ \sqrt{1-x^2}}dx=\int \frac{1}{\sqrt{1-x^2}}dx$

$=\arcsin x+C$

(12) $\int \sec x(\sec x-\tan x)dx=\int \sec^2 xdx-\int \sec x\tan xdx=$

$\tan x-\sec x+C$

(13) $\int \frac{\cos 2x}{\cos x-\sin x}dx=\int \frac{\cos^2 x-\sin^2 x}{\cos x-\sin x}dx=\int(\cos x+$

$\sin x)dx=\sin x-\cos x+C$

(14) $\int \frac{\cos 2x}{\sin^2 x}dx=\int \frac{\cos^2 x-\sin^2 x}{\sin^2 x}dx=\int(\cot^2 x-1)dx=$

$\int(\csc^2 x-2)dx=-\cot x-2x+C$

(15) $\int \cos^2 \frac{x}{2}dx=\int \frac{\cos x+1}{2}dx=\frac{1}{2}x+\frac{1}{2}\sin x+C$

(16) $\int \frac{\cos 2x}{\cos^2 x\sin^2 x}dx=\int \frac{\cos^2 x-\sin^2 x}{\cos^2 x\cdot\sin^2 x}dx=\int(\csc^2 x-$

$\sec^2 x)dx=-\cot x-\tan x+C$

(17) $\int\left(\cos\frac{x}{2}+\sin\frac{x}{2}\right)^2dx=\int\left(\cos^2\frac{x}{2}+\sin^2\frac{x}{2}+2\cos\right.$

$\left.\frac{x}{2}\sin\frac{x}{2}\right)dx=\int(1+\sin x)dx=x-\cos x+C$

(18) $\int(1-x^{-2})\sqrt{x\sqrt{x}}\,dx=\int(1-x^{-2})x^{\frac{3}{4}}dx=\int x^{\frac{3}{4}}dx-$

$\int x^{-\frac{5}{4}}dx=\frac{4}{7}x^{\frac{7}{4}}+4x^{-\frac{1}{4}}+C$

(19) $\int \frac{1+\sin x}{1-\sin x}dx=\int \frac{(1+\sin x)^2}{\cos^2 x}dx$

$$=\int \frac{1+2\sin x+(1-\cos^2 x)}{\cos^2 x}dx$$

$$=\int(2\sec^2 x+2\tan x\sec x-1)dx$$

$$= 2\tan x + 2\sec x - x + C$$

(20) $\int |x| \mathrm{d}x = \int \operatorname{sgn} x \cdot x \mathrm{d}x = \operatorname{sgn} x \int x \mathrm{d}x$

$$= \operatorname{sgn} x \cdot \frac{x^2}{2} + C = \frac{x|x|}{2} + C$$

4-2 在下列各式等号右端的空白处填入适当的系数，使等式成立。

(1) $\mathrm{d}x = \quad \mathrm{d}(7x-3)$；　　(2) $x\mathrm{d}x = \quad \mathrm{d}(3x^2)$；

(3) $x^2\mathrm{d}x = \quad \mathrm{d}(x^3-2)$；　　(4) $\mathrm{e}^{3x}\mathrm{d}x = \quad \mathrm{d}(\mathrm{e}^{3x})$；

(5) $x\mathrm{e}^{x^2}\mathrm{d}x = \quad \mathrm{d}\mathrm{e}^{x^2}$；　　(6) $\sin 5x\mathrm{d}x = \quad \mathrm{d}(\cos 5x)$；

(7) $\frac{\mathrm{d}x}{x} = \quad \mathrm{d}(3 - 4\ln|x|)$；

(8) $\frac{\mathrm{d}x}{9x^2+1} = \quad \mathrm{d}(\arctan 3x)$；

(9) $\frac{\mathrm{d}x}{\sqrt{1-x^2}} = \quad \mathrm{d}(1-\arccos x)$；

(10) $\frac{x\mathrm{d}x}{\sqrt{1-x^2}} = \quad \mathrm{d}(\sqrt{1-x^2})$。

解 (1) $\frac{1}{7}$；(2) $\frac{1}{6}$；(3) $\frac{1}{3}$；(4) $\frac{1}{3}$；(5) $\frac{1}{2}$；(6) $-\frac{1}{5}$；(7) $-\frac{1}{4}$；(8) $\frac{1}{3}$；(9) 1；(10) -1。

4-3 利用第一类换元法求下列不定积分。

(1) $\int \mathrm{e}^{2x}\mathrm{d}x$；　　(2) $\int x^2\mathrm{e}^{x^3}\mathrm{d}x$；

(3) $\int (1+x)^{99}\mathrm{d}x$；　　(4) $\int \frac{\mathrm{d}x}{\sqrt{3x+1}}$；

(5) $\int \frac{\sin\sqrt{x}}{\sqrt{x}}\mathrm{d}x$；　　(6) $\int \frac{x\mathrm{d}x}{(3x^2+2)^4}$；

(7) $\int \frac{\ln x}{x}\mathrm{d}x$；　　(8) $\int \sin x \cdot \mathrm{e}^{\cos x}\mathrm{d}x$；

(9) $\int \frac{dx}{e^x + e^{-x}}$；

(10) $\int \frac{\ln x}{x\sqrt{1+\ln^2 x}}dx$；

(11) $\int \tan^{10} x \sec^2 x dx$；

(12) $\int \frac{1}{\sin x \cos x}dx$；

(13) $\int \frac{\sin x}{\cos^3 x}dx$；

(14) $\int \frac{\sin x + \cos x}{\sqrt[3]{\sin x - \cos x}}dx$；

(15) $\int \frac{1-x}{\sqrt{9-4x^2}}dx$；

(16) $\int \frac{x^3}{9+x^2}dx$；

(17) $\int \frac{dx}{4x^2-1}$；

(18) $\int \sin 2x \cos 3x dx$；

(19) $\int \sin 5x \sin 7x dx$；

(20) $\int \tan^3 x \sec x dx$；

(21) $\int \sin^3 x \cos^2 x dx$；

(22) $\int \tan^4 x dx$；

(23) $\int \cos^4 x dx$；

(24) $\int \frac{\ln \tan x}{\cos x \sin x}dx$；

(25) $\int \frac{1}{x^2-3x+2}dx$；

(26) $\int \frac{2x+1}{x^2+2}dx$；

(27) $\int \frac{1}{\sqrt{4x-x^2}}dx$；

(28) $\int \frac{x}{x^2+4x+5}dx$。

解 (1) $\int e^{2x}dx = \frac{1}{2}\int e^{2x}d2x = \frac{1}{2}e^{2x} + C$

(2) $\int x^2 e^{x^3} dx = \frac{1}{3}\int e^{x^3} dx^3 = \frac{1}{3}e^{x^3} + C$

(3) $\int (1+x)^{99} dx = \int (1+x)^{99} d(x+1) = \frac{1}{100}(1+x)^{100} + C$

(4) $\int \frac{dx}{\sqrt{3x+1}} = \frac{1}{3}\int \frac{d(3x+1)}{\sqrt{3x+1}} = \frac{2}{3}\sqrt{3x+1} + C$

(5) $\int \frac{\sin\sqrt{x}}{\sqrt{x}}dx = 2\int \sin\sqrt{x}\, d\sqrt{x} = -2\cos\sqrt{x} + C$

(6) $\int \frac{xdx}{(3x^2+2)^4} = \frac{1}{6}\int \frac{d(3x^2+2)}{(3x^2+2)^4} = -\frac{1}{18}(3x^2+2)^{-3} + C$

(7) $\int \frac{\ln x}{x}dx = \int \ln x d\ln x = \frac{1}{2}\ln^2 x + C$

(8) $\int \sin x \cdot e^{\cos x}dx = -\int e^{\cos x}d\cos x = -e^{\cos x} + C$

(9) $\int \frac{dx}{e^x + e^{-x}} = \int \frac{e^x dx}{e^{2x}+1} = \int \frac{de^x}{e^{2x}+1} = \arctan e^x + C$

(10) $$\int \frac{\ln x}{x\sqrt{1+\ln^2 x}}dx = \int \frac{\ln x}{\sqrt{1+\ln^2 x}}d\ln x$$

$$= \frac{1}{2}\int \frac{1}{\sqrt{1+\ln^2 x}}d(\ln^2 x + 1)$$

$$= \sqrt{1+\ln^2 x} + C$$

(11) $\int \tan^{10} x\sec^2 x dx = \int \tan^{10} x d\tan x = \frac{1}{11}\tan^{11} x + C$

(12) $$\int \frac{1}{\sin x\cos x}dx = \int \frac{\sec^2 x}{\tan x}dx = \int \frac{1}{\tan x}d\tan x$$

$$= \ln|\tan x| + C$$

(13) $$\int \frac{\sin x}{\cos^3 x}dx = -\int \frac{1}{\cos^3 x}d\cos x = \frac{1}{2}\cos^{-2} x + C$$

$$= \frac{1}{2}\sec^2 x + C$$

(14) $$\int \frac{\sin x + \cos x}{\sqrt[3]{\sin x - \cos x}}dx = \int \frac{1}{\sqrt[3]{\sin x - \cos x}}d(\sin x - \cos x)$$

$$= \frac{3}{2}(\sin x - \cos x)^{\frac{2}{3}} + C$$

(15) $$\int \frac{1-x}{\sqrt{9-4x^2}}dx = \frac{1}{2}\int \frac{1}{\sqrt{3^2-(2x)^2}}d(2x) +$$

$$\frac{1}{8}\int \frac{1}{\sqrt{9-4x^2}}d(9-4x^2) = \frac{1}{2}\arcsin\frac{2x}{3} + \frac{1}{4}\sqrt{9-4x^2} + C$$

(16) $$\int \frac{x^3}{9+x^2}dx = \frac{1}{2}\int \frac{x^2}{9+x^2}dx^2$$

$$= \frac{1}{2}\int dx^2 - \frac{9}{2}\int \frac{1}{9+x^2}d(9+x^2)$$

$$=\frac{1}{2}x^2-\frac{9}{2}\ln(9+x^2)+C$$

(17) $\int\frac{dx}{4x^2-1}=\frac{1}{4}\int\frac{dx}{x^2-\left(\frac{1}{2}\right)^2}=\frac{1}{4}\ln\left|\frac{x-\frac{1}{2}}{x+\frac{1}{2}}\right|+C$

$$=\frac{1}{4}\ln\left|\frac{2x-1}{2x+1}\right|+C$$

(18) $\int\sin 2x\cos 3x dx=\frac{1}{2}\int(\sin 5x-\sin x)dx$

$$=-\frac{1}{10}\cos 5x+\frac{1}{2}\cos x+C$$

(19) $\int\sin 5x\sin 7x dx=-\frac{1}{2}\int(\cos 12x-\cos 2x)dx$

$$=-\frac{1}{24}\sin 12x+\frac{1}{4}\sin 2x+C$$

(20) $\int\tan^3 x\sec x dx=\int\tan^2 x d\sec x=\int(\sec^2 x-1)d\sec x$

$$=\frac{1}{3}\sec^3 x-\sec x+C$$

(21) $\int\sin^3 x\cos^2 x dx=-\int(1-\cos^2)\cos^2 x d\cos x=-\int\cos^2 x d\cos x+\int\cos^4 x d\cos x=-\frac{1}{3}\cos^3 x+\frac{1}{5}\cos^5 x+C$

(22) $\int\tan^4 x dx=\int\tan^2 x(\sec^2 x-1)dx=\int\tan^2 x d\tan x-\int(\sec^2 x-1)dx=\frac{1}{3}\tan^3 x-\tan x+x+C$

(23) $\int\cos^4 x dx=\int\left(\frac{1+\cos 2x}{2}\right)^2 dx=\frac{1}{4}\int\left(1+2\cos 2x+\frac{1+\cos 4x}{2}\right)dx=\frac{3}{8}x+\frac{1}{4}\sin 2x+\frac{1}{32}\sin 4x+C$

(24) $\int\frac{\ln\tan x}{\cos x\sin x}dx=\int\frac{\ln\tan x}{\cos^2 x\tan x}dx=\int\frac{\ln\tan x}{\tan x}d\tan x=$

$$\int \ln\tan x \mathrm{d}\ln\tan x = \frac{1}{2}\ln^2\tan x + C$$

(25) $\int \frac{1}{x^2-3x+2}\mathrm{d}x = \int\left(\frac{1}{x-2}-\frac{1}{x-1}\right)\mathrm{d}x = \ln|x-2|-$ $\ln|x-1|+C = \ln\frac{|x-2|}{|x-1|}+C$

(26) $\int \frac{2x+1}{x^2+2}\mathrm{d}x = \int \frac{1}{x^2+2}\mathrm{d}(x^2+2) + \int \frac{1}{x^2+2}\mathrm{d}x$

$$= \ln(x^2+2) + \frac{\sqrt{2}}{2}\arctan\frac{\sqrt{2}x}{2} + C$$

(27) $\int \frac{1}{\sqrt{4x-x^2}}\mathrm{d}x = \int \frac{1}{\sqrt{4-(x-2)^2}}\mathrm{d}(x-2)$

$$= \arcsin\frac{x-2}{2} + C$$

(28) $\int \frac{x}{x^2+4x+5}\mathrm{d}x = \int \frac{x+2-2}{(x+2)^2+1}\mathrm{d}x$

$$= \frac{1}{2}\int \frac{1}{(x+2)^2+1}\mathrm{d}[(x+2)^2+1] - 2\int \frac{1}{(x+2)^2+1}\mathrm{d}(x+2)$$

$$= \frac{1}{2}\ln(x^2+4x+5) - 2\arctan(x+2) + C$$

4-4 利用第二类换元法求下列不定积分。

(1) $\int \frac{1}{x\sqrt{1+x}}\mathrm{d}x$;　　(2) $\int \frac{\sin\sqrt{x}}{\sqrt{x}}\mathrm{d}x$;

(3) $\int \frac{\sqrt[3]{x}+\sqrt[6]{x}}{\sqrt{x}}\mathrm{d}x$;　　(4) $\int \frac{1}{\sqrt[4]{x}+\sqrt{x}}\mathrm{d}x$;

(5) $\int \frac{x^2}{\sqrt{a^2-x^2}}\mathrm{d}x(a>0)$;　　(6) $\int \frac{1}{\sqrt{(1-x^2)^3}}\mathrm{d}x$;

(7) $\int \frac{x^3}{\sqrt{1+x^2}}\mathrm{d}x$;　　(8) $\int \frac{\mathrm{d}x}{x\sqrt{a^2+x^2}}(a>0)$;

(9) $\int \frac{1}{x\sqrt{x^2-1}}dx$;　　(10) $\int \frac{x^3}{(1+x^2)^{\frac{3}{2}}}dx$;

(11) $\int \frac{1}{x(1+x^4)}dx$;　　(12) $\int \frac{1}{x^8(1+x^2)}dx$。

解　(1) 设 $\sqrt{1+x}=t$, $x=t^2-1$,则 $dx=2tdt$,于是

$$\int \frac{1}{x\sqrt{1+x}}dx=\int \frac{2t}{(t^2-1)t}dt=\int \frac{1}{t-1}dt-\int \frac{1}{t+1}dt$$

$$=\ln\left|\frac{t-1}{t+1}\right|+C=\ln\left|\frac{\sqrt{1+x}-1}{\sqrt{1+x}+1}\right|+C$$

(2) 设 $\sqrt{x}=t$, $x=t^2$,则 $dx=2tdt$,于是

$$\int \frac{\sin\sqrt{x}}{\sqrt{x}}dx=\int \frac{\sin t}{t}\cdot 2tdt=2\int \sin tdt$$

$$=-2\cos t+C=-2\cos\sqrt{x}+C$$

(3) 设 $\sqrt[6]{x}=t$,则 $x=t^6$, $dx=6t^5dt$,于是

$$\int \frac{\sqrt[3]{x}+\sqrt[6]{x}}{\sqrt{x}}dx=\int \frac{t^2+t}{t^3}\cdot 6t^5dt=6\int (t^4+t^3)dt=\frac{6}{5}t^5+\frac{3}{2}t^4+C$$

$$=\frac{6}{5}x^{\frac{5}{6}}+\frac{3}{2}x^{\frac{2}{3}}+C$$

(4) 设 $\sqrt[4]{x}=t$,则 $x=t^4$, $dx=4t^3dt$,于是

$$\int \frac{1}{\sqrt[4]{x}+\sqrt{x}}dx=\int \frac{1}{t+t^2}\cdot 4t^3dt=4\int \frac{t^2}{t+1}dt=4\int \frac{t^2-1+1}{t+1}dt$$

$$=4\left[\int (t-1)dt+\int \frac{1}{t+1}dt\right]$$

$$=4\left[\frac{1}{2}t^2-t+\ln(1+t)\right]+C$$

$$=2\sqrt{x}-4\sqrt[4]{x}+4\ln(1+\sqrt[4]{x})+C$$

(5) 如图 4-1 所示,设 $x=a\sin t\left(-\frac{\pi}{2}<t<\frac{\pi}{2}\right)$,则 $dx=a\cos t dt$,于是

$$\int\frac{x^2}{\sqrt{a^2-x^2}}dx=\int\frac{a^2\sin^2 t}{a\cos t}\cdot a\cos t dt$$

$$=a^2\int\frac{1-\cos 2t}{2}dt=\frac{a^2}{2}t-\frac{a^2}{4}\int\cos 2t d(2t)$$

$$=\frac{a^2}{2}t-\frac{a^2}{4}\sin 2t+C=\frac{a^2}{2}t-\frac{a^2}{2}\sin t\cos t+C$$

$$=\frac{a^2}{2}\left(\arcsin\frac{x}{a}-\frac{x}{a^2}\sqrt{a^2-x^2}\right)+C$$

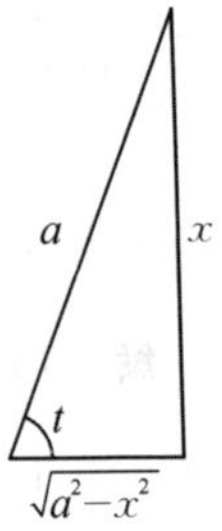

图 4-1

(6) 如图 4-2 所示,设 $x=\sin t\left(-\frac{\pi}{2}<t<\frac{\pi}{2}\right)$,则 $dx=\cos t dt$,于是

$$\int\frac{1}{\sqrt{(1-x^2)^3}}dx=\int\frac{1}{\cos^3 t}\cos t dt$$

$$=\int\frac{1}{\cos^2 t}dt=\int\sec^2 t dt$$

$$=\tan t+C=\frac{x}{\sqrt{1-x^2}}+C$$

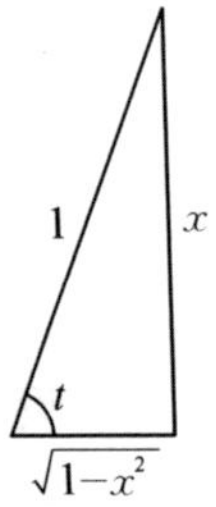

图 4-2

(7) 如图 4-3 所示,设 $x=\tan t\left(-\frac{\pi}{2}<t<\frac{\pi}{2}\right)$,则 $dx=\sec^2 t dt$,于是

$$\int\frac{x^3}{\sqrt{1+x^2}}dx=\int\frac{\tan^3 t}{\sqrt{1+\tan^2 t}}\cdot\sec^2 t dt$$

$$=\int\tan^2 t d\sec t=\int(\sec^2 t-1)d\sec t$$

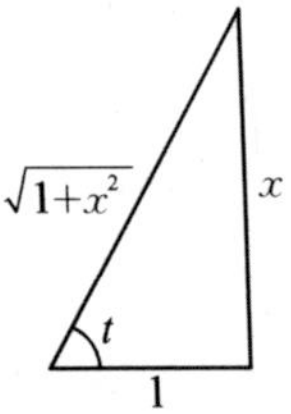

图 4-3

$$=\frac{1}{3}\sec^3 t-\sec t+C$$

$$=\frac{1}{3}(1+x^2)^{\frac{3}{2}}-\sqrt{1+x^2}+C$$

(8) 如图 4-4 所示，设 $x=a\tan t\left(-\frac{\pi}{2}<t<\frac{\pi}{2},\ t\neq 0\right)$，则 $\mathrm{d}x=a\sec^2 t\mathrm{d}t$，于是

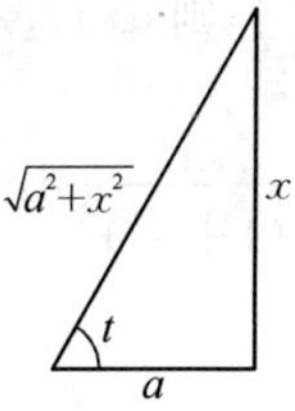

图 4-4

$$\int\frac{\mathrm{d}x}{x\sqrt{a^2+x^2}}=\int\frac{a\sec^2 t\mathrm{d}t}{a\tan t\sqrt{a^2+a^2\tan^2 t}}$$

$$=\frac{1}{a}\int\frac{\sec^2 t\mathrm{d}t}{\tan t\cdot\sec t}$$

$$=\frac{1}{a}\int\frac{\mathrm{d}t}{\sin t}=\frac{1}{a}\ln|\csc t-\cot t|+C$$

$$=\frac{1}{a}\ln\left|\frac{\sqrt{a^2+x^2}-a}{x}\right|+C$$

(9) 如图 4-5 所示，1) 当 $x>1$ 时，设 $x=\sec t,\ 0<t<\frac{\pi}{2}$，则 $\mathrm{d}x=\sec t\cdot\tan t\mathrm{d}t$，于是

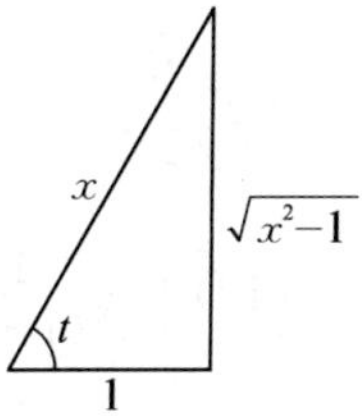

图 4-5

$$\int\frac{1}{x\sqrt{x^2-1}}\mathrm{d}x$$

$$=\int\frac{1}{\sec t\sqrt{\sec^2 t-1}}\sec t\cdot\tan t\mathrm{d}t$$

$$=\int\mathrm{d}t=t+C=\arccos\frac{1}{x}+C$$

2) 当 $x<-1$ 时，设 $x=-a\sec t,\ 0<t<\frac{\pi}{2}$，则 $\mathrm{d}x=-\sec t\cdot\tan t\mathrm{d}t$，于是

$$\int \frac{1}{x\sqrt{x^2-1}}\mathrm{d}x = \arccos\frac{1}{x}+C$$

(10) 如图 4-6 所示，设 $x=\tan t\left(-\frac{\pi}{2}<t<\frac{\pi}{2}\right)$，则 $\mathrm{d}x=\sec^2 t\mathrm{d}t$，于是

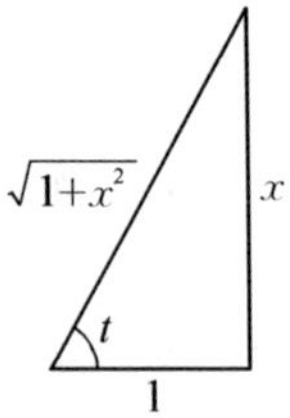

图 4-6

$$\int \frac{x^3}{(1+x^2)^{\frac{3}{2}}}\mathrm{d}x = \int \frac{\tan^3 t}{(1+\tan^2 t)^{\frac{3}{2}}}\sec^2 t\mathrm{d}t = \int \frac{\tan^3 t}{\sec t}\mathrm{d}t$$

$$= \int \frac{\sin^3 t}{\cos^2 t}\mathrm{d}t = \int \frac{\cos^2 t-1}{\cos^2 t}\mathrm{d}\cos t$$

$$= \cos t+\frac{1}{\cos t}+C = \frac{1}{\sqrt{1+x^2}}+\sqrt{1+x^2}+C$$

(11) 设 $x=\frac{1}{t}$，则 $\mathrm{d}x=-\frac{1}{t^2}\mathrm{d}t$，于是

$$\int \frac{1}{x(1+x^4)}\mathrm{d}x = -\int \frac{1}{\frac{1}{t}\left(1+\frac{1}{t^4}\right)}\cdot\frac{1}{t^2}\mathrm{d}t = -\int \frac{t^3}{1+t^4}\mathrm{d}t$$

$$= -\frac{1}{4}\ln(1+t^4)+C = -\frac{1}{4}\ln\left(\frac{1+x^4}{x^4}\right)+C$$

(12) $$\int \frac{1}{x^8(1+x^2)}\mathrm{d}x = -\int \frac{1}{\frac{1}{t^8}\left(1+\frac{1}{t^2}\right)}\cdot\frac{1}{t^2}\mathrm{d}t = -\int \frac{t^8}{1+t^2}\mathrm{d}t$$

$$= -\int\left(t^6-t^4+t^2-1+\frac{1}{1+t^2}\right)\mathrm{d}t$$

$$= -\frac{1}{7}t^7+\frac{1}{5}t^5-\frac{1}{3}t^3+t-\arctan t+C$$

$$= -\frac{1}{7x^7}+\frac{1}{5x^5}-\frac{1}{3x^3}+\frac{1}{x}-\arctan\frac{1}{x}+C$$

4-5 利用分部积分求下列不定积分。

(1) $\int x\sin 2x\mathrm{d}x$；　　(2) $\int x\cos^2\frac{x}{2}\mathrm{d}x$；

(3) $\int xe^{-x}dx$；　　(4) $\int \sqrt{x}\sin\sqrt{x}dx$；

(5) $\int x^3\ln xdx$；　　(6) $\int x\ln^2 xdx$；

(7) $\int x\arccos xdx$；　　(8) $\int \frac{x\arcsin x}{\sqrt{1-x^2}}dx$；

(9) $\int e^{-x}\cos xdx$；　　(10) $\int \cos(\ln x)dx$。

解　(1) $\int x\sin 2xdx = -\frac{1}{2}\int xd\cos 2x = -\frac{1}{2}x\cos 2x + \frac{1}{2}\int \cos 2xdx = -\frac{1}{2}x\cos 2x + \frac{1}{4}\sin 2x + C$

(2) $$\int x\cos^2\frac{x}{2}dx = \frac{1}{2}\int x(1+\cos x)dx = \frac{1}{4}x^2 + \frac{1}{2}\int x\cos xdx$$
$$= \frac{1}{4}x^2 + \frac{1}{2}\int xd\sin x$$
$$= \frac{1}{4}x^2 + \frac{1}{2}x\sin x - \frac{1}{2}\int \sin xdx$$
$$= \frac{1}{4}x^2 + \frac{1}{2}x\sin x + \frac{1}{2}\cos x + C$$

(3) $$\int xe^{-x}dx = -\int xde^{-x} = -xe^{-x} + \int e^{-x}dx$$
$$= -xe^{-x} - e^{-x} + C$$

(4) $$\int \sqrt{x}\sin\sqrt{x}dx = \int t\sin t \cdot 2tdt = -2\int t^2 d\cos t$$
$$= -2t^2\cos t + 4\int t\cos tdt$$
$$= -2t^2\cos t + 4\int td\sin t$$
$$= -2t^2\cos t + 4t\sin t - 4\int \sin tdt$$
$$= -2t^2\cos t + 4t\sin t + 4\cos t + C$$
$$= (4-2x)\cos\sqrt{x} + 4\sqrt{x}\sin\sqrt{x} + C$$

(5) $\int x^3 \ln x \mathrm{d}x = \frac{1}{4}\int \ln x \mathrm{d}x^4 = \frac{1}{4}\ln x \cdot x^4 - \frac{1}{4}\int x^4 \mathrm{d}\ln x$

$= \frac{1}{4}\ln x \cdot x^4 - \frac{1}{4}\int x^3 \mathrm{d}x$

$= \frac{1}{4}\ln x \cdot x^4 - \frac{1}{16}x^4 + C$

(6) $\int x\ln^2 x \mathrm{d}x = \frac{1}{2}\int \ln^2 x \mathrm{d}x^2 = \frac{1}{2}\ln^2 x \cdot x^2 - \frac{1}{2}\int x^2 \mathrm{d}\ln^2 x$

$= \frac{1}{2}\ln^2 x \cdot x^2 - \int x\ln x \mathrm{d}x$

$= \frac{1}{2}\ln^2 x \cdot x^2 - \frac{1}{2}\int \ln x \mathrm{d}x^2$

$= \frac{1}{2}\ln^2 x \cdot x^2 - \frac{1}{2}\ln x \cdot x^2 + \frac{1}{2}\int x^2 \mathrm{d}\ln x$

$= \frac{1}{2}\ln^2 x \cdot x^2 - \frac{1}{2}\ln x \cdot x^2 + \frac{1}{2}\int x \mathrm{d}x$

$= \frac{1}{2}\ln^2 x \cdot x^2 - \frac{1}{2}\ln x \cdot x^2 + \frac{1}{4}x^2 + C$

(7) $\int x\arccos x \mathrm{d}x = \frac{1}{2}\int \arccos x \mathrm{d}x^2$

$= \frac{1}{2}\arccos x \cdot x^2 - \frac{1}{2}\int x^2 \mathrm{d}\arccos x$

$= \frac{1}{2}\arccos x \cdot x^2 + \frac{1}{2}\int \frac{x^2}{\sqrt{1-x^2}}\mathrm{d}x$

$= \frac{1}{2}\arccos x \cdot x^2 + \frac{1}{2}\int \frac{x^2-1+1}{\sqrt{1-x^2}}\mathrm{d}x$

$= \frac{1}{2}\arccos x \cdot x^2 + \frac{1}{2}\arcsin x - \frac{1}{2}\int \sqrt{1-x^2}\mathrm{d}x$

$= \frac{1}{2}\arccos x \cdot x^2 + \frac{1}{2}\arcsin x -$

$\frac{1}{4}x\sqrt{1-x^2} - \frac{1}{4}\arcsin x + C$

$$=\frac{1}{2}\arccos x\cdot x^2+\frac{1}{4}\arcsin x-\frac{1}{4}x\sqrt{1-x^2}+C$$

(8) $\int\frac{x\arcsin x}{\sqrt{1-x^2}}\mathrm{d}x=-\frac{1}{2}\int\frac{\arcsin x}{\sqrt{1-x^2}}\mathrm{d}(1-x^2)$

$$=-\int\arcsin x\mathrm{d}\sqrt{1-x^2}$$

$$=-\sqrt{1-x^2}\arcsin x+\int\mathrm{d}x$$

$$=-\sqrt{1-x^2}\arcsin x+x+C$$

(9) $\int\mathrm{e}^{-x}\cos x\mathrm{d}x=\int\mathrm{e}^{-x}\mathrm{d}\sin x=\mathrm{e}^{-x}\sin x+\int\mathrm{e}^{-x}\sin x\mathrm{d}x$

$$=\mathrm{e}^{-x}\sin x-\int\mathrm{e}^{-x}\mathrm{d}\cos x$$

$$=\mathrm{e}^{-x}\sin x-\mathrm{e}^{-x}\cos x-\int\mathrm{e}^{-x}\cos x\mathrm{d}x$$

故 $\int\mathrm{e}^{-x}\cos x\mathrm{d}x=\frac{\mathrm{e}^{-x}\sin x-\mathrm{e}^{-x}\cos x}{2}+C$

(10) $\int\cos(\ln x)\mathrm{d}x=x\cos(\ln x)-\int x\mathrm{d}\cos(\ln x)$

$$=x\cos(\ln x)+\int\sin(\ln x)\mathrm{d}x$$

$$=x\cos(\ln x)+x\sin(\ln x)-\int x\mathrm{d}\sin(\ln x)$$

$$=x\cos(\ln x)+x\sin(\ln x)-\int\cos(\ln x)\mathrm{d}x$$

故 $\int\cos(\ln x)\mathrm{d}x=\frac{1}{2}x[\cos(\ln x)+\sin(\ln x)]+C$

4-6 求下列有理函数和三角函数有理式的不定积分。

(1) $\int\frac{x^3+1}{x^3-5x^2+6x}\mathrm{d}x$； (2) $\int\frac{1}{(x^2+x)(x^2+1)}\mathrm{d}x$；

(3) $\int\frac{\mathrm{d}x}{4\sin x+3\cos x+5}$； (4) $\int\frac{\mathrm{d}x}{(2+\cos x)\sin x}$；

(5) $\int \frac{\mathrm{d}x}{(5+4\sin x)\cos x}$; (6) $\int \frac{\sin x\cos^3 x}{1+\cos^2 x}\mathrm{d}x$。

解 (1) 由 $\frac{x^3+1}{x^3-5x^2+6x}=1+\frac{5x^2-6x+1}{x(x-2)(x-3)}=1+\frac{A}{x}+\frac{B}{x-2}+\frac{C}{x-3}$

则 $5x^2-6x+1=A(x-2)(x-3)+Bx(x-3)+Cx(x-2)$

令 $x=0$,得 $A=\frac{1}{6}$;令 $x=2$,得 $B=-\frac{9}{2}$;令 $x=3$,得 $C=\frac{28}{3}$,则

$$\begin{aligned}\int \frac{x^3+1}{x^3-5x^2+6x}\mathrm{d}x&=\int\left(1+\frac{1}{6x}-\frac{9}{2}\cdot\frac{1}{x-2}+\frac{28}{3}\cdot\frac{1}{x-3}\right)\mathrm{d}x\\&=x+\frac{1}{6}\ln|x|-\frac{9}{2}\ln|x-2|+\\&\quad\frac{28}{3}\ln|x-3|+C\end{aligned}$$

(2) 由 $\frac{1}{(x^2+x)(x^2+1)}=\frac{1}{x(x+1)(x^2+1)}=\frac{A}{x}+\frac{B}{x+1}+\frac{Cx+D}{x^2+1}$,

则 $1=A(x+1)(x^2+1)+Bx(x^2+1)+(Cx+D)(x+1)x$

令 $x=0$,得 $A=1$;令 $x=-1$,得 $B=-\frac{1}{2}$;令 $x=i$,得 $-C-D+(C-D)i=1$,即 $C=D=-\frac{1}{2}$,则

$$\begin{aligned}&\int\frac{1}{(x^2+x)(x^2+1)}\mathrm{d}x\\&=\int\left(\frac{1}{x}+\frac{-\frac{1}{2}}{x+1}+\frac{-\frac{1}{2}x-\frac{1}{2}}{x^2+1}\right)\mathrm{d}x\end{aligned}$$

$$= \ln|x| - \frac{1}{2}\ln|x+1| - \frac{1}{2}\int \frac{\frac{1}{2}d(x^2+1)}{x^2+1} - \frac{1}{2}\int \frac{1}{x^2+1}dx$$

$$= \ln|x| - \frac{1}{2}\ln|x+1| - \frac{1}{4}\ln(x^2+1) - \frac{1}{2}\arctan x + C$$

(3) 令 $\tan\frac{x}{2} = t$,则 $\sin x = \frac{2t}{1+t^2}$, $\cos x = \frac{1-t^2}{1+t^2}$, $dx = \frac{2}{1+t^2}dt$,于是

$$\int \frac{dx}{4\sin x + 3\cos x + 5} = \int \frac{\frac{2dt}{1+t^2}}{4\cdot\frac{2t}{1+t^2} + 3\cdot\frac{1-t^2}{1+t^2} + 5}$$

$$= 2\int \frac{dt}{2t^2+8t+8} = \int \frac{dt}{(t+2)^2}$$

$$= -\frac{1}{t+2} + C = -\frac{1}{\tan\frac{x}{2}+2} + C$$

(4) **解法一** 令 $\tan\frac{x}{2} = t$,则 $\sin x = \frac{2t}{1+t^2}$, $\cos x = \frac{1-t^2}{1+t^2}$, $dx = \frac{2}{1+t^2}dt$,于是

$$\int \frac{dx}{(2+\cos x)\sin x} = \int \frac{\frac{2dt}{1+t^2}}{\frac{2t}{1+t^2}\left(2+\frac{1-t^2}{1+t^2}\right)} = \int \frac{(1+t^2)dt}{t(t^2+3)}$$

$$= \int\left[\frac{1}{3t} + \frac{2t}{3(t^2+3)}\right]dt = \frac{1}{3}\ln|t(t^2+3)| + C$$

$$= \frac{1}{3}\ln\left|\tan\frac{x}{2}\left(\tan^2\frac{x}{2}+3\right)\right| + C$$

解法二 令 $\cos x = t$,则 $\sin x = \sqrt{1-t^2}$, $dx = -\frac{1}{\sqrt{1-t^2}}dt$,

于是

$$\int\frac{\mathrm{d}x}{(2+\cos x)\sin x}=\int\frac{\frac{-\mathrm{d}t}{\sqrt{1-t^2}}}{(2+t)\sqrt{1-t^2}}=\int\frac{\mathrm{d}t}{(t-1)(t+1)(t+2)}$$

$$=\int\left(\frac{\frac{1}{3}}{t+2}-\frac{\frac{1}{2}}{t+1}+\frac{\frac{1}{6}}{t-1}\right)\mathrm{d}t$$

$$=\frac{1}{3}\ln|t+2|-\frac{1}{2}\ln|t+1|+\frac{1}{6}\ln|t-1|+C$$

$$=\frac{1}{3}\ln(2+\cos x)-\frac{1}{2}\ln(1+\cos x)+$$

$$\frac{1}{6}\ln(1-\cos x)+C$$

(5) 分子分母同乘以 $\cos x$,并令 $\sin x=t$,于是

$$\int\frac{\mathrm{d}x}{(5+4\sin x)\cos x}=\int\frac{\cos x\mathrm{d}x}{(5+4\sin x)\cos^2 x}=\int\frac{\mathrm{d}\sin x}{(5+4\sin x)(1-\sin^2 x)}$$

$$=\int\frac{\mathrm{d}t}{(5+4t)(1+t)(1-t)}$$

$$=\int\left(-\frac{16}{9}\cdot\frac{1}{5+4t}+\frac{1}{2}\cdot\frac{1}{1+t}+\frac{1}{18}\cdot\frac{1}{1-t}\right)\mathrm{d}t$$

$$=-\frac{4}{9}\ln(5+4t)+\frac{1}{2}\cdot\ln(1+t)-$$

$$\frac{1}{18}\ln(1-t)+C$$

$$=-\frac{4}{9}\ln(5+4\sin x)+\frac{1}{2}\cdot\ln(1+\sin x)-$$

$$\frac{1}{18}\ln(1-\sin x)+C$$

(6) **解法一**　分子分母同除以 $\cos^2 x$,并令 $\tan x=t$,于是

$$\int \frac{\sin x\cos^3 x}{1+\cos^2 x}\mathrm{d}x = \int \frac{\sin x\cos x}{1+\sec^2 x}\mathrm{d}x = \int \frac{\frac{\sin x}{\cos x}\cos^2 x}{1+\sec^2 x}\mathrm{d}x$$

$$= \int \frac{\frac{\sin x}{\cos x}\cos^4 x}{1+\sec^2 x}\mathrm{d}\tan x = \int \frac{\tan x}{(1+\sec^2 x)\sec^4 x}\mathrm{d}\tan x$$

$$= \frac{1}{2}\int \frac{1}{(2+\tan^2 x)(1+\tan^2 x)^2}\mathrm{d}\tan^2 x$$

$$= \frac{1}{2}\int \frac{1}{(2+t^2)(1+t^2)^2}\mathrm{d}t^2$$

$$= \frac{1}{2}\int\left[\frac{1}{2+t^2} - \frac{1}{1+t^2} + \frac{1}{(1+t^2)^2}\right]\mathrm{d}t^2$$

$$= \frac{1}{2}\ln\left(\frac{2+t^2}{1+t^2}\right) - \frac{1}{2}\cdot\frac{1}{1+t^2} + C$$

$$= \frac{1}{2}\ln\left(\frac{2+\tan^2 x}{1+\tan^2 x}\right) - \frac{1}{2}\cdot\frac{1}{1+\tan^2 x} + C$$

$$= \frac{1}{2}\ln(1+\cos^2 x) - \frac{1}{2}\cos^2 x + C$$

解法二　令 $\cos^2 x = t$，则 $\sin x\cos x\mathrm{d}x = -\frac{1}{2}\mathrm{d}t$，于是

$$\int \frac{\sin x\cos^3 x}{1+\cos^2 x}\mathrm{d}x = -\frac{1}{2}\int \frac{\cos^2 x}{1+\cos^2 x}\mathrm{d}\cos^2 x = -\frac{1}{2}\int \frac{t}{1+t}\mathrm{d}t$$

$$= -\frac{1}{2}\int\left(1-\frac{1}{1+t}\right)\mathrm{d}t$$

$$= -\frac{1}{2}t + \frac{1}{2}\ln(1+t) + C$$

$$= \frac{1}{2}\ln(1+\cos^2 x) - \frac{1}{2}\cos^2 x + C$$

4－7　求下列不定积分。

(1) $\int \frac{\cot x}{\sqrt{\sin x}}\mathrm{d}x$；　　(2) $\int \frac{\mathrm{e}^x - \mathrm{e}^{-x}}{\mathrm{e}^x + \mathrm{e}^{-x}}\mathrm{d}x$；

(3) $\int \sin^2\sqrt{x}\,\mathrm{d}x$；　　　　(4) $\int \frac{x^2}{\sqrt{x^2-a^2}}\mathrm{d}x(a>0)$；

(5) $\int \frac{\mathrm{d}x}{x(x^6+2)}$；　　　　(6) $\int \frac{x\mathrm{e}^x}{(1+\mathrm{e}^x)^2}\mathrm{d}x$；

(7) $\int \frac{\mathrm{d}x}{\sqrt{1+\mathrm{e}^x}}$；　　　　(8) $\int \frac{\sin x\cos x}{\sin^4 x+\cos^4 x}\mathrm{d}x$。

解　(1) $\int \frac{\cot x}{\sqrt{\sin x}}\mathrm{d}x = \int \frac{\cos x}{\sin x\cdot\sqrt{\sin x}}\mathrm{d}x =$

$\int \frac{1}{\sin x\cdot\sqrt{\sin x}}\mathrm{d}\sin x = \int \frac{1}{\sin^{\frac{3}{2}} x}\mathrm{d}\sin x = -\frac{2}{\sqrt{\sin x}}+C$

(2) $\int \frac{\mathrm{e}^x-\mathrm{e}^{-x}}{\mathrm{e}^x+\mathrm{e}^{-x}}\mathrm{d}x = \int \frac{1}{\mathrm{e}^x+\mathrm{e}^{-x}}\mathrm{d}(\mathrm{e}^x+\mathrm{e}^{-x}) = \ln(\mathrm{e}^x+\mathrm{e}^{-x})+C$

(3) 设 $\sqrt{x}=t$，$x=t^2$，$\mathrm{d}x=2t\mathrm{d}t$，于是

$$\int \sin^2\sqrt{x}\,\mathrm{d}x = \int \sin^2 t\cdot 2t\mathrm{d}t = \int (t-t\cos 2t)\mathrm{d}t = \frac{t^2}{2}-\frac{1}{2}\int t\mathrm{d}\sin 2t$$
$$= \frac{t^2}{2}-\frac{1}{2}t\sin 2t+\frac{1}{2}\int \sin 2t\mathrm{d}t$$
$$= \frac{t^2}{2}-\frac{1}{2}t\sin 2t-\frac{1}{4}\cos 2t+C$$
$$= \frac{x}{2}-\frac{1}{2}\sqrt{x}\sin 2\sqrt{x}-\frac{1}{4}\cos 2\sqrt{x}+C$$

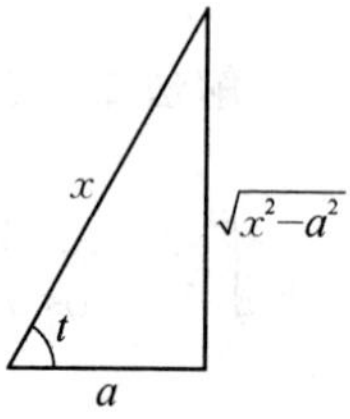

图　4-7

(4) 1) 如图 4-7 所示，当 $x>a$ 时，设 $x=a\sec t$，$0<t<\frac{\pi}{2}$，则 $\mathrm{d}x=a\sec t\cdot\tan t\mathrm{d}t$，于是

$$\int \frac{x^2}{\sqrt{x^2-a^2}}\mathrm{d}x = \int \frac{a^2\sec^2 t}{\sqrt{a^2\sec^2 t-a^2}}\cdot a\sec t\cdot\tan t\mathrm{d}t$$
$$= \int a^2\sec^3 t\mathrm{d}t = a^2\int \frac{1}{(1-\sin^2 t)^2}\mathrm{d}\sin t$$
$$= \frac{a^2}{4}\int\left[\frac{1}{(1-\sin t)^2}+\frac{1}{(1+\sin t)^2}+\frac{2}{1-\sin^2 t}\right.\mathrm{d}\sin t$$

$$=\frac{a^2}{4}\left(\int\frac{1}{1-\sin t}-\frac{1}{1+\sin t}\right)+\frac{a^2}{4}\ln\left|\frac{1+\sin t}{1-\sin t}\right|+C$$

$$=\frac{a^2}{2}\tan t\cdot\sec t+\frac{a^2}{2}\ln|\sec t+\tan t|+C$$

$$=\frac{x}{2}\sqrt{x^2-a^2}+\frac{a^2}{2}\ln\left|\frac{x+\sqrt{x^2-a^2}}{a}\right|+C$$

2) 当 $x<-a$ 时，设 $x=-a\sec t$，$0<t<\frac{\pi}{2}$，则 $\mathrm{d}x=-a\sec t\cdot\tan t\mathrm{d}t$，于是

$$\int\frac{x^2}{\sqrt{x^2-a^2}}\mathrm{d}x=\frac{x}{2}\sqrt{x^2-a^2}+\frac{a^2}{2}\ln\left|\frac{x+\sqrt{x^2-a^2}}{a}\right|+C$$

(5) $\int\frac{\mathrm{d}x}{x(x^6+2)}=\int\frac{x^5\mathrm{d}x}{x^6(x^6+2)}=\frac{1}{6}\int\frac{\mathrm{d}x^6}{x^6(x^6+2)}$

$$=\frac{1}{12}\int\left(\frac{1}{x^6}-\frac{1}{x^6+2}\right)\mathrm{d}x^6$$

$$=\frac{1}{12}[\ln x^6-\ln(x^6+2)]+C$$

$$=\frac{1}{12}[6\ln|x|-\ln(x^6+2)]+C$$

(6) $\int\frac{x\mathrm{e}^x}{(1+\mathrm{e}^x)^2}\mathrm{d}x=\int\frac{x}{(1+\mathrm{e}^x)^2}\mathrm{d}(\mathrm{e}^x+1)=-\int x\mathrm{d}(\mathrm{e}^x+1)^{-1}$

$$=-x(\mathrm{e}^x+1)^{-1}+\int\frac{1}{\mathrm{e}^x+1}\mathrm{d}x$$

$$=-x(\mathrm{e}^x+1)^{-1}+\int\frac{1}{(\mathrm{e}^x+1)\mathrm{e}^x}\mathrm{d}\mathrm{e}^x$$

$$=-x(\mathrm{e}^x+1)^{-1}+\int\left(\frac{1}{\mathrm{e}^x}-\frac{1}{\mathrm{e}^x+1}\right)\mathrm{d}\mathrm{e}^x$$

$$=-x(\mathrm{e}^x+1)^{-1}+\ln\mathrm{e}^x-\ln(1+\mathrm{e}^x)+C$$

$$=-x(\mathrm{e}^x+1)^{-1}+x-\ln(1+\mathrm{e}^x)+C$$

(7) 设 $\sqrt{1+\mathrm{e}^x}=t$，$x=\ln(t^2-1)$，则 $\mathrm{d}x=\frac{2t}{t^2-1}\mathrm{d}t$，于是

$$\int \frac{dx}{\sqrt{1+e^x}} = \int \frac{1}{t} \cdot \frac{2t dt}{t^2-1} = \int \frac{2dt}{t^2-1} = \ln\left|\frac{t-1}{t+1}\right| + C$$
$$= \ln\left|\frac{\sqrt{1+e^x}-1}{\sqrt{1+e^x}+1}\right| + C$$

(8) $$\int \frac{\sin x\cos x}{\sin^4 x+\cos^4 x}dx = \frac{1}{2}\int \frac{1}{(\sin^2 x+\cos^2 x)^2 - 2\sin^2 x\cos^2 x}d\sin^2 x$$
$$= \frac{1}{2}\int \frac{1}{1-2\sin^2 x(1-\sin^2 x)}d\sin^2 x$$
$$= \frac{1}{4}\int \frac{1}{\left(\sin^2 x-\frac{1}{2}\right)^2+\frac{1}{4}}d\sin^2 x$$
$$= \frac{1}{4}\int \frac{1}{\left(\sin^2 x-\frac{1}{2}\right)^2+\frac{1}{4}}d\left(\sin^2 x-\frac{1}{2}\right)$$
$$= \frac{1}{4} \cdot \frac{1}{\frac{1}{2}}\arctan\left(\frac{\sin^2 x-\frac{1}{2}}{\frac{1}{2}}\right) + C$$
$$= \frac{1}{2}\arctan(2\sin^2 x-1) + C$$
$$= -\frac{1}{2}\arctan(\cos 2x) + C$$

【课外练习】

一、单选题

1. 若 $f(x)$ 的一个原函数为 $\arctan x$，则下列等式正确的是（　　）。

A. $\int \arctan x dx = f(x) + C$　B. $\int f(x)dx = \arctan x + C$

C. $\int \arctan x \mathrm{d}x = f(x)$　　D. $\int f(x)\mathrm{d}x = \arctan x$

2. $f(x)$在某区间内具备了条件(　　)就可保证它的原函数一定存在。

A. 有极限存在　　B. 连续

C. 有界　　D. 有有限个间断点

3. 在区间 (a, b) 内,若 $f'(x) = \varphi'(x)$,则(　　)。

A. $f(x) = \varphi(x)$

B. $f(x) = \varphi(x) + C$

C. $\left(\int f(x)\mathrm{d}x\right)' = \left(\int \varphi(x)\mathrm{d}x\right)'$

D. $\int f'(x)\mathrm{d}x = \int \varphi'(x)\mathrm{d}x$

4. 若 $f(x)$ 的导函数是 $\sin x$,则 $f(x)$ 有一个原函数为(　　)。

A. $1 + \cos x$　　B. $1 - \cos x$

C. $1 + \sin x$　　D. $1 - \sin x$

5. 函数 $f(x) = (x + |x|)^2$ 的一个原函数 $F(x)$ 为(　　)。

A. $\frac{4}{3}x^3$　　B. $\frac{4}{3}x|x|^2$

C. $\frac{2}{3}x(x^2 + |x|^2)$　　D. $\frac{2}{3}x^2(x + |x|)$

6. 设 $f(x)$是连续函数,$F(x)$是 $f(x)$的原函数,则(　　)。

A. 当 $f(x)$是奇函数时,$F(x)$必为偶函数

B. 当 $f(x)$是偶函数时,$F(x)$必为奇函数

C. 当 $f(x)$是周期函数时,$F(x)$必为周期函数

D. 当 $f(x)$是单调增函数时,$F(x)$必为单调增函数

7. $\int \sqrt{\frac{1+x}{1-x}}\mathrm{d}x =$(　　)。

A. $x - \cos x + C$　　B. $\arcsin x - \sqrt{1-x^2} + C$

C. $\arcsin x + \sqrt{1-x^2} + C$　　D. $\arccos x - \sqrt{1-x^2} + C$

8. $\int xf''(x)\mathrm{d}x=($ $)$。

A. $xf'(x)-\int f(x)\mathrm{d}x$ B. $xf(x)-f(x)+C$

C. $xf'(x)-f(x)+C$ D. $f(x)-xf'(x)+C$

9. 设 $f(x)$ 的一个原函数是 $F(x)$，则 $\int f(ax+b)\mathrm{d}x=($ $)$。

A. $F(ax+b)+C$ B. $aF(ax+b)+C$

C. $\frac{1}{a}F(ax+b)+C$ D. $\frac{F(ax+b)}{ax+b}+C$

10. $\int\frac{\mathrm{e}^x-1}{\mathrm{e}^x+1}\mathrm{d}x=($ $)$。

A. $2\ln(\mathrm{e}^x+1)-x+C$ B. $x-2\ln(\mathrm{e}^x+1)+C$

C. $\ln(\mathrm{e}^x+1)+x+C$ D. $\ln(\mathrm{e}^x+1)+C$

二、填空题

1. $\int\frac{\mathrm{d}x}{x\sqrt{1+\ln x}}=$ ________。

2. $\int\frac{(1-x)^2}{\sqrt{x}}\mathrm{d}x=$ ________。

3. $\int\frac{\sin\sqrt{t}}{\sqrt{t}}\mathrm{d}t=$ ________。

4. $\int\frac{x^2\mathrm{d}x}{\sqrt{a^2-x^2}}=$ ________。

5. $\int x^2\cos^2\frac{x}{2}\mathrm{d}x=$ ________。

6. $\int\frac{\sin x}{1+\sin x}\mathrm{d}x=$ ________。

7. $\int\frac{\mathrm{d}x}{x^2+2x+5}=$ ________。

8. $\int\frac{\mathrm{d}x}{\sqrt{x(4-x)}}=$ ________。

9. $\int \frac{\ln \sin x}{\sin^2 x} dx =$ ________。

10. 已知 $f'(e^x) = xe^{-x}$，且 $f(0) = 0$，则 $f(x) =$ ________。

三、计算及证明题

1. $\int x\sin 2x dx$。

2. $\int \frac{2^x 3^x}{9^x - 4^x} dx$。

3. $\int \frac{x + \sin x}{1 + \cos x} dx$。

4. $\int \frac{x^2}{a^6 - x^6} dx$。

5. $\int \sin x \sin 2x \sin 3x dx$。

6. $\int \frac{dx}{x^2 \sqrt{x^2 - 1}}$。

7. $\int \frac{dx}{x^4 \sqrt{x^2 + 1}}$。

8. $\int \arctan \sqrt{x} dx$。

9. $\int \frac{dx}{16 - x^4}$。

10. $\int e^{\sin x} \frac{x \cos^3 x - \sin x}{\cos^2 x} dx$。

11. $\int \frac{\ln x}{(1 + x^2)^{\frac{3}{2}}} dx$。

12. $\int \sqrt{1 - x^2} \arcsin x dx$。

13. $\int \frac{dx}{\sin^3 x \cos x}$。

14. $\int \frac{dx}{(2 + \cos x)\sin x}$。

第五章 定积分及其应用

【内容提要】

1. 定积分的定义和性质

(1) 定积分的定义　设 $f(x)$ 是定义在 $[a, b]$ 上的函数，在区间 $[a, b]$ 内任意插入 $n-1$ 个分点

$$a = x_0 < x_1 < x_2 < \cdots < x_{n-1} < x_n = b$$

将其分成 n 个小区间。记 $\Delta x_i = x_i - x_{i-1}(i = 1, 2\cdots n)$，$\lambda = \max\{\Delta x_i\}$，在每个小区间上任取一点 $\xi_i \in [x_{i-1}, x_i]$，和式的极限 $\lim\limits_{\lambda\to 0}\sum\limits_{i=1}^{n} f(\xi_i)\Delta x_i$ 存在，且与小区间的划分及 ξ_i 的选取无关，则称函数 $f(x)$ 在 $[a, b]$ 上**可积**，并称该极限值为 $f(x)$ 在 $[a, b]$ 上的**定积分，记作** $\int_a^b f(x)\mathrm{d}x$。即

$$\int_a^b f(x)\mathrm{d}x = \lim_{\lambda\to 0}\sum_{i=1}^{n} f(\xi_i)\Delta x_i \mathrm{d}x$$

其中，$f(x)$ 称为**被积函数**，$f(x)\mathrm{d}x$ 称为**被积表达式**，x 称为**积分变量**，a 称为**积分下限**，b 称为**积分上限**，$[a, b]$ 称为**积分区间**。

(2) 定积分的性质

1) 常数因子可以提到积分号外，即

$$\int_a^b kf(x)\mathrm{d}x = k\int_a^b f(x)\mathrm{d}x(k\text{ 为常数})。$$

2) 函数代数和的积分等于它们积分的代数和,即

$$\int_a^b [f(x) \pm g(x)]\mathrm{d}x = \int_a^b f(x)\mathrm{d}x \pm \int_a^b g(x)\mathrm{d}x$$

3) 对任意单个实数 a, b, c,恒有$\int_a^b f(x)\mathrm{d}x = \int_a^c f(x)\mathrm{d}x + \int_c^b f(x)\mathrm{d}x$。

4) 若在区间$[a, b]$上,被积函数 $f(x) \equiv K$,那么

$$\int_a^b f(x)\mathrm{d}x = \int_a^b K\mathrm{d}x = K\int_a^b \mathrm{d}x = K(b-a)$$

特别地,当 $K=1$ 时,$\int_a^b f(x)\mathrm{d}x = \int_a^b K\mathrm{d}x = b-a$。

5) 如果在区间 $[a, b]$ 上,$f(x) \leqslant g(x)$,则$\int_a^b f(x)\mathrm{d}x \leqslant \int_a^b g(x)\mathrm{d}x(a<b)$。

6) 记函数 $f(x)$在闭区间$[a, b]$上的最大值和最小值分别为 M 和 m,则

$$m(b-a) \leqslant \int_a^b f(x)\mathrm{d}x \leqslant M(b-a)$$

7) 设函数 $f(x)$在闭区间 $[a, b]$ 上连续,则在区间$[a, b]$ 上至少存在一点 ξ,使得$\int_a^b f(x)\mathrm{d}x = f(\xi)(b-a)$。

2. 定积分的计算

(1) 牛顿-莱布尼兹公式　如果函数 $f(x)$在区间$[a, b]$上连续,且 $F(x)$是 $f(x)$的任意一个原函数,那么$\int_a^b f(x)\mathrm{d}x = F(b)-F(a)$。

(2) 定积分的换元法　设函数 $f(x)$在区间$[a, b]$上连续,并

且满足下列条件。

1) $x=\varphi(t)$，且 $a=\varphi(\alpha)$，$b=\varphi(\beta)$。

2) $\varphi(t)$ 在区间$[\alpha,\beta]$上单调且有连续的导数 $\varphi'(t)$。

3) 当 t 从 α 变到 β 时，$\varphi(t)$ 从 a 单调地变到 b，则有

$$\int_a^b f(x)\mathrm{d}x=\int_\alpha^\beta f(\varphi(t))\varphi'(t)\mathrm{d}t$$

(3) 定积分的分部积分法　设函数 $u=u(x)$ 和 $v=v(x)$ 在区间$[a,b]$上有连续的导数，则有

$$\int_a^b u(x)v'(x)\mathrm{d}x=[u(x)v(x)]_a^b-\int_a^b v(x)u'(x)\mathrm{d}x$$

3. 定积分的应用

实际应用时，通常按以下简化步骤来进行。

(1) 根据实际情况选取积分变量 x，并确定相应的积分区间$[a,b]$。由于分割的任意性，为简便起见，对 $\Delta A_i\approx f(\xi_i)\Delta x_i$ 省略下标，得 $\Delta A\approx f(\xi)\Delta x$，用$[x,x+\mathrm{d}x]$表示$[a,b]$内的任一小区间，并取小区间的左端点 x 为 ξ，则 ΔA 的近似值就是以 $\mathrm{d}x$ 为底，$f(x)$ 为高的小矩形的面积，即 $\Delta A\approx f(x)\mathrm{d}x$。用微分表示，则有微元 $\mathrm{d}A=f(x)\mathrm{d}x$

(2) 将所有微元累加起来，便得到所求量 A 的积分表达式 $A=\int_a^b f(x)\mathrm{d}x$，然后计算它的值。

利用定积分按上述步骤解决实际问题的方法称为定积分的**微元法**。

定积分在几何上的应用是求平面图形的面积和旋转体的体积。定积分在物理上的应用是求液体的压力和变力做功。

4. 广义积分和 Γ 函数

(1) 广义积分

1) **无穷积分**　设函数连续，若极限 $\lim\limits_{b\to+\infty}\int_a^b f(x)\mathrm{d}x$ 存在，则

称此极限值为函数 $f(x)$ 在无限区间$[a, +\infty)$上的无穷积分，记作$\int_{a}^{+\infty} f(x)\mathrm{d}x = \lim\limits_{b\to+\infty}\int_{a}^{b} f(x)\mathrm{d}x$，此时称无穷积分$\int_{a}^{+\infty} f(x)\mathrm{d}x$**存在或收敛**；若极限不存在，就称无穷积分$\int_{a}^{+\infty} f(x)\mathrm{d}x$**不存在或发散**。

类似地，可以定义 $f(x)$ 在无限区间$(-\infty, b]$上的广义积分

$$\int_{-\infty}^{b} f(x)\mathrm{d}x = \lim_{a\to-\infty}\int_{a}^{b} f(x)\mathrm{d}x$$

也可定义 $f(x)$ 在无限区间$(-\infty, +\infty)$上的广义积分

$$\int_{-\infty}^{+\infty} f(x)\mathrm{d}x = \int_{-\infty}^{k} f(x)\mathrm{d}x + \int_{k}^{+\infty} f(x)\mathrm{d}x$$

2) **瑕积分**　设函数 $f(x)$ 在$[a, b)$内连续，$x = b$是$f(x)$的瑕点，有$\lim\limits_{x\to b^-}f(x) = \infty$。若极限$\lim\limits_{\varepsilon\to0^+}\int_{a}^{b-\varepsilon} f(x)\mathrm{d}x$存在，则称此极限值为函数 $f(x)$ 在$[a, b)$上的**瑕积分或无界函数的广义积分**，记作$\int_{a}^{b} f(x)\mathrm{d}x$，并称瑕积分$\int_{a}^{b} f(x)\mathrm{d}x$**收敛**，即

$$\int_{a}^{b} f(x)\mathrm{d}x = \lim_{\varepsilon\to0^+}\int_{a}^{b-\varepsilon} f(x)\mathrm{d}x$$

若极限不存在，则称瑕积分$\int_{a}^{b} f(x)\mathrm{d}x$**发散**。

(2) Γ 函数　将含参变量 $s(s > 0)$ 的广义积分 $\Gamma(s) = \int_{0}^{+\infty} x^{s-1}\mathrm{e}^{-x}\mathrm{d}x (s > 0)$ 称为 Γ 函数。

【习题解答】

5-1　用定积分表示下列问题中的量纲。

(1) 圆 $x^2+y^2=4a^2$ 的面积。

(2) 抛物线 $y=\frac{1}{2}x^2$,直线 $x=2$ 及 x 轴所围成的图形面积。

(3) 质量 m 关于时间 t 的减少率为 $\frac{\mathrm{d}m}{\mathrm{d}t}=f(t)=-0.05t$ 的葡萄糖代谢在 t_1 到 t_2 这段时间内减少的质量 m。

解 (1) $S=4\int_0^{2a}\sqrt{4a^2-x^2}\,\mathrm{d}x$

(2) $S=\int_0^2\frac{1}{2}x^2\mathrm{d}x$

(3) $m=\int_{t_1}^{t_2}(-0.05t)\mathrm{d}t$

5-2 根据定积分的性质比较下列积分的大小。

(1) $\int_0^{\frac{\pi}{4}}\arctan x\mathrm{d}x$ 与 $\int_0^{\frac{\pi}{4}}(\arctan x)^2\mathrm{d}x$;

(2) $\int_3^4\ln x\mathrm{d}x$ 与 $\int_3^4(\ln x)^2\mathrm{d}x$;

(3) $\int_{-1}^1\sqrt{1+x^4}\,\mathrm{d}x$ 与 $\int_{-1}^1(1+x^2)\mathrm{d}x$;

(4) $\int_0^{\frac{\pi}{2}}(1-\cos x)\mathrm{d}x$ 与 $\int_0^{\frac{\pi}{2}}\frac{1}{2}x^2\mathrm{d}x$。

解 (1) 当 $0\leqslant x\leqslant\frac{\pi}{4}$ 时,$0\leqslant\arctan x\leqslant1$,所以 $\arctan x\geqslant(\arctan x)^2$,从而 $\int_0^{\frac{\pi}{4}}\arctan x\mathrm{d}x>\int_0^{\frac{\pi}{4}}(\arctan x)^2\mathrm{d}x$。

(2) 当 $3\leqslant x\leqslant4$ 时,$\ln x>1$,所以 $\ln x<(\ln x)^2$,从而 $\int_3^4\ln x\mathrm{d}x<\int_3^4(\ln x)^2\mathrm{d}x$。

(3) 因为 $\sqrt{1+x^4}\leqslant1+x^2$,所以 $\int_{-1}^1\sqrt{1+x^4}\,\mathrm{d}x<\int_{-1}^1(1+x^2)\mathrm{d}x$。

(4) 当 $0\leqslant x\leqslant\frac{\pi}{2}$ 时,$1-\cos x<\frac{1}{2}x^2$,从而 $\int_0^{\frac{\pi}{2}}(1-\cos x)\mathrm{d}x$

$<\int_0^{\frac{\pi}{2}}\frac{1}{2}x^2\mathrm{d}x$。

5-3 求下列导数。

(1) $\frac{\mathrm{d}}{\mathrm{d}x}\int_0^x \sin t^2\mathrm{d}t$；

(2) $\frac{\mathrm{d}}{\mathrm{d}x}\int_{\arctan x}^{\cos x}\mathrm{e}^{-t}\mathrm{d}t$；

(3) 由参数方程$\begin{cases}x=\int_0^{t^2}u\mathrm{e}^u\mathrm{d}u\\ y=\int_{t^2}^0 u^2\mathrm{e}^u\mathrm{d}u\end{cases}$所确定的函数的导数$\frac{\mathrm{d}y}{\mathrm{d}x}$；

(4) 由方程$\int_0^y t^2\mathrm{d}t+\int_0^{x^2}\frac{\sin t}{\sqrt{t}}\mathrm{d}t=1$确定的函数$y=y(x)$的导数$\frac{\mathrm{d}y}{\mathrm{d}x}$。

解 (1) $\frac{\mathrm{d}}{\mathrm{d}x}\int_0^x \sin t^2\mathrm{d}t=\sin x^2$

(2) $\frac{\mathrm{d}}{\mathrm{d}x}\int_{\arctan x}^{\cos x}\mathrm{e}^{-t}\mathrm{d}t=-\mathrm{e}^{-\cos x}\cdot\sin x-\mathrm{e}^{-\arctan x}\cdot\frac{1}{1+x^2}$

(3) $\frac{\mathrm{d}y}{\mathrm{d}x}=\frac{t^4\mathrm{e}^{t^2}(-2t)}{t^2\mathrm{e}^{t^2}(2t)}=-t^2$

(4) 方程$\int_0^y t^2\mathrm{d}t+\int_0^{x^2}\frac{\sin t}{\sqrt{t}}\mathrm{d}t=1$两边关于$x$求导得$y^2y'+2\sin x^2=0$，即

$$\frac{\mathrm{d}y}{\mathrm{d}x}=\frac{-2\sin x^2}{y^2}$$

5-4 计算下列定积分。

(1) $\int_1^2\frac{1}{(3x-1)^2}\mathrm{d}x$；　　(2) $\int_0^3\mathrm{e}^{|2-x|}\mathrm{d}x$；

(3) $\int_{-\frac{\pi}{4}}^{\frac{\pi}{4}}\frac{1}{1+\sin x}\mathrm{d}x$；　　(4) $\int_0^1\frac{\mathrm{d}x}{\mathrm{e}^x+\mathrm{e}^{-x}}$；

(5) $\int_0^1 x\sqrt{3-2x}\,\mathrm{d}x$;　　　(6) $\int_1^{\sqrt{3}} \frac{1}{x\sqrt{1+x^2}}\mathrm{d}x$;

(7) $\int_{-1}^1 \frac{1}{\sqrt{1+x^2}}\mathrm{d}x$;　　　(8) $\int_0^1 \frac{\arctan\sqrt{x}}{\sqrt{x}(1+x)}\mathrm{d}x$;

(9) 设 $f(x)=\begin{cases}1+x^2 & (x<0)\\ \mathrm{e}^x & (x\geqslant 0)\end{cases}$，求 $\int_1^3 f(x-2)\mathrm{d}x$。

解　(1) $\int_1^2 \frac{1}{(3x-1)^2}\mathrm{d}x=-\frac{1}{3}\cdot\frac{1}{3x-1}\Big|_1^2=\frac{1}{10}$

(2) $\int_0^3 \mathrm{e}^{|2-x|}\mathrm{d}x=-\int_0^2 \mathrm{e}^{2-x}\mathrm{d}(2-x)+\int_2^3 \mathrm{e}^{x-2}\mathrm{d}(x-2)$

$$=-\mathrm{e}^{2-x}\Big|_0^2+\mathrm{e}^{x-2}\Big|_2^3=\mathrm{e}^2+\mathrm{e}-2$$

(3) $\int_{-\frac{\pi}{4}}^{\frac{\pi}{4}} \frac{1}{1+\sin x}\mathrm{d}x=\int_{-\frac{\pi}{4}}^{\frac{\pi}{4}} \frac{1-\sin x}{1-\sin^2 x}\mathrm{d}x=\int_{-\frac{\pi}{4}}^{\frac{\pi}{4}} \frac{1}{\cos^2 x}\mathrm{d}x-\int_{-\frac{\pi}{4}}^{\frac{\pi}{4}} \frac{\sin x}{\cos^2}\mathrm{d}x=2\int_0^{\frac{\pi}{4}}\sec^2 x\mathrm{d}x=2\tan x\Big|_0^{\frac{\pi}{4}}=2$

(4) $\int_0^1 \frac{\mathrm{d}x}{\mathrm{e}^x+\mathrm{e}^{-x}}=\int_0^1 \frac{\mathrm{e}^x}{\mathrm{e}^{2x}+1}\mathrm{d}x=\int_0^1 \frac{1}{\mathrm{e}^{2x}+1}\mathrm{d}\mathrm{e}^x$

$$=\arctan(\mathrm{e}^x)\Big|_0^1=\arctan\mathrm{e}-\frac{\pi}{4}$$

(5) 令 $\sqrt{3-2x}=t$，则 $\int_0^1 x\sqrt{3-2x}\,\mathrm{d}x=\int_{\sqrt{3}}^1 \frac{3-t^2}{2}\cdot t\cdot(-t)\mathrm{d}t=\frac{1}{2}\int_{\sqrt{3}}^1 (t^4-3t^2)\mathrm{d}t=\frac{3\sqrt{3}-2}{5}$

(6) 令 $x=\tan t$，则 $\int_1^{\sqrt{3}} \frac{1}{x\sqrt{1+x^2}}\mathrm{d}x=\int_{\frac{\pi}{4}}^{\frac{\pi}{3}} \frac{1}{\sin t}\mathrm{d}t=\frac{1}{2}\ln\frac{1-\cos t}{1+\cos t}\Big|_{\frac{\pi}{4}}^{\frac{\pi}{3}}=\ln\frac{1+\sqrt{2}}{\sqrt{3}}$

(7) 令 $x=\tan t$，则 $\int_{-1}^1 \frac{1}{\sqrt{1+x^2}}\mathrm{d}x=\int_{-\frac{\pi}{4}}^{\frac{\pi}{4}} \frac{\sec^2 t}{\sec t}\mathrm{d}t=$

$$\int_{-\frac{\pi}{4}}^{\frac{\pi}{4}} \sec t \, \mathrm{d}t = 2\int_{0}^{\frac{\pi}{4}} \frac{1}{\cos t} \mathrm{d}t = 2\ln(1+\sqrt{2})$$

(8) $\int_0^1 \frac{\arctan\sqrt{x}}{\sqrt{x}(1+x)}\mathrm{d}x = 2\int_0^1 \frac{\arctan\sqrt{x}}{1+(\sqrt{x})^2}\mathrm{d}\sqrt{x} = 2\int_0^1 \arctan\sqrt{x}$ $\mathrm{d}\arctan\sqrt{x} = (\arctan\sqrt{x})^2 \big|_0^1 = \frac{\pi^2}{16}$

(9) 令 $t = x-2$，$\int_1^3 f(x-2)\mathrm{d}x = \int_{-1}^1 f(t)\mathrm{d}t - \int_{-1}^0 (1+x^2)\mathrm{d}x$ $+ \int_0^1 \mathrm{e}^x \mathrm{d}x = \left[x + \frac{x^3}{3}\right]_{-1}^0 + \mathrm{e}^x \big|_0^1 = \frac{4}{3} + \mathrm{e} - 1 = \frac{1}{3} + \mathrm{e}$

5-5 利用函数的奇偶性计算下列定积分。

(1) $\int_{-\pi}^{\pi} x^4 \sin x \mathrm{d}x$；　　(2) $\int_{-\frac{\pi}{2}}^{\frac{\pi}{2}} 4\cos^4 x \mathrm{d}x$；

(3) $\int_{-5}^{5} \frac{x^3 \sin^2 x}{x^4 + 2x^2 + 1}\mathrm{d}x$；　　(4) $\int_{-a}^{a} (x\cos x - 5\sin x + 2)\mathrm{d}x$。

解 (1) 因为 $x^4 \sin x$ 为奇函数，所以 $\int_{-\pi}^{\pi} x^4 \sin x \mathrm{d}x = 0$。

(2)
$$\begin{aligned}\int_{-\frac{\pi}{2}}^{\frac{\pi}{2}} 4\cos^4 x \mathrm{d}x &= 4 \cdot 2\int_0^{\frac{\pi}{2}} \cos^4 x \mathrm{d}x = 2\int_0^{\frac{\pi}{2}} (2\cos^2 x)^2 \mathrm{d}x \\ &= 2\int_0^{\frac{\pi}{2}} (1+\cos 2x)^2 \mathrm{d}x \\ &= 2\int_0^{\frac{\pi}{2}} (1 + 2\cos 2x + \cos^2 2x)\mathrm{d}x \\ &= 2x\Big|_0^{\frac{\pi}{2}} + 2\int_0^{\frac{\pi}{2}} \cos 2x \mathrm{d}(2x) + \int_0^{\frac{\pi}{2}} (1 + \\ &\quad \cos 4x)\mathrm{d}x \\ &= \pi + 2\sin 2x\Big|_0^{\frac{\pi}{2}} + \frac{\pi}{2} + \frac{1}{4}\int_0^{\frac{\pi}{2}} \cos 4x \mathrm{d}(4x) \\ &= \frac{3}{2}\pi + \frac{1}{4}\sin 4x\Big|_0^{\frac{\pi}{2}} = \frac{3}{2}\pi\end{aligned}$$

(3) 因为$\frac{x^3\sin^2 x}{x^4+2x^2+1}$为奇函数，所以$\int_{-5}^{5}\frac{x^3\sin^2 x}{x^4+2x^2+1}dx=0$。

(4) 利用定积分的线性性质可得，$\int_{-a}^{a}(x\cos x-5\sin x+2)dx=\int_{-a}^{a}x\cos x dx-\int_{-a}^{a}5\sin x dx+\int_{-a}^{a}2dx$。

而前两个积分的被积函数都是奇数，故这两个定积分值均为0，则

$$\int_{-a}^{a}(x\cos x-5\sin x+2)dx=\int_{-a}^{a}2dx=2\int_{-a}^{a}1dx=4a$$

5-6 计算下列定积分。

(1) $\int_0^1 xe^{-2x}dx$； (2) $\int_0^1 x\ln(1+x)dx$；

(3) $\int_0^1 x\arctan x dx$； (4) $\int_{-2}^{2}(|x|+x)e^{-|x|}dx$；

(5) $\int_0^{\frac{\pi}{4}}\frac{x}{1+\cos 2x}dx$； (6) $\int_1^4\frac{\ln x}{\sqrt{x}}dx$；

(7) $\int_{\frac{1}{e}}^{e}|\ln x|dx$。

解 (1) $\int_0^1 xe^{-2x}dx=-\frac{1}{2}\int_0^1 xde^{-2x}=-\frac{1}{2}xe^{-2x}\Big|_0^1+\frac{1}{2}\int_0^1 e^{-2x}dx$

$$=-\frac{1}{2}e^{-2}-\frac{1}{4}e^{-2x}\Big|_0^1=-\frac{3}{4}e^{-2}+\frac{1}{4}$$

(2) $\int_0^1 x\ln(1+x)dx=\frac{1}{2}\int_0^1\ln(1+x)dx^2$

$$=\frac{1}{2}x^2\ln(1+x)\Big|_0^1-\frac{1}{2}\int_0^1 x^2\frac{1}{1+x}dx$$

$$=\frac{1}{2}\ln 2-\frac{1}{2}\int_0^1\left(x-1+\frac{1}{1+x}\right)dx=\frac{1}{4}$$

(3) $\int_0^1 x\arctan x dx=\frac{1}{2}x^2\arctan x\Big|_0^1-\frac{1}{2}\int_0^1\frac{x^2}{1+x^2}dx$

$$=\frac{\pi}{4}-\frac{1}{2}$$

(4) $\int_{-2}^{2}(|x|+x)e^{-|x|}dx=\int_{0}^{2}2xe^{-x}dx=-2\int_{0}^{2}xde^{-x}$

$$=-2xe^{-x}\Big|_{0}^{2}+2\int_{0}^{2}e^{-x}dx=2-\frac{6}{e^{2}}$$

(5) $\int_{0}^{\frac{\pi}{4}}\frac{x}{1+\cos 2x}dx=\int_{0}^{\frac{\pi}{4}}\frac{x}{2\cos^{2}x}dx=\frac{1}{2}\int_{0}^{\frac{\pi}{4}}xd\tan x$

$$=\frac{1}{2}x\tan x\Big|_{0}^{\frac{\pi}{4}}-\frac{1}{2}\int_{0}^{\frac{\pi}{4}}\tan xdx$$

$$=\frac{\pi}{8}+\frac{1}{2}\ln\cos x\Big|_{0}^{\frac{\pi}{4}}=\frac{\pi}{8}-\frac{\ln 2}{4}$$

(6) $\int_{1}^{4}\frac{\ln x}{\sqrt{x}}dx=2\int_{1}^{4}\ln xd\sqrt{x}=2\left[\sqrt{x}\ln x\Big|_{1}^{4}-\int_{1}^{4}\sqrt{x}d\ln x\right]$

$$=2\left[4\ln 2-\int_{1}^{4}\sqrt{x}\,\frac{1}{x}dx\right]$$

$$=8\ln 2-2\int_{1}^{4}x^{-\frac{1}{2}}dx=8\ln 2-4$$

(7) $\int_{\frac{1}{e}}^{e}|\ln x|dx=-\int_{\frac{1}{e}}^{1}\ln xdx+\int_{1}^{e}\ln xdx$，因为

$$\int_{\frac{1}{e}}^{1}\ln xdx=x\ln x\Big|_{\frac{1}{e}}^{1}-\int_{\frac{1}{e}}^{1}\frac{x}{x}dx=\frac{1}{e}-1+\frac{1}{e}=\frac{2}{e}-1$$

$$\int_{1}^{e}\ln xdx=x\ln x\Big|_{1}^{e}-\int_{1}^{e}dx=e-e+1=1$$

故 $\int_{\frac{1}{e}}^{e}|\ln x|dx=-\int_{\frac{1}{e}}^{1}\ln xdx+\int_{1}^{e}\ln xdx=1-\frac{2}{e}+1=2-\frac{2}{e}$

5-7 求由下列曲线所围的图形的面积。

(1) $y=\frac{1}{x}$ 及直线 $y=x$，$x=2$，$x=1$ 所围图形的面积。

(2) $y=\frac{x^{2}}{2}$ 分割 $x^{2}+y^{2}\leqslant 8$ 成两部分图形的各自面积。

(3) $y=e^{x}$，$y=e^{-x}$ 与直线 $x=1$ 所围图形的面积。

(4) $y=\ln x$，y 轴与直线 $y=\ln a$，$y=\ln b(b>a>0)$ 所围图形的面积。

解 (1) 如图 5-1 所示，解方程组 $\begin{cases} y=\dfrac{1}{x} \\ y=x \end{cases}$，得交点(1, 1)，所求面积为

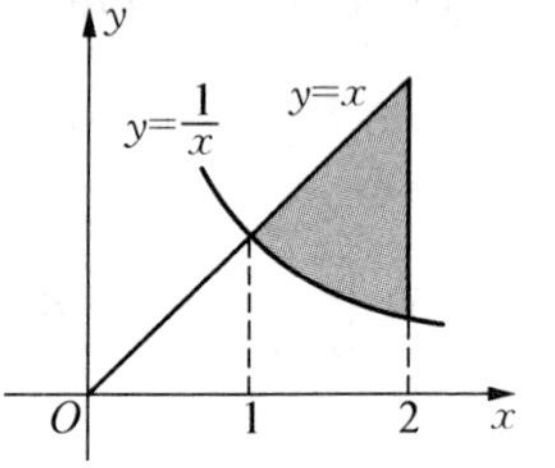

图 5-1

$$A=\int_1^2\left(x-\frac{1}{x}\right)\mathrm{d}x=\left[\frac{x^2}{2}-\ln x\right]_1^2$$

$$=\frac{3}{2}-\ln 2$$

(2) 如图 5-2 所示，解方程组 $\begin{cases} y=\dfrac{x^2}{2} \\ x^2+y^2=8 \end{cases}$，得交点(−2, 2)、(2, 2)，所求上半部分面积为

$$A_{上}=2A_1=2\int_0^2\left(\sqrt{8-x^2}-\frac{x^2}{2}\right)\mathrm{d}x=2\pi+\frac{4}{3}$$

所求下半部分面积为

$$A_{下}=S_{圆}-A_{上}=8\pi-\left(2\pi+\frac{4}{3}\right)=6\pi-\frac{4}{3}$$

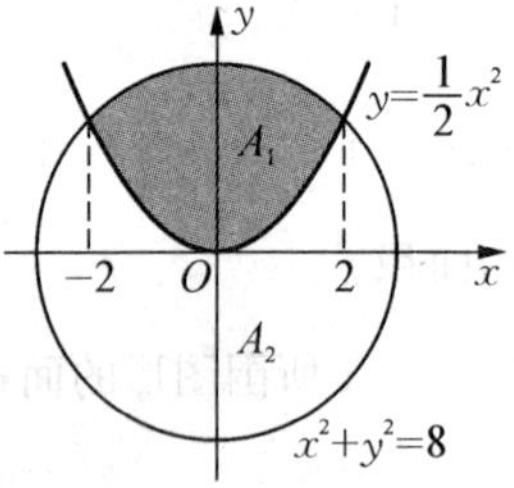

图 5-2

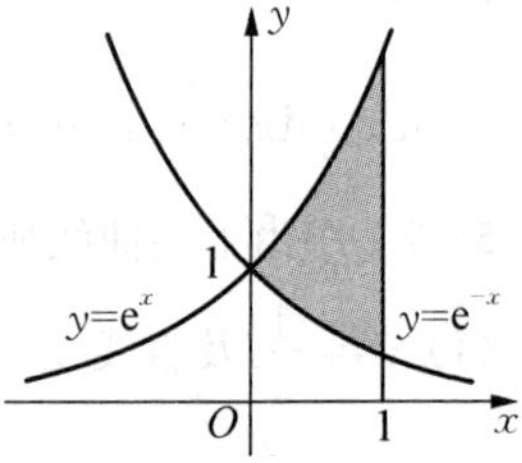

图 5-3

(3) 如图 5-3 所示，解方程组 $\begin{cases} y = e^x \\ y = e^{-x} \end{cases}$，得交点(0, 1)，所求面积为

$$A = \int_0^1 (e^x - e^{-x})dx = [e^x + e^{-x}]_0^1 = e + e^{-1} - 2$$

(4) 选为 y 积分变量，如图 5-4 所示，所求面积为

$$A = \int_{\ln a}^{\ln b} e^y dy = [e^y]_{\ln a}^{\ln b} = b - a$$

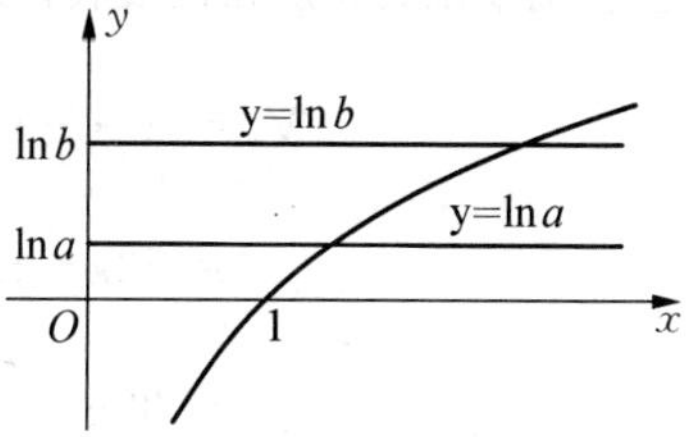

图 5-4

5-8 求由下列曲线所围的图形的面积。

(1) 求圆 $r = 2a\cos\theta$ 所围图形的面积。

(2) 求三叶线 $r = a\sin 3\theta$ 围成的图形面积。

解 (1) $A = \dfrac{1}{2}\int_{-\frac{\pi}{2}}^{\frac{\pi}{2}} 4a^2\cos^2\theta d\theta = a^2\int_{-\frac{\pi}{2}}^{\frac{\pi}{2}}(1 + \cos 2\theta)d\theta = \pi a^2$

(2) $A = 3 \cdot \dfrac{1}{2}\int_0^{\frac{\pi}{3}} a^2\cos^2 3\theta d\theta = \dfrac{3a^2}{4}\int_0^{\frac{\pi}{3}}(1 - \cos 6\theta)d\theta = \dfrac{\pi a^2}{4}$

5-9 求下列旋转体的体积。

(1) 由曲线 $y = x^2$ 和 $x = y^2$ 所围成的图形绕 y 轴旋转后所得旋转体体积。

(2) 由 $y = x^3$，$x = 2$，$y = 0$ 所围成的图形，绕 x 轴及 y 轴旋转所得的两个不同的旋转体的体积。

解 (1) $V = \int_0^1 [\pi(\sqrt{y})^2 - \pi(y^2)^2]dy$

$= \dfrac{3\pi}{10}$

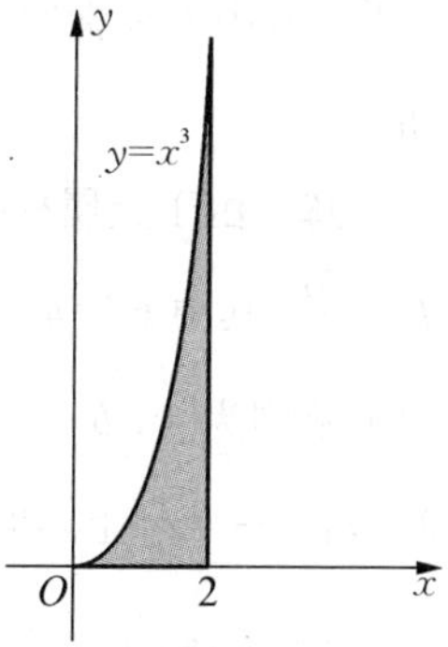

图 5-5

(2) 如图 5-5 所示，绕 x 轴旋转所得

的旋转体的体积为

$$V_x=\int_0^2 \pi y^2\,\mathrm{d}x=\int_0^2 \pi x^6\,\mathrm{d}x=\left[\frac{1}{7}\pi x^7\right]_0^2$$
$$=\frac{128}{7}\pi$$

绕 y 轴旋转所得的旋转体的体积为

$$V_y=2^2\cdot\pi\cdot 8-\int_0^8 \pi x^2\,\mathrm{d}y$$
$$=32\pi-\pi\int_0^8 y^{\frac{2}{3}}\,\mathrm{d}y$$
$$=32\pi-\left[\frac{3}{5}\pi x^{\frac{5}{3}}\right]_0^8=\frac{64}{5}\pi$$

5-10 在 x 轴上做直线运动的质点，在任意点 x 处所受的力为 $F(x)=1-\mathrm{e}^{-x}$，试求质点从 $x=0$ 运动到 $x=1$ 处所做的功。

解 $\mathrm{d}W=F(x)\mathrm{d}x=(1-\mathrm{e}^{-x})\mathrm{d}x$，积分得

$$W=\int_0^1(1-\mathrm{e}^{-x})\mathrm{d}x=(x+\mathrm{e}^{-x})\Big|_0^1=\frac{1}{\mathrm{e}}$$

5-11 把一金属杆的长度由 a 拉长到 $a+x$ 时，所需的力等于 $\frac{kx}{a}$，其中 k 为常数，试求将该金属杆由长度 a 拉长到 b 所做的功。

解 由于金属杆拉长所需的力 f 与拉长的长度成正比 x，且 $f=\frac{kx}{a}$，其中 k 为常数。选择金属杆拉长的长度 x 为积分变量，其取值范围为 $[0,\ b-a]$，对于任意 $x\in[0,\ b-a]$，在拉长的长度区间 $[x,\ x+\mathrm{d}x]$ 上，功元素为 $\mathrm{d}W=f\mathrm{d}x=\frac{kx}{a}\mathrm{d}x$，于是

$$W=\int_0^{b-a}\frac{kx}{a}\mathrm{d}x=\frac{k}{a}\int_0^{b-a}x\mathrm{d}x=\frac{k}{a}\left[\frac{x^2}{2}\right]_0^{b-a}=\frac{k(b-a)^2}{2a}$$

5-12 有一等腰梯形闸门，上下底边各长 10 m 和 6 m，高为 8 m，上底边与水面相距 2 m，求闸门一侧受的压力。

解 $F=\int_2^{10}\rho g x\left(11-\frac{1}{2}x\right)\mathrm{d}x=\frac{2\,176}{6}\rho g=3.55\times 10^6\ \mathrm{N}$

5-13 一金属棒长 3 m，离棒左端 x m 处的线密度为 $\rho(x)=\frac{1}{\sqrt{x+1}}$ kg/m，问 x 为何值时，$[0,\ x]$一段的质量是全棒质量的一半？

解 由 $\int_0^3\frac{1}{\sqrt{x+1}}\mathrm{d}x=2\int_0^x\frac{1}{\sqrt{1+t}}\mathrm{d}t$ 得 $2=4\sqrt{x+1}-4$，$x=\frac{5}{4}$。

5-14 计算下列广义积分。

(1) $\int_1^{+\infty}\mathrm{e}^{-100x}\mathrm{d}x$；　(2) $\int_{-\infty}^{+\infty}\frac{1+x^2}{1+x^4}\mathrm{d}x$；

(3) $\int_1^{+\infty}\frac{1}{(x+1)^3}\mathrm{d}x$；　(4) $\int_0^6(x-4)^{-\frac{2}{3}}\mathrm{d}x$；

(5) $\int_0^{+\infty}\mathrm{e}^{-2x}\mathrm{d}x$；　(6) $\int_{\mathrm{e}}^{+\infty}\frac{1}{x\ln x}\mathrm{d}x$。

解 (1) $\int_1^{+\infty}\mathrm{e}^{-100x}\mathrm{d}x=-\frac{\mathrm{e}^{-100x}}{100}\bigg|_1^{+\infty}=0-\left(-\frac{\mathrm{e}^{-100}}{100}\right)=\frac{1}{100}\mathrm{e}^{-100}$

(2) $$\int_{-\infty}^{+\infty}\frac{1+x^2}{1+x^4}\mathrm{d}x=2\int_0^{+\infty}\frac{1+x^2}{1+x^4}\mathrm{d}x=2\int_0^{+\infty}\frac{\frac{1}{x^2}+1}{\frac{1}{x^2}+x^2}\mathrm{d}x$$

$$=2\int_0^{+\infty}\frac{1}{\left(x-\frac{1}{x}\right)^2+2}\mathrm{d}\left(x-\frac{1}{x}\right)$$

$$=\frac{2}{\sqrt{2}}\arctan\frac{x-\frac{1}{x}}{\sqrt{2}}\Bigg|_{0^+}^{+\infty}=\frac{\sqrt{2}}{2}\pi$$

(3) $\int_1^{+\infty}\frac{1}{(x+1)^3}\mathrm{d}x=\left[-\frac{1}{2}(x+1)^{-2}\right]\bigg|_1^{+\infty}=\frac{1}{8}$

(4) $\int_0^6 (x-4)^{-\frac{2}{3}}\mathrm{d}x = \int_4^6 (x-4)^{-\frac{2}{3}}\mathrm{d}x + \int_0^4 (x-4)^{-\frac{2}{3}}\mathrm{d}x$

$$= 3(x-4)^{\frac{1}{3}}\Big|_4^6 + 3(x-4)^{\frac{1}{3}}\Big|_0^4$$

$$= 3\cdot\sqrt[3]{2} - 0 + 0 - 3\sqrt[3]{-4} = 3(\sqrt[3]{2}+\sqrt[3]{4})$$

(5) $\int_0^{+\infty} \mathrm{e}^{-2x}\mathrm{d}x = \left[-\frac{1}{2}\mathrm{e}^{-2x}\right]\Big|_0^{+\infty} = \frac{1}{2}$

(6) $\int_{\mathrm{e}}^{+\infty} \frac{1}{x\ln x}\mathrm{d}x = \int_{\mathrm{e}}^{+\infty} \frac{1}{\ln x}\mathrm{d}(\ln x) = \ln(\ln x)\big|_{\mathrm{e}}^{+\infty} = +\infty$

【课外练习】

一、单选题

1. 若 $f(x) = \begin{cases} x\ (x \geqslant 0) \\ \mathrm{e}^x\ (x < 0) \end{cases}$,则$\int_{-1}^2 f(x)\mathrm{d}x =$ (　　)。

A. $3-\mathrm{e}^{-1}$　　B. $3+\mathrm{e}^{-1}$　　C. $3-\mathrm{e}$　　D. $3+\mathrm{e}$

2. 下列等于 1 的积分是(　　)。

A. $\int_0^1 x\mathrm{d}x$　　B. $\int_0^1 (x+1)\mathrm{d}x$

C. $\int_0^1 1\mathrm{d}x$　　D. $\int_0^1 \frac{1}{2}\mathrm{d}x$

3. 曲线 $y=\cos x$, $x\in\left[0, \frac{3}{2}\pi\right]$与坐标轴围成的面积(　　)。

A. 4　　B. 2　　C. $\frac{5}{2}$　　D. 3

4. 若 $m=\int_0^1 \mathrm{e}^x\mathrm{d}x$, $n=\int_1^{\mathrm{e}} \frac{1}{x}\mathrm{d}x$,则 m 与 n 的大小关系是(　　)。

A. $m>n$　　B. $m<n$　　C. $m=n$　　D. 无法确定

5. 积分中值定理$\int_a^b f(x)\mathrm{d}x = f(\xi)(b-a)$,其中(　　)。

A. ξ 是$[a, b]$内任一点

B. ξ是$[a, b]$内必定存在的某一点

C. ξ是$[a, b]$内唯一的某一点

D. ξ是$[a, b]$的中点

6. 设 $f(x)$ 连续，$F(x)=\int_0^{x^2} f(t^2)\mathrm{d}t$,则 $F'(x)=($　　$)$。

A. $f(x^4)$　　B. $x^2 f(x^4)$　C. $2xf(x^4)$　D. $2xf(x^2)$

二、填空题

1. 广义积分$\int_2^{+\infty}\dfrac{1}{x^2+x-2}\mathrm{d}x=$ ________。

2. 函数 $F(x)=\int_1^x(1-\ln\sqrt{t})\mathrm{d}t(x>0)$ 的递减区间为________。

3. 设 $\lim\limits_{x\to+\infty} f(x)=1$，$a$ 为常数,则 $\lim\limits_{x\to+\infty}\int_x^{x+a} f(x)\mathrm{d}x=$ ________。

4. 极限$\lim\limits_{x\to 0}\dfrac{\int_x^0\cos^2 t\mathrm{d}t}{x}=$ ________。

5. 设 $f(x)$ 连续,$f(0)=1$,则曲线 $y=\int_0^x f(x)\mathrm{d}x$ 在$(0, 0)$处的切线方程是________。

6. $\int_0^{+\infty} x\mathrm{e}^{-x}\mathrm{d}x=$ ________。

三、计算及证明题

1. 求定积分$\int_{-5}^1\dfrac{x+1}{\sqrt{5-4x}}\mathrm{d}x$。

2. 求由曲线 $y=2-x^2$ 和 $y=x$ 所围成图形的面积。

3. 设 $f(2x+1)=x\mathrm{e}^x$,求$\int_3^5 f(t)\mathrm{d}t$。

4. 设 $f(x^2-1)=\ln\dfrac{x^2}{x^2-2}$，$f[\varphi(x)]=\ln x$,求$\int_2^{e+1}\varphi(x)\mathrm{d}x$。

5. 已知 $f(0)=f'(0)=-1$，$f(2)=f'(2)=1$,求$\int_0^2 xf''(x)\mathrm{d}x$。

6. 设抛物线 $y=ax^2+bx+c$ 通过点 $(0,0)$，且当 $x\in[0,1]$ 时，$y\geqslant 0$，试确定 a，b，c 的值，使得抛物线 $y=ax^2+bx+c$ 与直线 $x=1$，$y=0$ 所围图形的面积为 $\dfrac{4}{9}$，且使该图形绕 x 轴旋转而成的旋转体的体积最小。

7. 设 $f(x)$ 在区间 $[a,b]$ 上连续，且 $f(x)>0$，$F(x)=\int_a^x f(t)\mathrm{d}t+\int_b^x \dfrac{\mathrm{d}t}{f(t)}$，$x\in[a,b]$。

证明：(1) $F'(x)\geqslant 2$；(2) 方程 $F(x)=0$ 在区间 (a,b) 内有且仅有一个根。

第六章
微分方程

【内容提要】

1. 微分方程的基本概念

一个含有未知函数的导数或微分的方程称为**微分方程**。若微分方程中的未知函数是一元函数，则称为**常微分方程**。若未知函数是多元函数，则称为**偏微分方程**。如果方程的解中所含有的任意常数的个数与该方程的阶数相同，则称这个解为该方程的**通解**。把通过初始条件来确定通解中的任意常数而得到的解称为**特解**。求 n 阶方程满足初始条件的特解这一数学问题，称为 n 阶方程的**初值问题**。

2. 微分方程解的概念

一般地认为，n 阶微分方程的形式是

$$F(x,\ y,\ y'\cdots y^{(n)})=0$$

其中，F 是 $x,\ y,\ y'\cdots y^{(n)}$ 的函数，且最高阶导数 $y^{(n)}$ 是必须出现的，而 $x,\ y,\ y'\cdots y^{(n-1)}$ 等可以出现或不出现。如果某个区间 I 上的函数 $y(x)$ 具有 n 阶导数且在 I 上满足

$$F(x,\ y(x),\ y'(x)\cdots y^{(n)}(x))\equiv 0$$

则称 $y=y(x)$ 为微分方程在 I 上的解。一般地认为，如果方

程的解中所含有的任意常数的个数与该方程的阶数相同，则称这个解为该方程的**通解**。设微分方程的未知函数为 $y=y(x)$，对 n 阶方程，初始条件可表达成

$$y(x_0)=y_0,\ y'(x_0)=y'_0\cdots y^{(n-1)}(x_0)=y_0^{(n-1)}$$

或 $$y|_{x=x_0}=y_0,\ y'|_{x=x_0}=y'_0\cdots y^{(n-1)}|_{x=x_0}=y_0^{(n-1)}$$

求 n 阶方程满足初始条件的特解这一数学问题，称为 n 阶方程的**初值问题**，常记作

$$\begin{cases}F(x,\ y,\ y'\cdots y^{(n)})=0\\ y(x_0)=y_0,\ y'(x_0)=y'_0\cdots y^{(n-1)}(x_0)=y_0^{(n-1)}\end{cases}$$

或 $$\begin{cases}F(x,\ y,\ y'\cdots y^{(n)})=0\\ y|_{x=x_0}=y_0,\ y'|_{x=x_0}=y'_0\cdots y^{(n-1)}|_{x=x_0}=y_0^{(n-1)}\end{cases}$$

3. 一阶微分方程

一阶微分方程的一般形式为 $F(x,\ y,\ y')=0$。这通常是隐式表达式，如果能从中解出 y'，就得出如下显式表达式 $y'=f(x,\ y)$。

(1) 可分离变量方程　若方程为

$$g(y)\mathrm{d}y=f(x)\mathrm{d}x$$

其中，$g(y)$ 和 $f(x)$ 都是连续函数。显然，方程具有如下特点：等号的每一端都是一个变量的连续函数与该变量的微分的乘积。这种方程称为**可分离变量方程**。

同样可在方程两边积分，得

$$\int g(y)\mathrm{d}y=\int f(x)\mathrm{d}x$$

假定 $G(y)$ 和 $F(x)$ 分别是 $g(y)$ 与 $f(x)$ 的原函数，就求得如下通解

$$G(y)=F(x)+C$$

注意到以导数形式出现的如下方程

$$\frac{\mathrm{d}y}{\mathrm{d}x}=f(x)\varphi(y)$$

当 $\varphi(y)\neq 0$ 时，只要令 $g(y)=[\varphi(y)]^{-1}$，也可改写为可分离变量方程。

(2) 一阶齐次方程　若方程为

$$\frac{\mathrm{d}y}{\mathrm{d}x}=g\left(\frac{y}{x}\right)$$

这里 $g(u)$ 在某个区间 I 上是 u 的连续函数。一般情况它不是可分离变量的。这时可做变量替换

$$u=\frac{y}{x}\text{ 即 }y=ux$$

于是

$$\frac{\mathrm{d}y}{\mathrm{d}x}=x\frac{\mathrm{d}u}{\mathrm{d}x}+u$$

则

$$x\frac{\mathrm{d}u}{\mathrm{d}x}+u=g(u)$$

整理后得到一个可分离变量方程

$$\frac{\mathrm{d}u}{\mathrm{d}x}=\frac{g(u)-u}{x}$$

从而可利用分离变量法求出(隐式或显式)通解即函数 u 的表达式。然后再把其中的 u 用 $\frac{y}{x}$ 代入，就得到原方程的通解。

(3) 一阶线性微分方程　一阶线性微分方程的标准形式为

$$\frac{dy}{dx}+p(x)y=q(x)$$

这里 $p(x)$，$q(x)$是在某个区间(α,β)上连续的已知函数。如果 $q(x)\neq 0$(即不恒等于 0)，则称为**一阶线性非齐次微分方程**。反之，如果 $q(x)=0$(即恒等于 0)，即变成

$$\frac{dy}{dx}+p(x)y=0$$

则称为**一阶线性齐次微分方程**。

将线性齐次微分方程通解中的常数 C 换为函数 $C(x)$，即

$$y=C(x)e^{-\int p(x)dx}$$

猜测它是一阶线性非齐次微分方程 $\frac{dy}{dx}+p(x)y=q(x)$ 的解，代入微分方程得

$$\{C'(x)e^{-\int p(x)dx}+C(x)e^{-\int p(x)dx}[-p(x)]\}+p(x)C(x)e^{-\int p(x)dx}=q(x)$$

化简后得

$$C'(x)e^{-\int p(x)dx}=q(x)$$

两边积分求得

$$C(x)=\int q(x)e^{\int p(x)dx}dx+C$$

于是就得到方程的通解

$$y=e^{-\int p(x)dx}\left[\int q(x)e^{\int p(x)dx}dx+C\right]$$

上述把 $y=Ce^{-\int p(x)dx}$ 的常数C 换成一个待定函数$C(x)$，再代入原方程来求解的方法称为**常数变易法**。

通解可以改写为两项之和，即

$$y = Ce^{-\int p(x)\mathrm{d}x} + e^{-\int p(x)\mathrm{d}x}\int q(x)e^{\int p(x)\mathrm{d}x}\mathrm{d}x$$

即非齐次方程的通解是它的一个特解 y^* 与对应的齐次方程的通解之和。

(4) 伯努利方程　对于形如 $y' + P(x)y = Q(x)y^n$ 的一阶微分方程，当 $n = 1$ 时为可分离变量的微分方程；当 $n = 0$ 时为一阶线性微分方程；当 $n \neq 0$ 和 1 时称此微分方程为**伯努利方程**，可视为一阶线性微分方程的一个特殊情形。

要解该微分方程，可令 $z = y^{1-n}$，则 $\frac{\mathrm{d}z}{\mathrm{d}x} = (1-n)y^{-n}\frac{\mathrm{d}y}{\mathrm{d}x}$，即 $y' = \frac{y^n}{1-n}\cdot\frac{\mathrm{d}z}{\mathrm{d}x}$，代入贝努利方程，得到

$$\frac{y^n}{1-n}\cdot\frac{\mathrm{d}z}{\mathrm{d}x} + p(x)y = Q(x)y^n$$

$$\frac{\mathrm{d}z}{\mathrm{d}x} + (1-n)p(x)y^{1-n} = (1-n)Q(x)$$

伯努利方程化为一阶线性微分方程，即

$$\frac{\mathrm{d}z}{\mathrm{d}x} + (1-n)p(x)z = (1-n)Q(x)$$

4. 二阶微分方程

(1) 可降阶的微分方程　二阶和二阶以上的微分方程，称为**高阶微分方程**。

1) 只含未知函数的高阶导数和已知函数的方程 $y^{(n)} = f(x)$　由于 n 阶导数 $y^{(n)}$ 是在 $y^{(n-1)}$ 基础上再求一阶导数得到的，因此，只需要把 $y^{(n-1)}$ 看成未知函数 $u(x)$，原方程变成 $u' = f(x)$，那么 u 就是 $f(x)$ 的原函数。因此解这种方程只需逐次积分，每积一次就产生一个任意常数，共积分 n 次，就得到含有 n 个任意常数的解，即通解。

2) 不显含未知函数 y 的二阶方程 $y'' = f(x, y')$　这时，可

令 $u(x)=y'(x)$，那么 $y''(x)=u'(x)$。把它们代入原方程就得到

$$u'=f(x,\ u)$$

这是一个一阶方程。只要能求出 u 的通解 $u=\varphi(x,\ C_1)$，就得到

$$\frac{\mathrm{d}y}{\mathrm{d}x}=\varphi(x,\ C_1)$$

两边积分就得到原方程的通解。

3) 不显含自变量 x 的方程 $y''=f(y,\ y')$　这时，可令 $u=y'(x)$。如果把 u 看成中间变量 y 的函数，即 $u=u(y)$，$y=y(x)$，那么 $u(x)=u(y(x))$，根据复合函数求导法则就有

$$\frac{\mathrm{d}^2y}{\mathrm{d}x^2}=\frac{\mathrm{d}u}{\mathrm{d}x}=\frac{\mathrm{d}u}{\mathrm{d}y}\cdot\frac{\mathrm{d}y}{\mathrm{d}x}=u\frac{\mathrm{d}u}{\mathrm{d}y}$$

代入原方程得到

$$u\frac{\mathrm{d}u}{\mathrm{d}x}=f(y,\ u)$$

这是一个以 y 为自变量，u 为未知函数的方程。如果能求出它的通解 $u=\varphi(y,\ C_1)$ 就得到

$$\frac{\mathrm{d}y}{\mathrm{d}x}=\varphi(y,\ C_1)$$

这是一个可分离变量方程，它的通解就是

$$\int\frac{\mathrm{d}y}{\varphi(y,\ C_1)}=x+C_2$$

其中 C_1，C_2 是任意常数。

(2) **二阶微分方程解的结构**　二阶微分方程解的结构和一阶方程的情形一样，在高阶方程中线性方程是应用较广泛而解的结构最明晰的一类方程。n 阶线性微分方程的一般形式是

$$y^n+p_1(x)y^{(n-1)}+p_2(x)y^{(n-2)}+\cdots p_n(x)y=f(x)$$

其中,方程右边的函数 $f(x)$ 称为**自由项**。特别的是二阶线性方程的一般形式是

$$y''+p(x)y'+q(x)y=f(x)$$

当方程的自由项 $f(x)\equiv 0$ 时,该方程称为**齐次微分方程**,否则称为**非齐次微分方程**。为了保证方程中解的存在,均假设自由项 $f(x)$ 及 $p(x)$, $q(x)$ 在方程所讨论的区间 I 上是连续的。

1) 二阶线性齐次方程解的结构

定理 1 设 y_1 和 y_2 是二阶线性齐次微分方程 $y''+p(x)y'+q(x)y=0$ 在区间 I 上的两个线性无关的特解,则对该方程的任何解 y,都存在常数 C_1 和 C_2 使得

$$y=C_1y_1(x)+C_2y_2(x)(x\in I)$$

换言之,如果 C_1 和 C_2 是任意常数,则该二阶线性齐次微分方程的通解就可以用 y_1 和 y_2 的线性组合来表示。

2) 二阶线性非齐次方程解的结构

定理 2 设 y^* 是二阶线性非齐次方程 $y''+p(x)y'+q(x)y=f(x)$ 的一个特解, $C_1y_1+C_2y_2$ 是对应的齐次方程 $y''+p(x)y'+q(x)y=0$ 的通解,则

$$y=y^*+(C_1y_1+C_2y_2)$$

这是二阶非齐次方程 $y''+p(x)y'+q(x)y=f(x)$ 的通解。

定理 3 线性非齐次方程解的叠加原理 设 y_k^* 是方程 $y''+p(x)y'+q(x)y=f_k(x)$ 的特解, $k=1, 2\cdots n$, 则 $y^*=y_1^*+y_2^*+\cdots+y_n^*$ 是方程 $y''+p(x)y'+q(x)y=f_1(x)+f_2(x)+\cdots f_n(x)$ 的一个特解。

(3) 二阶常系数线性齐次微分方程 二阶常系数线性方程为

$$y''+p(x)y'+q(x)y=f(x)$$

其中, p 和 q 都是实的常数,则对应的齐次方程为

$$y'' + p(x)y' + q(x)y = 0$$

求二阶常系数线性齐次微分方程通解的步骤为：① 写出方程的特征方程 $r^2 + pr + q = 0$；② 求出特征方程的两个特征根 r_1 和 r_2；③ 根据特征方程的两个根的不同情形，按照表 6－1 写出方程的通解。

表 6－1　二阶常系数线性齐次微分方程的通解

特征方程 $r^2 + pr + q = 0$ 的两个根 r_1 和 r_2	方程 $y'' + py' + qy = 0$ 的通解
为实根且 $r_1 \neq r_2$	$y = C_1 e^{r_1 x} + C_2 e^{r_2 x}$
为实根且 $r_1 = r_2 = r$	$y = (C_1 + C_2 x) e^{rx}$
为共轭复根 $r_{1,2} = \alpha \pm i\beta (\beta \neq 0)$	$y = e^{\alpha x}(C_1 \cos \beta x + C_2 \sin \beta x)$

（4）二阶常系数线性非齐次微分方程　二阶常系数线性非齐次方程的通解的求法为

$$y'' + py' + qy = f(x)$$

根据自由项 $f(x)$ 的两种形式，把 $y'' + py' + qy = f(x)$ 的特解形式列表 6－2。

表 6－2　二阶常系数线性非齐次微分方程的特解

$f(x)$ 的形式	条件	$y'' + py' + qy = f(x)$ 的特解形式
类型 A：$f(x) = P_m(x) e^{\lambda x}$	λ 不是特征方程的根	$y^* = Q_m(x) e^{\lambda x}$
	λ 是特征方程的单根	$y^* = xQ_m(x) e^{\lambda x}$
	λ 是特征方程的重根	$y^* = x^2 Q_m(x) e^{\lambda x}$

(续表)

$f(x)$的形式	条件	$y''+py'+qy=f(x)$ 的特解形式
类型 B：$f(x)=e^{\alpha x}[P_k(x)\cos\beta x+P_n(x)\sin\beta x]$	$\alpha\pm i\beta$ 不是特征方程的根	$y^*=e^{\alpha x}[Q_m(x)\cos\beta x+R_m(x)\sin\beta x]$
	$\alpha\pm i\beta$ 是特征方程的根	$y^*=xe^{\alpha x}[Q_m(x)\cos\beta x+R_m(x)\sin\beta x]$

5. 拉普拉斯变换求解微分方程

(1) 拉普拉斯变换的概念与性质

定义 1 若函数 $f(t)$在$[0,+\infty]$有定义，下面积分

$$F(s)=\int_0^{+\infty}e^{-st}f(t)\mathrm{d}t$$

在 s 的某区间上存在，则称函数 $F(s)$为函数 $f(t)$的拉普拉斯变换或象函数，简称**拉氏变换**，记为 $F(s)=L\{f(t)\}$；称式中“L”为拉氏变换算子，称函数 $f(t)$ 为函数 $F(s)$ 的拉氏逆变换或象原函数，记为 $f(t)=L^{-1}\{F(s)\}$。在拉氏变换的一般理论中，参变量 s 假定为复值，这里只限于 s 为实值的情形。

(2) 拉普拉斯变换及逆变换性质

性质 1　线性性质　若 $L\{f_1(t)\}=F_1(s)$，$L\{f_2(t)\}=F_2(s)$，则对任意常数 C_1，C_2 有

$$L\{C_1f_1(t)+C_2f_2(t)\}=C_1L\{f_1(t)\}+C_2L\{f_2(t)\}$$
$$L^{-1}\{C_1F_1(s)+C_2F_2(s)\}=C_1L^{-1}\{F_1(s)\}+C_2L^{-1}\{F_2(s)\}$$

性质 2　微分性质　$f(t)$ 和 $f'(t)$ 在$[0,+\infty]$上连续，若存在常数 $A>0$ 和 k，对一切充分大的 t 有 $|f(t)\leqslant Ae^{kt}|$，则 $s>k$ 时，$f(t)$ 的拉氏变换 $L\{f(t)\}$ 存在，且

$$L\{f'(t)\}=sL\{f(t)\}-f(0)$$

(3) 拉普拉斯变换求解微分方程

拉氏变换解线性微分方程或线性微分方程组的初值问题，其基本求解步骤如下：① 对线性微分方程或方程组做拉氏变换，得到含未知函数的代数方程；② 解代数方程，求出未知函数的象函数；③ 对未知函数的象函数进行拉氏逆变换，求出未知函数。

【习题解答】

6-1 判断下列各题中的函数是否为所给微分方程的解。

(1) $xy' = 2y$, $y = 5x^2$；

(2) $y'' + y = 0$, $y = 3\sin x - 4\cos x$；

(3) $y'' - 2y' + y = 0$, $y = x^2 e^{2x}$；

(4) $y'' - (a_1 + a_2)y' + a_1 a_2 y = 0$, $y = C_1 e^{a_1 x} + C_2 e^{a_2 x}$。

解 (1) 将 $y = 5x^2$ 代入原方程，左边 $= 10x^2$，右边 $= 10x^2$，所给函数是微分方程的解。

(2) 将 $y = 3\sin x - 4\cos x$ 代入原方程，经检验是微分方程的解。

(3) 将 $y = x^2 e^{2x}$ 代入原方程，经检验不是微分方程的解。

(4) $y = C_1 e^{a_1 x} + C_2 e^{a_2 x}$ 代入原方程，经检验是微分方程的解。

6-2 写出由下列条件确定的曲线所满足的微分方程。

(1) 曲线在(x, y)处切线斜率等于该点横坐标的平方；

(2) 曲线上点 $P(x, y)$处的法线与 x 轴的交点为 Q，且线段 PQ 被 y 轴平分。

解 (1) $y' = x^2$ 。

(2) 过点 $P(x, y)$ 处的法线斜率为 $-\frac{1}{y'}$，法线方程为 $Y - y = -\frac{1}{y'}(X - x)$；法线与 x 轴的交点 Q 的坐标为$(x + yy', 0)$，设

法线与 y 轴的交点为 C,可求得 C 点的坐标为 $\left(0,\ y+\dfrac{x}{y'}\right)$,由题意知 C 为 PQ 的中点,所以 $y+\dfrac{x}{y'}=\dfrac{0+y}{2}$,即所求的微分方程为 $yy'+2x=0$。

6-3 求下列微分方程的通解。

(1) $y\ln y\mathrm{d}x+x\ln x\mathrm{d}y=0$; (2) $2\mathrm{d}y+y\tan x\mathrm{d}x=0$;

(3) $y'=\mathrm{e}^{2x-y}$; (4) $y'-y\sin x=0$;

(5) $\mathrm{e}^x\mathrm{d}x=\mathrm{d}x+\sin 2y\mathrm{d}y$; (6) $\sin x\cos y\mathrm{d}x-\cos x\mathrm{d}y=0$;

(7) $\dfrac{\mathrm{d}y}{\mathrm{d}x}+\dfrac{\mathrm{e}^{y^2+3x}}{y}=0$; (8) $\dfrac{\mathrm{d}y}{\mathrm{d}x}-\dfrac{\sqrt{1-y^2}}{\sqrt{1-x^2}}=0$。

解 (1) 分离变量 $\dfrac{\mathrm{d}y}{y\ln y}=-\dfrac{\mathrm{d}x}{x\ln x}$,两边积分 $\displaystyle\int\frac{\mathrm{d}y}{y\ln y}=-\int\frac{\mathrm{d}x}{x\ln x}$

得 $\ln\ln y=-\ln\ln x+C$,通解为 $\ln y=\dfrac{C}{\ln x}$, $y=\mathrm{e}^{\frac{C}{\ln x}}P(x,y)y=\mathrm{e}^{\frac{C}{\ln x}}$。

(2) 分离变量 $\dfrac{\mathrm{d}y}{y}=-\dfrac{1}{2}\tan x\mathrm{d}x$,两边积分 $\displaystyle\int\frac{\mathrm{d}y}{y}=-\frac{1}{2}\int\tan x\mathrm{d}x$,

通解为 $y^2=C\cos x$。

(3) 分离变量,两边积分 $\displaystyle\int\mathrm{e}^y\mathrm{d}y=\int\mathrm{e}^{2x}\mathrm{d}x$, $\mathrm{e}^y=\dfrac{1}{2}\mathrm{e}^{2x}+C$。

(4) 分离变量,两边积分 $\displaystyle\int\frac{\mathrm{d}y}{y}=\int\sin x\mathrm{d}x$, $\ln y=-\cos x+\ln C$, $y=C\mathrm{e}^{-\cos x}$。

(5) 移项,两边积分 $\displaystyle\int\sin 2y\mathrm{d}y=\int(\mathrm{e}^x-1)\mathrm{d}x$, $\cos 2y=-2(\mathrm{e}^x-x)+C$,

即 $\cos 2y=-2e^{x}+2x+C$。

(6) 分离变量，两边积分 $\int\frac{dy}{\cos y}=\int\frac{\sin x}{\cos x}dx$，$\ln(\sec y+\tan y)=-\ln\cos x+\ln C$，

即 $\sec y+\tan y=\frac{C}{\cos x}$。

(7) 分离变量，两边积分 $\int ye^{-y^2}dy=-\int e^{3x}dx$，$e^{-y^2}=\frac{2}{3}e^{3x}+C$。

(8) 分离变量并积分 $\int\frac{dy}{\sqrt{1-y^2}}=\int\frac{dx}{\sqrt{1-x^2}}$，$\arcsin y=\arcsin x+C$。

6-4 求下列初值问题的解。

(1) $\frac{dy}{dx}=2xy$，$y(0)=1$；

(2) $y^2dx+(x+1)dy=0$，$y(0)=1$；

(3) $2xydx+(1+x^2)dy=0$，$y(1)=3$；

(4) $xy'+1=4e^{-y}$，$y(-2)=0$。

解 (1)分离变量，两边积分得通解 $y=Ce^{x^2}$，将 $y(0)=1$ 代入，得 $C=1$，则初值问题的解为 $y=e^{x^2}$。

(2) 分离变量并积分得 $y=\frac{1}{\ln C(1+x)}$，将 $y(0)=1$ 代入，得 $C=e$，则初值问题的解为 $y=\frac{1}{1+\ln(1+x)}$。

(3) 分离变量，两边积分得通解 $y=\frac{C}{1+x^2}$，将 $y(1)=3$ 代入，得 $C=6$，则初值问题的解为 $y=\frac{6}{1+x^2}$。

(4) 原方程可化为 $\frac{dy}{4e^{-y}-1}=\frac{dx}{x}$，两边积分得通解 $e^{y}=4-$

$\frac{C}{x}$，将 $y(-2)=0$ 代入，得 $C=-6$，则初值问题的解为 $e^y=4+\frac{6}{x}$。

6-5 某放射性物质的放射速率与所存的量 $R(t)$ 成正比，比例系数 $k>0$，且在 t_0 时刻所存的量为 R_0，求 t 时刻所存放射物质的量。

解 根据题意 $R'=-kR$，$R(t_0)=R_0$，解此微分方程，通解为 $R=Ce^{-kt}$，满足初始条件的特解为 $R=R_0e^{-k(t-t_0)}$。

6-6 某细菌在适当条件下增长率与当时的量 $P(t)$ 成正比，第三天一天内增加了 2 455 个，第五天一天内增加了 4 314 个，求该细菌的增长速率常数。

解 $P=P_0e^{kt}$，$P(3)-P(2)=2455$，$P(5)-P(4)=4314$，可得 $e^{2k}=\frac{4\,314}{2\,455}$，$k=\frac{1}{2}\ln\frac{4\,314}{2\,455}\approx 0.281\,9$。

6-7 配制每 1 毫升含 400 U 的某药物，2 个月后含量为 380 U，若分解为一级速率过程，则配制 3 个月后含量为多少？若药物含量低于 300 U 无效，则失效期为多少？

解 $P=400e^{-kt}$，$380=400e^{-2k}$，$k=-\frac{1}{2}\ln\frac{19}{20}$，$P(3)=400e^{-3\left(-\frac{1}{2}\ln\frac{19}{20}\right)}=400\cdot\left(\frac{19}{20}\right)^{3/2}\approx 370.378\,2$，$400e^{-3\left(-\frac{1}{2}\ln\frac{19}{20}\right)}>300$，$\left(\frac{19}{20}\right)^{t/2}>\frac{3}{4}$，$t<\frac{2(\ln 3-\ln 4)}{\ln 19-\ln 20}\approx 11.217\,1$ 月 ≈ 336.5 天。

6-8 求下列微分方程的通解。

(1) $y'+y=e^{-x}$； (2) $y'+y\cos x=e^{-\sin x}$；

(3) $xy'-y=x^2+1$； (4) $xy'+y=x^2+3x+2$；

(5) $y'\sin x+y\cos x=\sin 2x$；

(6) $-x\ln y\,dy+y\ln y\,dx+y\,dy=0$；

(7) $\frac{dy}{dx}+2xy=xe^{-x^2}$； (8) $\frac{dy}{dx}+\frac{2xy}{1+x^2}=x^2-1$。

解 (1)由对应齐次方程得到 $y=Ce^{-x}$,常数变易,设 $y=C(x)e^{-x}$,代入原方程,可化为 $C'(x)e^{-x}=e^{-x}$,可得 $C(x)=\int dx=x+C$,通解为 $y=(x+C)e^{-x}$。

(2) 由对应齐次方程得到 $y=Ce^{-\sin x}$,常数变易,设 $y=C(x)e^{-\sin x}$,代入原方程,可化为 $C'(x)e^{-\sin x}=e^{-\sin x}$,可得 $C(x)=x+C$,通解为 $y=(x+C)e^{-\sin x}$。

(3) 方程化为 $y'-\frac{1}{x}y=x+\frac{1}{x}$,由线性齐次方程得到 $y=Cx$,常数变易,设 $y=C(x)x$,代入原方程得到 $C'(x)x=x+x^{-1}$,$C(x)=\int(1+x^{-2})dx=x-\frac{1}{x}+C$,通解为 $y=x^2-1+Cx$。

(4) 方程化为 $y'+\frac{1}{x}y=x+3+\frac{2}{x}$,由线性齐次方程得到 $y=\frac{C}{x}$,常数变易,设 $y=\frac{C(x)}{x}$,代入原方程得到 $C(x)=\int x^2+3x+2dx=y=\frac{1}{3}x^2+\frac{3}{2}x+2+\frac{C}{x}$,通解为 $y=\frac{1}{3}x^2+\frac{3}{2}x+2+\frac{C}{x}$。

(5) 方程化为 $y'+\frac{\cos x}{\sin x}y=2\cos x$,由线性齐次方程得到 $y=\frac{C}{\sin x}$,常数变易,设 $y=\frac{C(x)}{\sin x}$,代入原方程得到 $C(x)=2\int\cos x\sin x dx=\sin^2 x+C$,通解为 $y=\sin x+C\csc x$。

(6) 方程化为 $\frac{dx}{dy}-\frac{x}{y}=-\frac{1}{\ln y}$,由线性齐次方程得到 $x=Cy$,常数变易,设 $x=C(y)y$,代入原方程得到 $C'(y)y=-\frac{1}{\ln y}$,$C(y)=-\int\frac{dy}{y\ln y}=-\ln\ln y+C$,通解为 $x=y(C-\ln\ln y)$。

(7) 由线性齐次方程得到 $y = Ce^{-2\int x\mathrm{d}x} = Ce^{-x^2}$，常数变易，设 $y = C(x)e^{-x^2}$，代入原方程得到 $C(x) = \frac{1}{2}x^2 + C$，通解为 $y = e^{-x^2}\left(\frac{1}{2}x^2 + C\right)$。

(8) 由线性齐次方程得到 $y = Ce^{\ln(1+x^2)} = \frac{C}{1+x^2}$，常数变易，设 $y = \frac{C(x)}{1+x^2}$，代入原方程得到 $C(x) = \frac{1}{5}x^5 - x + C$，通解为 $y = \frac{1}{1+x^2}\left(\frac{1}{5}x^5 - x + C\right)$。

6-9 求下列初值问题的解。

(1) $y' + 3xy = x$，$y(0) = -0.5$；

(2) $xy' + y - e^x = 0$，$y(1) = 3e$；

(3) $y'\cos x + y\sin x = 1$，$y(0) = 0$；

(4) $xy' + y = \sin x$，$y(\pi/2) = 2$。

解 (1)由线性齐次方程得到 $y = Ce^{-\frac{3}{2}x^2}$，常数变易，设 $y = C(x)e^{-\frac{3}{2}x^2}$，代入原方程得到 $C(x) = \int xe^{\frac{3}{2}x^2}\mathrm{d}x = \frac{1}{3}e^{\frac{3}{2}x^2} + C$，通解为 $y = \frac{1}{3} + Ce^{-\frac{3}{2}x^2}$。将 $y(0) = -0.5$ 代入通解得到 $C = -\frac{5}{6}$，特解为 $y = \frac{1}{3} - \frac{5}{6}e^{-\frac{3}{2}x^2}$。

(2) 方程可化为 $y' + \frac{1}{x}y = \frac{e^x}{x}$，由线性齐次方程得到 $y = \frac{C}{x}$。常数变易，设 $y = \frac{C(x)}{x}$，代入原方程得到 $C(x) = e^x + C$，通解为 $y = \frac{e^x + C}{x}$。将 $y(1) = 3e$ 代入通解得到 $C = 2e$，特解为 $y = \frac{e^x + 2e}{x}$。

(3) 方程化为 $y'+y\tan x=\sec x$,由线性齐次方程得到 $y=C\cos x$,常数变易,设 $y=C(x)\cos x$,代入原方程得到 $C(x)=\tan x+C$,通解为 $y=(\tan x+C)\cos x=C\cos x+\sin x$。将 $y(0)=0$ 代入通解,得到特解为 $y=\sin x$。

(4) 原方程可化为 $y'+\frac{y}{x}=\frac{\sin x}{x}$,由线性齐次方程得到 $y=\frac{C}{x}$,常数变易,设 $y=\frac{C(x)}{x}$,代入原方程得 $C'(x)=\sin x$,$C(x)=-\cos x+C$,通解为 $y=\frac{-\cos x+C}{x}$。将 $y\left(\frac{\pi}{2}\right)=2$ 代入通解,得到特解为 $y=\frac{\pi-\cos x}{x}$。

6-10 纯利润 L 随广告费用 x 变化的关系为 $\frac{dL}{dx}=k-a(L+x)$(k 和 a 为常数,$L(0)=L_0$),求纯利润 L 变化规律。

解 方程化为 $\frac{dL}{dx}+aL=k-ax$,由线性齐次方程得到 $L(x)=Ce^{-ax}$,常数变易,设 $L(x)=C(x)e^{-ax}$,代入原方程得到 $C(x)=\int(k-ax)e^{ax}dx=\frac{k}{a}e^{ax}-a\int xe^{ax}dx=\frac{k-ax+1}{a}e^{ax}+C$,通解为 $L=\left(\frac{k-ax+1}{a}e^{ax}+C\right)e^{-ax}$。将 $L(0)=L_0$ 代入通解得到 $C=L_0-\frac{k+1}{a}$,特解为 $L=\frac{k-ax+1}{a}e^{ax}+\left(L_0-\frac{k+1}{a}\right)e^{-ax}$。

6-11 质量为 m 的物体从静止开始做直线运动,受到与时间 t 成正比的外力,比例系数 $k_1>0$,运动阻力与速度成正比,比例系数 $k_2>0$,求物体运动的速度变化规律。

解 由题意和牛顿第二定律可得,$k_1t-k_2v=mv'$,$v(0)=0$,此方程可化为 $v'+\frac{k_2}{m}v=\frac{k_1}{m}t$,由线性齐次方程得到 $v=Ce^{-\frac{k_2}{m}t}$,常数变易,令 $v=C(t)e^{-\frac{k_2}{m}t}$,代入原方程得到

$$C'(t)=\frac{k_1 t}{m}e^{\frac{k_2}{m}t},\ C(t)=\frac{k_1}{k_2}\int t\mathrm{d}(e^{\frac{k_2}{m}t})=\frac{k_1}{k_2}\left(t-\frac{m}{k_2}\right)e^{\frac{k_2}{m}t}+C,$$

通解为 $v=\frac{k_1}{k_2}\left(t-\frac{m}{k_2}\right)+Ce^{-\frac{k_2}{m}t}$。将 $v(0)=0$ 代入,得到 $C=\frac{mk_1}{k_2^2}$,特解 $v=\frac{k_1}{k_2}t-\frac{mk_1}{k_2^2}(1-e^{-\frac{k_2}{m}t})$。

6-12 求下列微分方程的通解。

(1) $y''=x+\sin x$; (2) $y''=1+y'^2$;

(3) $xy''+y'=0$; (4) $yy''=y'^2$。

解 (1) 两次积分得到 $y=\frac{1}{6}x^3-\sin x+C_1x+C_2$。

(2) 令 $y'=p(x)$,方程化为 $p'=1+p^2$,两边积分 $\int\frac{\mathrm{d}p}{1+p^2}=-\int\mathrm{d}x$, $p=\tan(x+C_1)$,通解为 $y=\int(\tan x+C_1)\mathrm{d}x=-\ln\cos(x+C_1)+C_2$。

(3) 令 $y'=p(y)$,方程化为 $xp'+p=0$,两边积分 $\int\frac{\mathrm{d}p}{p}=-\int\frac{1}{x}\mathrm{d}x$, $\ln p=-\ln x+\ln C_1$,通解为 $y=\int\frac{C_1}{x}\mathrm{d}x=C_1\ln x+C_2$。

(4) 令 $y'=p(y)$,方程化为 $yp\frac{\mathrm{d}p}{\mathrm{d}y}=p^2$,若 $p=0$,则 $y=C$;若 $p\neq 0$,则 $\int\frac{\mathrm{d}p}{p}=\int\frac{\mathrm{d}y}{y}$, $\ln p=\ln y+\ln C_1$, $p=C_1y$,两边积分得到通解 $y=C_2e^{C_1x}$。

6-13 求下列初值问题的解。

(1) $y^3y''+1=0$, $y(1)=1$, $y'(1)=1$;

(2) $y''=e^{2x}$, $y(0)=0$, $y'(0)=0$;

(3) $y''+(y')^2=1$, $y(0)=0$, $y'(0)=0$;

(4) $y''=3\sqrt{y}$, $y(0)=1$, $y'(0)=2$。

解 (1) 令 $y' = p(y)$，方程化为 $y^3 p\dfrac{\mathrm{d}p}{\mathrm{d}y} + 1 = 0$，$\int p\mathrm{d}p = -\int y^{-3}\mathrm{d}y$，$p^2 = y^{-2} + C_1$，由 $y(1) = 1$ 得到 $C_1 = 0$；$p = y^{-1}$，$y^2 = 2x + C_2$，由 $y(1) = 1$ 得 $C_2 = -1$，特解为 $y = \sqrt{2x-1}$。

(2) $y' = \int \mathrm{e}^{2x}\mathrm{d}x = \dfrac{1}{2}\mathrm{e}^{2x} + C$，由 $y'(0) = 0$ 得 $C_1 = -\dfrac{1}{2}$，$y = \dfrac{1}{2}\int(\mathrm{e}^{2x} - 1)\mathrm{d}x = \dfrac{1}{4}\mathrm{e}^{2x} - \dfrac{1}{2}x + C_2$，由 $y(0) = 0$ 得 $C_2 = -\dfrac{1}{4}$，特解为 $y = \dfrac{1}{4}\mathrm{e}^{2x} - \dfrac{1}{2}x - \dfrac{1}{4}$。

(3) 令 $y' = p(x)$，方程化为 $p' + p^2 = 1$，积分得到 $\ln\dfrac{1+p}{1-p} = 2x + C_1$，由 $y'(0) = 0$ 得到 $C_1 = 0$，$\dfrac{1+p}{1-p} = \mathrm{e}^{2x}$，$p = \dfrac{\mathrm{e}^{2x}-1}{\mathrm{e}^{2x}+1}$，$y = \int\dfrac{\mathrm{e}^{2x}-1}{\mathrm{e}^{2x}+1}\mathrm{d}x \overset{\mathrm{e}^{2x}=t}{=} \int\dfrac{t-1}{t+1}\cdot\dfrac{1}{2t}\mathrm{d}t = \dfrac{1}{2}\int\left(\dfrac{2}{t+1} - \dfrac{1}{t}\right)\mathrm{d}t = \ln(t+1) - \dfrac{1}{2}\ln t + C_2 = \ln(\mathrm{e}^{2x}+1) - x + C_2$。将 $y(0) = 0$ 得到 $C_2 = -\ln 2$，特解为 $y = \ln(\mathrm{e}^{2x}+1) - x - \ln 2$。

(4) 令 $y' = p(y)$，方程化为 $p\dfrac{\mathrm{d}p}{\mathrm{d}y} = 3\sqrt{y}$，分离变量并积分得 $p^2 = 4y^{\frac{3}{2}} + C_1$，将 $y(0) = 1$ 代入得 $C_1 = 0$；$p = 2y^{\frac{3}{4}}$，积分得 $4y^{\frac{1}{4}} = 2x + C_2$，由 $y(0) = 1$ 得 $C_2 = 4$，特解为 $2y^{\frac{1}{4}} = x + 2$。

6-14 子弹以速度 $v_0 = 200$ m/s 与板垂直的方向打入厚度为 10 cm 的板，穿过板时，速度为 $v_1 = 80$ m/s。设板对子弹的阻力与速度的平方成正比(比例系数 $k > 0$)，求子弹在板中 5 cm 时的速度。

解 由牛顿第二定律，$k(x')^2 = -mx''$，令 $v = x'$，方程可化为 $kv^2 = -m\dfrac{\mathrm{d}v}{\mathrm{d}t}$，分离变量并积分得到 $\dfrac{1}{v} = \dfrac{k}{m}t + C_1$，$v =$

$\dfrac{m}{mC_1+kt}$，即$\dfrac{dx}{dt}=\dfrac{m}{mC_1+kt}$，分离变量并积分得到$x=\dfrac{m}{k}\ln(mC_1+kt)+C_2$，$mC_1+kt=e^{\frac{k}{m}(x-C_2)}$，则$v=\dfrac{m}{mC_1+kt}=me^{\frac{k}{m}(C_2-x)}$。将$x_0=0$，$v_0=200$和$x_1=10$，$v_1=80$代入方程得到$e^{\frac{-10k}{m}}=\dfrac{80}{200}$，因此当$x=5$时，$v=me^{\frac{k}{m}C_2}\cdot e^{\frac{-5k}{m}}=200\cdot\left(\dfrac{80}{200}\right)^{1/2}=40\sqrt{10}$ m/s。

6-15 质量为m的物体受重力作用从静止开始下落，运动阻力与速度的平方成正比（比例系数$k>0$），求物体运动的规律。

解 由牛顿第二定律得，$mg-k(x')^2=mx''$，$x(0)=0$，$x'(0)=0$，令$v=x'$，则原方程可化为$mg-kv^2=m\dfrac{dv}{dt}$，分离变量并积分得

$$\int\left(\frac{1}{\sqrt{mg}-\sqrt{k}v}+\frac{1}{\sqrt{mg}+\sqrt{k}v}\right)d(\sqrt{k}v)=\frac{2\sqrt{kg}}{\sqrt{m}}\int dt,$$

$\dfrac{\sqrt{mg}+\sqrt{k}v}{\sqrt{mg}-\sqrt{k}v}=C_1e^{\frac{2\sqrt{kg}}{\sqrt{m}}}$，将$v(0)=0$代入，得$C_1=1$，$v=x'=\dfrac{\sqrt{mg}(e^{2\sqrt{kg}t/\sqrt{m}}-1)}{\sqrt{k}(e^{2\sqrt{kg}t/\sqrt{m}}+1)}$，两边积分得$x=\dfrac{m}{k}\ln(e^{2\sqrt{kg}t/\sqrt{m}}+1)-\sqrt{\dfrac{mg}{k}}t+C_2$，将$x(0)=0$代入，得$C_2=-\dfrac{m}{k}\ln 2$，特解为$x=\dfrac{m}{k}\ln(e^{2\sqrt{kg}t/\sqrt{m}}+1)-\sqrt{\dfrac{mg}{k}}t-\dfrac{m}{k}\ln 2$。

6-16 求下列微分方程的通解。

(1) $y''+y'-2y=0$；　(2) $y''-y=0$；

(3) $y''-2y'-y=0$；　(4) $y''+y'=0$；

(5) $y''-4y'+4y=0$；　(6) $y''+6y'+13y=0$；

(7) $y''-2y'-3y=e^{2x}$；　(8) $y''-y'-2y=e^{2x}$；

(9) $y''+4y=\sin 2x$；　(10) $y''-2y'+5y=10\sin x$。

解 (1) 特征方程为 $r^2+r-2=0$,解得 $r_1=1$, $r_2=-2$,通解为 $y=C_1e^x+C_2e^{-2x}$。

(2) 特征方程 $r^2-1=0$,解得 $r_1=1$, $r_2=-1$,通解为 $y=C_1e^{-x}+C_2e^x$。

(3) 特征方程为 $r^2-2r-1=0$,解得 $r_1=1+\sqrt{2}$, $r_2=1-\sqrt{2}$,通解为 $y=C_1e^{(1+\sqrt{2})x}+C_2e^{(1-\sqrt{2})x}$。

(4) 特征方程 $r^2+r=0$,解得 $r_1=-1$, $r_2=0$,通解为 $y=C_1+C_2e^{-x}$。

(5) 特征方程 $r^2-4r+4=0$,解得 $r_1=r_2=2$,通解为 $y=(C_1+C_2x)e^{2x}$。

(6) 特征方程 $r^2+6r+13=0$,解得 $r_{1,2}=\dfrac{-6\pm\sqrt{36-4\times13}}{2}=-3\pm2i$,通解为 $y=e^{-3x}(C_1\cos 2x+C_2\sin 2x)$。

(7) 特征方程 $r^2-2r-3=0$,解得 $r_1=-1$, $r_2=3$,得齐次方程的通解为 $Y(x)=C_1e^{3x}+C_2e^{-x}$。设特解 $y^*=Ae^{2x}$,代入原方程可得 $4Ae^{2x}-4Ae^{2x}-3Ae^{2x}=e^{2x}$, $A=-\dfrac{1}{3}$,通解为 $y=C_1e^{3x}+C_2e^{-x}-\dfrac{1}{3}e^{2x}$。

(8) 特征方程 $r^2-r-2=0$,解得 $r_1=-1$, $r_2=2$,得齐次方程的通解为 $Y(x)=C_1e^{-x}+C_2e^{2x}$。设特解 $y^*=Axe^{2x}$,代入原方程可得 $A=\dfrac{1}{3}$,通解为 $y=C_1e^{-x}+C_2e^{2x}+\dfrac{1}{3}xe^{2x}$。

(9) 特征方程为 $r^2+4=0$, $r=2i$,得齐次方程的通解为 $Y(x)=C_1\cos 2x+C_2\sin 2x$。设二阶非齐次方程的特解为 $y^*=x(A\cos 2x+B\sin 2x)$,代入原方程,可得 $A=-\dfrac{1}{4}$, $B=0$。原方程的通解为 $y=C_1\cos 2x+C_2\sin 2x-\dfrac{1}{4}x\cos 2x$。

(10) 对应齐次方程的特征方程为 $r^2-2r+5=0$，$r_{1,2}=1\pm 2i$，得齐次方程的通解为 $Y(x)=e^x(C_1\cos 2x+C_2\sin 2x)$，设二阶非齐次方程的特解为 $y^*=A\sin x+B\cos x$，方程化为 $(-A\sin x-B\cos x)-2(A\cos x-B\sin x)+5(A\sin x+B\cos x)=10\sin x$，$\begin{cases}4A+2B=10\\-2A+4B=0\end{cases}$，$A=2$，$B=1$，原方程的通解为 $y=e^x(C_1\cos 2x+C_2\sin 2x)+2\sin x+\cos x$。

6-17 求下列初值问题的解。

(1) $y''-4y'+3y=0$，$y(0)=6$，$y'(0)=10$；

(2) $y''+4y'+29y=0$，$y(0)=0$，$y'(0)=15$；

(3) $4y''+4y'+y=0$，$y(0)=2$，$y'(0)=0$；

(4) $y''+2y'+5y=0$，$y(0)=5$，$y'(0)=-5$；

(5) $y''-6y'+13y=39$，$y(0)=4$，$y'(0)=3$；

(6) $y''+y=2\cos x$，$y(0)=2$，$y'(0)=0$。

解 (1) 特征方程为 $r^2-4r+3=0$，解得 $r_1=1$，$r_2=3$，通解为 $y=C_1e^x+C_2e^{3x}$，代入初始条件，得 $\begin{cases}C_1+C_2=6\\C_1+3C_2=10\end{cases}$，则 $\begin{cases}C_1=4\\C_2=2\end{cases}$，特解为 $y=4e^x+2e^{3x}$。

(2) 特征方程为 $r^2+4r+29=0$，解得 $r_{1,2}=-2\pm 5i$，通解为 $y=e^{-2x}(C_1\cos 5x+C_2\sin 5x)$，$y'=e^{-2x}[(5C_2-2C_1)\cos 5x+(-5C_1-2C_2)\sin 5x]$，代入初始条件，得

$$0=C_1,\ 15=5C_2-2C_1,\ C_1=0,\ C_2=3,$$
$$y=e^{-2x}(0\cdot\cos 5x+3\sin 5x)=3e^{-2x}\sin 5x。$$

(3) 特征方程为 $4r^2+r+1=0$，解得 $r_1=r_2=-\frac{1}{2}$，通解为 $y=e^{-\frac{x}{2}}(C_1+C_2x)$，$y'=e^{-\frac{x}{2}}\left(-\frac{C_1}{2}+C_2-\frac{C_2}{2}x\right)$，代入初始条件，

得 $2=C_1$，$0=-\frac{C_1}{2}+C_2C_1=2$，$C_2=1$，$y=e^{-\frac{x}{2}}(2+x)$。

(4) 特征方程为 $r^2+2r+5=0$，$r_{1,2}=-1\pm 2i$，通解为 $y=(C_1\cos 2x+C_2\sin x)e^{-x}$，$y'=-(C_1\cos 2x+C_2\sin x)e^{-x}+(-2C_1\sin 2x+2C_2\cos 2x)e^{-x}$。将 $y(0)=5$，$y'(0)=-5$ 代入，得到 $C_1=5$，$C_2=0$，特解 $y=5e^{-x}\cos 2x$。

(5) 特征方程为 $r^2-6r+13=0$，$r_{1,2}=3\pm 2i$，得齐次方程的通解为 $Y(x)=e^{3x}(C_1\cos 2x+C_2\sin 2x)$，设非齐次方程的特解为 $y^*=A$，代入原方程得 $A=3$，通解为 $y=e^{3x}(C_1\cos 2x+C_2\sin 2x)+3$，$y'=3e^{3x}(C_1\cos 2x+C_2\sin 2x)+e^{3x}(-2C_1 2x\sin 2x+2C_2\cos 2x)$。将 $y(0)=4$，$y'(0)=3$ 代入，得到 $C_1=1$，$C_2=0$，特解为 $y=e^{3x}\cos 2x+3$。

(6) 特征方程为 $r^2+1=0$，$r_{1,2}=\pm i$，得到齐次方程的通解为 $Y(x)=C_1\cos x+C_2\sin x$。设非齐次方程的特解为 $y^*=x(A\cos x+B\sin x)$，代入原方程得到 $A=0$，$B=1$，则非齐次方程的通解为 $y=(C_1\cos x+C_2\sin x)+x\sin x$，$y'=-C_1\sin x+C_2\cos x+\sin x+x\cos x$。将 $y(0)=2$，$y'(0)=0$ 代入，得 $C_1=2$，$C_2=0$，特解为 $y=2\cos x+x\sin x$。

6-18 设圆柱形浮筒，直径为 0.5 m，垂直放在水中，当稍向下压后突然放开，浮筒在水中上下振动的周期为 2 s，求浮筒的质量。

解 设 ρ 为水的密度，S 为浮筒的横截面积，D 为浮筒的直径，且设压下的位移为 x，则 $f=-\rho gS\cdot x$，又 $f=ma=m\frac{d^2x}{dt^2}$，$-\rho gS\cdot x=m\frac{d^2x}{dt^2}$，即 $m\frac{d^2x}{dt^2}+\rho gS\cdot x=0$，此方程的特征方程为 $mr^2+\rho gS=0$，得 $r_{1,2}=\pm\sqrt{\frac{\rho gS}{m}}i$，$x=C_1\cos\sqrt{\frac{\rho gS}{m}}t+C_2\sin\sqrt{\frac{\rho gS}{m}}t=A\sin\left(\sqrt{\frac{\rho gS}{m}}t+\phi\right)$

振动的频率 $\omega=\sqrt{\dfrac{\rho g S}{m}}$，周期 $T=\dfrac{2\pi}{\omega}=2\pi\sqrt{\dfrac{m}{\rho g S}}$，已知 $T=2$，

$2=2\pi\sqrt{\dfrac{m}{\rho g S}}$，$1=\dfrac{\pi^2 m}{\rho g S}$，$m=\dfrac{\rho g S}{\pi^2}$，而 $\rho=1\,000\ \mathrm{kg/m^3}$，$g=$

$9.8\ \mathrm{m/s^2}$，$D=0.5\ \mathrm{m}$，$m=\dfrac{\rho g S}{\pi^2}=\dfrac{1\,000\times 9.8\times 0.5^2}{4\pi}=195\ \mathrm{kg}$。

6-19 质量为 m 的潜水艇从水面由静止状态开始下潜，所受阻力与下潜速度成正比（比例系数 $k>0$）。求潜水艇下潜深度 x 与时间 t 的函数关系。

图 6-1

解 在水平面上任取一点为坐标原点，如图 6-1 建立 $O-x$ 坐标系，则根据题意有 $mg-kx'=mx''$，$mx''+\dfrac{k}{m}x'=g$，特解 $x_0=\dfrac{mg}{k}t$，这是一个二阶非齐次线性方程，其对应的齐次方程的特征方程为 $r^2+\dfrac{k}{m}r=0$，$r_1=0$，$r_2=-\dfrac{k}{m}$，原方程通解为 $x=\dfrac{mg}{k}t+C_1+C_2\mathrm{e}^{-\frac{k}{m}t}$。将 $x(0)=0$ 代入，得 $C_1=-C_2$。

两边求导得 $x'=\dfrac{mg}{k}-C_2\dfrac{k}{m}\mathrm{e}^{-\frac{k}{m}t}$，将 $x'(0)=0$ 代入，得 $C_2=-\dfrac{m^2 g}{k^2}$，

因此，满足初始条件的特解为 $x=\dfrac{mg}{k}t-\dfrac{m^2 g}{k^2}(1-\mathrm{e}^{-\frac{k}{m}t})$。

6-20 对下列函数做拉氏变换。

(1) $f(t)=(\mathrm{e}^{3t}-2\mathrm{e}^{-3t})^2$； (2) $f(t)=\sin t\cos t$。

解 (1) $F(s)=L\{f(t)\}=L\{\mathrm{e}^{6t}-4+4\mathrm{e}^{-6t}\}=\dfrac{1}{s-6}-\dfrac{4}{s}+\dfrac{1}{s+6}$

(2) $F(s)=L\{f(t)\}=L\{\sin t\cos t\}=\dfrac{1}{s^2+4}$

6-21 对下列函数做拉氏逆变换。

(1) $F(s)=\dfrac{s+1}{s(s+2)}$；

(2) $F(s)=\dfrac{1}{(s+1)(s-2)(s+3)}$。

解 (1) $f(t)=L^{-1}\{F(s)\}=L^{-1}\left\{\dfrac{s+1}{s(s+2)}\right\}=L^{-1}\left\{\dfrac{1}{2}\cdot\dfrac{1}{s}+\dfrac{1}{2}\cdot\dfrac{1}{s+2}\right\}=\dfrac{1}{2}+\dfrac{1}{2}e^{-2t}$

(2) $L^{-1}\left\{\dfrac{1}{s+1s-2s+3}\right\}=L^{-1}\left\{\dfrac{1}{15}\cdot\dfrac{1}{s-2}-\dfrac{1}{6}\cdot\dfrac{1}{s+1}+\dfrac{1}{10}\cdot\dfrac{1}{s+3}\right\}=\dfrac{1}{15}e^{2t}-\dfrac{1}{6}e^{-t}+\dfrac{1}{10}e^{-3t}$

6-22 用拉氏变换解下列初值问题。

(1) $y''-2y'+y=30te^{t}$，$y(0)=y'(0)=0$；

(2) $y''+y=4\sin t+5\cos t$，$y(0)=-1$，$y'(0)=-2$；

(3) $\begin{cases}\dfrac{dx}{dt}+\dfrac{dy}{dt}=0\\[2mm]\dfrac{dx}{dt}-\dfrac{dy}{dt}=1\end{cases}$，$x(0)=1$，$y(0)=0$；

(4) $\begin{cases}\dfrac{dx}{dt}=x+y\\[2mm]\dfrac{dy}{dt}=4x+y\end{cases}$，$x(0)=2$，$y(0)=3$。

解 (1) $[s^2F-s\cdot y(0)-y'(0)]-2[sF-y(0)]+F=30L\{te^{t}\}$

$s^2F-2sF+F=30\cdot\dfrac{1}{(s-1)^2}$，$F=\dfrac{30}{(s-1)^4}$，$y=L^{-1}\left\{\dfrac{30}{(s-1)^4}\right\}=5t^3e^{t}$

(2) $[s^2F-s(-1)-(-2)]+F=4L\{\sin t\}+5L\{\cos t\}$

$$F=\frac{-2(s^2-1)}{(s^2+1)^2}+\frac{5s}{(s^2+1)^2}-\frac{s}{s^2+1}$$

$$y=-2L^{-1}\left[\frac{-2(s^2-1)}{(s^2+1)^2}\right]+\frac{5}{2}L^{-1}\left[\frac{2s}{(s^2+1)^2}\right]-L^{-1}\left[\frac{s}{s^2+1}\right]=$$

$$-2t\cos t+\frac{5}{2}t\sin t-\cos t$$

(3) $\begin{cases}(sF-1)+(sG-0)=0\\(sF-1)-(sG-0)=1/s\end{cases}$, $F=\frac{1}{2s^2}+\frac{1}{s}$, $G=-\frac{1}{2s^2}$

$$x=L^{-1}\left\{\frac{1}{2s^2}+\frac{1}{s}\right\}=\frac{t}{2}+1,\ y=L^{-1}\left\{-\frac{1}{2s^2}\right\}=-\frac{t}{2}$$

(4) $\begin{cases}sF-2=F+G\\sG-3=4F+G\end{cases}$

$$F=\frac{2s+1}{(s-3)(s+1)}=\frac{\frac{1}{4}}{s+1}+\frac{\frac{7}{4}}{s-3},\ G=\frac{3s+5}{(s-3)(s+1)}=$$

$$\frac{-\frac{1}{2}}{s+1}+\frac{\frac{7}{2}}{s-3},$$

$$x=L^{-1}\left\{\frac{1}{4}\cdot\frac{1}{s+1}+\frac{7}{4}\cdot\frac{1}{s-3}\right\}=\frac{1}{4}e^{-t}+\frac{7}{4}e^{3t},\ y=$$

$$L^{-1}\left\{-\frac{1}{2}\cdot\frac{1}{s+1}+\frac{7}{2}\cdot\frac{1}{s-3}\right\}=-\frac{1}{2}e^{-t}+\frac{7}{2}e^{3t}$$

6-23 在害虫(或癌细胞)与天敌(或正常细胞)的斗争中,形成被食者 x 与食者 y 的关系。x 增长速度正比于 x(比例系数 λ),同时减少速度正比于 x 与 y 的乘积(比例系数 α)。y 增长速度正比于 x 与 y 的乘积(比例系数 β),同时减少速度正比于 y(比例系数 μ)。建立被食者与食者的 Voltera-Lotka 模型,讨论杀虫剂(或化疗)停用后,哪种恢复更快。

解 由题意得

$\begin{cases}\frac{dx}{dt}=\lambda x-\alpha xy\\\frac{dy}{dt}=\beta xy-\mu y\end{cases}$,方程化为 $\frac{dx}{dy}=\frac{x(\lambda-\alpha y)}{y(\beta x-\mu)}$,分离变量并

积分

$$\int\left(\beta-\frac{\mu}{x}\right)\mathrm{d}x=\int\left(\frac{\lambda}{y}-\alpha\right)\mathrm{d}y, \beta x-\mu\ln x=\lambda\ln y-\alpha y+C \quad ①$$

将 $x(0)=x_0$，$y(0)=y_0$ 代入得到

$$\beta x_0-\mu\ln x_0=\lambda\ln y_0-\alpha y_0+C \quad ②$$

由上两式相减得

$$\beta(x-x_0)-\mu\ln\frac{x}{x_0}=\lambda\ln\frac{y}{y_0}-\alpha(y-y_0),$$

即
$$\left(\frac{y}{y_0}\right)^{\lambda}\cdot\left(\frac{x}{x_0}\right)^{\mu}=\mathrm{e}^{\alpha(y-y_0)}\cdot\mathrm{e}^{\beta(x-x_0)}$$

【课外练习】

一、单选题

1. 方程(　　)是可分离变量方程。

A. $y'=x+\cos y$

B. $\frac{\mathrm{d}y}{\mathrm{d}x}+xy=\frac{\mathrm{d}x}{\mathrm{d}y}$

C. $y'=\sin(x^2+y^2)$

D. $(x\mathrm{e}^y+x)\mathrm{d}x+(x^2y-y)\mathrm{d}y=0$

2. 方程(　　)是一阶线性微分方程。

A. $\mathrm{d}y+(x^2y+x)\mathrm{d}x=0$　　B. $y'-y^3=0$

C. $y'-\cos y=0$　　D. $3y'+y\cos y=x$

3. 方程 $y''-2y'-3y=0$ 的通解是(　　)。

A. $y=C_1\mathrm{e}^{-x}+C_2x\mathrm{e}^{3x}$　　B. $y=C_1\mathrm{e}^{-x}+C_2\mathrm{e}^{3x}$

C. $y=C_1\mathrm{e}^{3x}+C_2x\mathrm{e}^{-x}$　　D. $y=\mathrm{e}^{-x}(C_1\cos 3x+C_2\sin 2x)$

4. 方程 $y' = -\dfrac{x}{y}$ 满足初始条件 $y|_{x=3} = 4$ 的特解是(　　)。

A. $x^2 + y^2 = 25$　　B. $x^2 + y^2 = \dfrac{25}{2}$

C. $x^2 + y^2 = \dfrac{25}{4}$　　D. $x^2 - y^2 = 25$

5. 方程 $y' - \cos^2 y \cdot \cos x = 0$ 的通解是(　　)。

A. $\sin x + \cos y = C$　　B. $\sin x + \cot y = C$

C. $\sin x + \arctan y = C$　　D. $\tan y = \sin x + C$

6. 下列哪组函数是线性相关的(　　)。

A. e^{2x}, e^{-2x}　　B. e^{2+x}, e^{x-2}

C. e^{x^2}, e^{-x^2}　　D. $e^{\sqrt{x}}$, $e^{-\sqrt{x}}$

7. 方程 $(2x+1)(2y^2+1)dx - x^2y^2dy = 0$ 是(　　)。

A. 一阶线性非齐次方程　　B. 贝努利方程

C. 可分离变量方程　　D. 齐次方程

8. 方程 $(y'')^2 + 5(y')^3 - y^5 + x^7 = 0$ 是(　　)方程。

A. 二阶非线性　　B. 二阶线性

C. 三阶非线性　　D. 三阶线性

9. 已知曲线上任意点的二阶导数 $y'' = 6x$，且在曲线上点$(0, -2)$处的切线为 $2x - 3y = 6$，这个曲线方程是(　　)。

A. $3x^3 - 3y + 2x - 6 = 0$

B. $x^3 + y + 2x - 2 = 0$

C. $3x^2 - 3y + 2x - 6 = 0$

D. $x^3 - y - 2x + 2 = 0$

10. 设 $F(s) = \dfrac{1}{s^2(s+1)}$，则其象函数 $f(t)$ 是(　　)。

A. $1 - t + e^{-t}$　　B. $1 + t + e^{-t}$

C. $-1 + t + e^{-t}$　　D. $-1 + t + e^{t}$

二、填空题

1. 一般来说，代数方程的解是________；微分方程的解是

________。

2. 一个微分方程,当其未知函数为一元时称为________;为多元时称为________。

3. 求方程 $y^{(n)}=f(x)$ 通解是________。

4. 形如 $y'+p(x)y=q(x)y^n(n\neq 0, 1)$ 的方程称为________。

5. 若 y^* 是 $y''+P(x)y'+Q(x)y=f(x)$ 的特解, y 是对应齐次方程的通解,则________ 是原方程的通解。

6. 使形如 $y''=f(x, y')$ 的二阶方程降阶的方法是________。

7. 若 $y_1(x)$, $y_2(x)$ 是方程 $y''+P(x)y'+Q(x)y=0$ 的线性无关解,则________ 是该方程的通解。

8. 特征方程 $9r^2-6r+1=0$ 对应的线性齐次微分方程为________________。

三、计算及证明题

1. 求下列微分方程的通解。

(1) $xy'-y\ln y=0$; (2) $3x^2+5x-5y'=0$。

2. 求下列初值问题的解。

(1) $y'=e^{2x-y}$, $y(0)=0$;

(2) $\cos x\sin y\mathrm{d}y=\cos y\sin x\mathrm{d}x$, $y(0)=\frac{\pi}{4}$。

3. 设放在某介质中的物体(不能自身发热)其温度降低的速度与物体对介质的温度差成正比,已知物体开始温度为 100 ℃,介质的温度始终是 20 ℃,经过 10 min 此物体温度降低为60 ℃,试问该物体的温度随时间变化的规律如何?

4. 给一名患者一次静脉快速注射 2 000 mg 的某药液,然后以一级速率过程消除,速率常数 $k=0.040\,4\ \mathrm{h}^{-1}$,试求:

(1) 体内药量 x 随时间 t 的变化规律 $x=x(t)$;

(2) 如测得表观分布容积为 3.44 L,求血药浓度变化规律 $c=c(t)\left(c=\frac{x}{3.44}\right)$;

(3) 求血药浓度减为开始浓度一半所需的时间 $t_{0.5}$（即半衰期）。

5. 求下列微分方程的通解。

(1) $x\dfrac{\mathrm{d}y}{\mathrm{d}x}=y\ln\dfrac{y}{x}$； (2) $(x^2+y^2)\mathrm{d}x-xy\mathrm{d}y=0$；

(3) $y'+y\tan x=\sin 2x$； (4) $\dfrac{\mathrm{d}y}{\mathrm{d}x}+2xy=4x$。

6. 求下列初值问题的解。

(1) $\dfrac{\mathrm{d}y}{\mathrm{d}x}-y\tan x=\sec x$，$y(0)=0$；

(2) $\dfrac{\mathrm{d}y}{\mathrm{d}x}+\dfrac{y}{x}=\dfrac{\sin x}{x}$，$y(\pi)=1$。

7. 求一曲线方程，该曲线经过原点，并且它在点 (x, y) 处的切线斜率等于 $2x+y$。

8. 求下列微分方程的通解。

(1) $y''+y'-2y=0$； (2) $y''-4y'=0$；

(3) $y''+a^2y=\mathrm{e}^x$； (4) $2y''+5y'=5x^2-2x-1$；

(5) $2y''+y'-y=2\mathrm{e}^x$； (6) $y''+y=\mathrm{e}^x+\cos x$。

9. 求下列初值问题的解。

(1) $y''-3y'-4y=0$，$y(0)=0$，$y'(0)=-5$；

(2) $y''-10y'+9y=\mathrm{e}^{2x}$，$y(0)=\dfrac{6}{7}$，$y'(0)=\dfrac{33}{7}$；

(3) $y''-4y'=5$，$y(0)=1$，$y'(0)=0$。

10. 已知 $f(t)=\mathrm{e}^{3t}+t^2+1$，用拉氏变换求 $L\{f(t)\}$。

11. 设 $F(s)=\dfrac{3}{s+1}-\dfrac{2}{s-2}$，求象原函数 $f(t)$。

第七章
多元函数微分学

【内容提要】

1. 空间解析几何基础知识

三条相互垂直的坐标轴 Ox，Oy，Oz 组成了一个空间直角坐标系。

空间直角坐标系下两点间的距离公式为：

$$d = |M_1M_2| = \sqrt{(x_2 - x_1)^2 + (y_2 - y_1)^2 + (z_2 - z_1)^2}$$

平面方程：$Ax + By + Cz + D = 0$

二次曲面方程：$Ax^2 + By^2 + Cz^2 + Dxy + Eyz + Fzx + Gx + Hy + Iz + K = 0$

球面方程：$(x - x_0)^2 + (y - y_0)^2 + (z - z_0)^2 = R^2$

圆柱面方程：$x^2 + y^2 = R^2$

椭球面方程：$\dfrac{x^2}{a^2} + \dfrac{y^2}{b^2} + \dfrac{z^2}{c^2} = 1(a, b, c > 0)$

椭圆抛物面方程：$\dfrac{x^2}{a^2} + \dfrac{y^2}{b^2} = z(a, b > 0)$

双曲抛物面方程：$\dfrac{x^2}{a^2} - \dfrac{y^2}{b^2} = z(a, b > 0)$

单叶双曲面图方程：$\dfrac{x^2}{a^2} + \dfrac{y^2}{b^2} - \dfrac{z^2}{c^2} = 1(a, b, c > 0)$

双叶双曲面方程：$\frac{x^2}{a^2}+\frac{y^2}{b^2}-\frac{z^2}{c^2}=-1(a, b, c>0)$

椭圆锥面方程：$\frac{x^2}{a^2}+\frac{y^2}{b^2}-\frac{z^2}{c^2}=0(a, b, c>0)$

2. 多元函数与极限

多元函数的定义：在某一过程中，若对变化范围 D 的每一对值 (x, y)，在变域 M 中存在唯一确定的 z 值，按一定对应法则 f 进行对应，则称 f 为集合 D 上的二元函数，记为

$$z=f(x, y)$$

x, y 称为**自变量**，D 称为**定义域**，z 称为**因变量**。(x, y)的对应值记为 $f(x, y)$，称为**函数值**，函数值的集合称为**值域**。

多元函数的极限：设函数 $f(x, y)$在开区域（或闭区域）D 内有定义，$P_0(x_0, y_0)$是 D 的内点或边界点。如果对于任意给定的正数 ε，总存在正数 δ，使得对于适合不等式

$$0<|PP_0|=\sqrt{(x-x_0)^2+(y-y_0)^2}<\delta$$

的一切点 $P(x, y)\in D$，都有

$$|f(x, y)-A|<\varepsilon$$

成立，则称常数 A 为函数 $f(x, y)$ 当 $x\to x_0$, $y\to y_0$ 时的极限，记作

$$\lim_{\substack{x\to x_0\\ y\to y_0}} f(x, y)=A$$

多元函数的连续性：设函数 $z=f(x, y)$ 在区域 D 内有定义，点 $P_0(x_0, y_0)$ 是 D 的内点或边界点且 $P_0\in D$。如果 $\lim\limits_{\substack{x\to x_0\\ y\to y_0}} f(x, y)=f(x_0, y_0)$，则称函数 $z=f(x, y)$ 在点 $P_0(x_0, y_0)$ 处连续。

3. 多元函数的偏导数与全微分

偏导数：设函数 $z=f(x, y)$ 在点(x_0, y_0)的某一邻域内有定义，

当固定 $y=y_0$ 而 x 在 x_0 处有增量 Δx 时，相应地函数有增量 $f(x_0+\Delta x, y_0)-f(x_0, y_0)$。如果极限 $\lim\limits_{\Delta x\to 0}\dfrac{f(x_0+\Delta x, y_0)-f(x_0, y_0)}{\Delta x}$ 存在，则称此极限为函数 $z=f(x, y)$ 在点 (x_0, y_0) 处对 x 的**偏导数**，记作 $\left.\dfrac{\partial z}{\partial x}\right|_{\substack{x=x_0\\y=y_0}}$，$\left.\dfrac{\partial f}{\partial x}\right|_{\substack{x=x_0\\y=y_0}}$，$\left.z_x\right|_{\substack{x=x_0\\y=y_0}}$，或 $f'_x(x_0, y_0)$。

同理，如果极限 $\lim\limits_{\Delta y\to 0}\dfrac{f(x_0, y_0+\Delta y)-f(x_0, y_0)}{\Delta y}$ 存在，则称此极限为函数 $z=f(x, y)$ 在点 (x_0, y_0) 处对 y 的**偏导数**，记作 $\left.\dfrac{\partial z}{\partial y}\right|_{\substack{x=x_0\\y=y_0}}$，$\left.\dfrac{\partial f}{\partial y}\right|_{\substack{x=x_0\\y=y_0}}$，$\left.z_y\right|_{\substack{x=x_0\\y=y_0}}$，或 $f'_y(x_0, y_0)$。

4. 二元函数 $z=f(x, y)$ 在点 (x_0, y_0) 的偏导数的几何意义

$f'_x(x_0, y_0)$ 是过曲面 $z=f(x, y)$ 上点 $M_0(x_0, y_0, f(x_0, y_0))$ 的曲线 $\begin{cases}z=f(x, y)\\y=y_0\end{cases}$ 在点 M_0 处的切线 T_x 对 x 轴的斜率。

5. 二阶偏导数

$$\frac{\partial}{\partial x}\left(\frac{\partial z}{\partial x}\right)=\frac{\partial^2 z}{\partial x^2}=f''_{xx}(x, y),\ \frac{\partial}{\partial y}\left(\frac{\partial z}{\partial x}\right)=\frac{\partial^2 z}{\partial x\partial y}=f''_{xy}(x, y),$$

$$\frac{\partial}{\partial x}\left(\frac{\partial z}{\partial y}\right)=\frac{\partial^2 z}{\partial y\partial x}=f''_{yx}(x, y),\ \frac{\partial}{\partial y}\left(\frac{\partial z}{\partial y}\right)=\frac{\partial^2 z}{\partial y^2}=f''_{yy}(x, y)。$$

如果函数 $z=f(x, y)$ 的两个二阶混合偏导数 $\dfrac{\partial^2 z}{\partial y\partial x}$ 及 $\dfrac{\partial^2 z}{\partial x\partial y}$ 在区域 D 内连续，那么在该区域内这两个二阶混合偏导数必相等。

6. 全微分

如果函数 $z=f(x, y)$ 在点 $f(x, y)$ 的全增量

$$\Delta z=f(x+\Delta x, y+\Delta y)-f(x, y)$$

可表示为

$$\Delta z=A\Delta x+B\Delta y+o(\rho)(\rho=\sqrt{(\Delta x)^2+(\Delta y)^2})$$

其中 A、B 不依赖于 Δx, Δy,而仅与 x, y 有关,则称函数 $z=f(x, y)$ 在点 (x, y) 可微分,而称 $A\Delta x+B\Delta y$ 为函数 $z=f(x, y)$ 在点 (x, y) 的全微分,记作 $\mathrm{d}z$,即

$$\mathrm{d}z=\frac{\partial z}{\partial x}\mathrm{d}x+\frac{\partial z}{\partial y}\mathrm{d}y$$

如果函数 $z=f(x, y)$ 的偏导数 $\frac{\partial z}{\partial x}$ 和 $\frac{\partial z}{\partial y}$ 在点 (x, y) 连续,则函数在该点可微分。

7. 复合函数微分法

(1) 复合函数的中间变量均为一元函数的情形　如果函数 $u=\varphi(t)$ 及 $v=\psi(t)$ 都在点 t 可导,函数 $z=f(u, v)$ 在对应点 (u, v) 具有连续偏导数,则复合函数 $z=f(\varphi(t), \psi(t))$ 在点 t 可导,且有

$$\frac{\mathrm{d}z}{\mathrm{d}t}=\frac{\partial z}{\partial u}\cdot\frac{\mathrm{d}u}{\mathrm{d}t}+\frac{\partial z}{\partial v}\cdot\frac{\mathrm{d}v}{\mathrm{d}t}$$

(2) 复合函数的中间变量均为多元函数的情形　如果函数 $u=\varphi(x, y)$, $v=\psi(x, y)$ 都在点 (x, y) 具有对 x 及 y 的偏导数,函数 $z=f(u, v)$ 在对应点 (u, v) 具有连续偏导数,则复合函数 $z=f[\varphi(x, y), \psi(x, y)]$ 在点 (x, y) 的两个偏导数存在,且有

$$\frac{\partial z}{\partial x}=\frac{\partial z}{\partial u}\cdot\frac{\partial u}{\partial x}+\frac{\partial z}{\partial v}\cdot\frac{\partial v}{\partial x},\ \frac{\partial z}{\partial y}=\frac{\partial z}{\partial u}\cdot\frac{\partial u}{\partial y}+\frac{\partial z}{\partial v}\cdot\frac{\partial v}{\partial y}$$

8. 全微分形式不变性

无论 z 是自变量 u 和 v 的函数或中间变量 u 和 v 的函数,它的全微分形式是一样的,这个性质称为**全微分形式不变性**。

9. 隐函数微分法

在点 (x_0, y_0) 的某邻域内,若函数 $F(x, y)$ 有连续的偏导数

F'_x、F'_y，且 $F(x_0, y_0)=0$，则在 $F'_y(x_0, y_0)\neq 0$ 时，方程 $F(x, y)=0$ 确定唯一的、有连续导数的函数 $y=f(x)$，满足 $y_0=f(x_0)$ 及 $F(x, f(x))=0$。

这个定理称为**隐函数存在定理。** 隐函数存在定理给出了隐函数求导的方法，即：由 $F(x, y)=0$，两边全微分得 $F'_x\mathrm{d}x+F'_y\mathrm{d}y=0$。由 $F'_y\neq 0$，得到隐函数的导数为 $\dfrac{\mathrm{d}y}{\mathrm{d}x}=-\dfrac{F'_x}{F'_y}$。

10. 二元函数的极值

设函数 $z=f(x, y)$ 在点 (x_0, y_0) 的某个邻域内有定义，如果对于该邻域内任何异于 (x_0, y_0) 的点 (x, y)，都有

$$f(x, y)<f(x_0, y_0)(\text{或 } f(x, y)>f(x_0, y_0))$$

则称函数在点 (x_0, y_0) 有极大值(或极小值) $f(x_0, y_0)$。

极大值、极小值统称为**极值**，而使函数取得极值的点称为**极值点**。

设函数 $z=f(x, y)$ 在点 (x_0, y_0) 具有偏导数，且在点 (x_0, y_0) 处有极值，则有 $f'_x(x_0, y_0)=0$，$f'_y(x_0, y_0)=0$。

设函数 $z=f(x, y)$ 在点 (x_0, y_0) 的某邻域内连续且有一阶及二阶连续偏导数，又 $f'_x(x_0, y_0)=0$，$f'_y(x_0, y_0)=0$，令

$$f''_{xx}(x_0, y_0)=A,\ f''_{xy}(x_0, y_0)=B,\ f''_{yy}(x_0, y_0)=C$$

则在点 (x_0, y_0) 处是否取得极值的条件如下：(1) $AC-B^2>0$ 时具有极值，且当 $A<0$ 时有极大值，当 $A>0$ 时有极小值。(2) $AC-B^2<0$ 时没有极值。(3) $AC-B^2=0$ 时可能有极值，也可能没有极值。

极值的求法：

第一步：解方程组 $f'_x(x, y)=0$，$f'_y(x, y)=0$，求得一切实数解，即可得一切驻点。

第二步：对于每一个驻点 (x_0, y_0)，求出二阶偏导数的值 A，

B 和 C。

第三步：判断 $AC-B^2$ 的符号，判定 $f(x_0, y_0)$ 是否是极值、是极大值还是极小值。

11. 多元函数的最大值、最小值

如果 $f(x, y)$ 在有界闭区域 D 上连续，则 $f(x, y)$ 在 D 上必定能取得最大值和最小值。这种使函数取得最大值或最小值的点既可能在 D 的内部，也可能在 D 的边界上。我们假定，函数在 D 上连续、在 D 内可微分且只有有限个驻点，这时如果函数在 D 的内部取得最大值（最小值），那么这个最大值（最小值）也是函数的极大值（极小值）。因此，求最大值和最小值的一般方法是：将函数 $f(x, y)$ 在 D 内的所有驻点处的函数值及在 D 的边界上的最大值和最小值相互比较，其中最大的就是最大值，最小的就是最小值。

12. 条件极值、拉格朗日乘数法

对自变量有附加条件的极值称为条件极值。一般地，考虑函数 $z=f(x, y)$ 在限制条件 $g(x, y)=0$ 下的极值问题，称为条件极值问题。考虑极值的函数 $z=f(x, y)$ 称为目标函数，考虑的限制条件 $g(x, y)=0$ 称为约束条件。没有约束条件的极值问题，称为无条件极值问题。若能从约束条件 $g(x, y)=0$ 解出 $y=y(x)$，则条件极值问题可以转化为函数 $z=f[x, y(x)]$ 的无条件极值问题。

拉格朗日乘数法，即要找函数 $z=f(x, y)$ 在条件 $\varphi(x, y)=0$ 下的可能极值点，可以先构成辅助函数

$$F(x, y)=f(x, y)+\lambda\varphi(x, y)$$

其中，λ 为某一常数；然后，解方程组

$$\begin{cases}F'_x(x, y)=f'_x(x, y)+\lambda\varphi'_x(x, y)=0\\ F'_y(x, y)=f'_y(x, y)+\lambda\varphi'_y(x, y)=0\text{。}\\ \varphi(x, y)=0\end{cases}$$

由这方程组解出 x, y 及 λ,则其中(x, y)就是所要求的可能的极值点。

13. 最小二乘法简介

变量 x 和 y 满足线性方程 $y = ax + b$,其中,需要确定 a 和 b。通过试验测得 x 和 y 的 n 组对应值:(x_1, y_1), (x_2, y_2), (x_n, y_n),建立计算值与实测值之差的平方和函数,得到

$$Q = \sum_{i=1}^{n}(ax_i + b - y_i)^2$$

则 Q 的意义是很明显的,它等于各点离开直线 $y = ax + b$ 的偏差平方和,反映了各点关于直线的偏离情况。视 Q 为 a 和 b 的函数,求 Q 的最小值,确定出线性方程的系数 a 和 b,这就是通常所说的最小离差平方和原则,又称最小二乘法原则。

根据微积分学知识,Q 有极小值的必要条件是

$$\begin{cases} \dfrac{\partial Q}{\partial a} = -2\sum\limits_{i=1}^{n}(y_i - a - bx_i) = 0 \\ \dfrac{\partial Q}{\partial b} = -2\sum\limits_{i=1}^{n}x_i(y_i - a - bx_i) = 0 \end{cases}$$

这样就得到关于 a 和 b 的线性方程组

$$\begin{cases} na + b\sum\limits_{i=1}^{n}x_i = \sum\limits_{i=1}^{n}y_i, \\ a\sum\limits_{i=1}^{n}x_i + b\sum\limits_{i=1}^{n}x_i^2 = \sum\limits_{i=1}^{n}x_iy_i \end{cases}$$

这个方程组通常称为线性回归的正规方程。解此方程组得

$$b = \frac{\sum\limits_{i=1}^{n}x_iy_i - \dfrac{1}{n}(\sum\limits_{\iota=1}^{\nu}\xi_\iota)(\sum\limits_{i=1}^{n}y_i)}{\sum\limits_{i=1}^{n}x_i^2 - \dfrac{1}{n}(\sum\limits_{i=1}^{n}x_i)^2}$$

$$a=\frac{(\sum_{i=1}^{n} y_i)(\sum_{i=1}^{n} x_i^2)-(\sum_{\iota=1}^{\nu} \xi_\iota)(\sum_{i=1}^{n} x_i y_i)}{n\sum_{i=1}^{n} x_i^2-(\sum_{i=1}^{n} x_i)^2}=\bar{y}-b\bar{x}$$

【习题解答】

7-1 确定下列函数的定义域。

(1) $z=\sqrt{1-x^2-y^2}$；

(2) $f(x, y)=\sqrt{1-x^2}+\sqrt{y^2-1}$；

(3) $z=\arcsin\dfrac{y}{x}$；

(4) $z=\dfrac{1}{x+y}+\dfrac{1}{x-y}$。

解 (1) $x^2+y^2\leqslant 1$

(2) $\begin{cases}-1\leqslant x\leqslant 1\\ y\geqslant 1 \text{ 或 } y\leqslant -1\end{cases}$

(3) $-1\leqslant\dfrac{y}{x}\leqslant 1$

(4) $\begin{cases}y\neq -x\\ y\neq x\end{cases}$

7-2 计算下列函数的偏导数。

(1) $z=x^2\sin y$； (2) $z=x^y$；

(3) $z=xy+\dfrac{x}{y}$； (4) $z=\arctan(x-y^2)$；

(5) $z=x^4-3x^2y^2+y^4$； (6) $z=x^2\ln(x+y)$；

(7) $z=\tan\dfrac{x^2}{y}$； (8) $z=y^{\ln x}$；

(9) 设 $f(x, y)=e^{\arctan\frac{y}{x}}\cdot\ln(x^2+y^2)$，求 $f'_x(1, 0)$；

(10) 设 $f(x, y) = x + (y-1)\arcsin\sqrt{\frac{x}{y}}$,求 $f'_x(x, 1)$。

解 (1) $\frac{\partial z}{\partial x} = 2x\sin y$, $\frac{\partial z}{\partial y} = x^2\cos y$。

(2) $\frac{\partial z}{\partial x} = yx^{y-1}$, $\frac{\partial z}{\partial y} = x^y\ln x$。

(3) $\frac{\partial z}{\partial x} = y + \frac{1}{y}$, $\frac{\partial z}{\partial x} = x - \frac{x}{y^2}$。

(4) $\frac{\partial z}{\partial x} = \frac{1}{1+(x-y^2)^2}$, $\frac{\partial z}{\partial y} = \frac{-2y}{1+(x-y^2)^2}$。

(5) $\frac{\partial z}{\partial x} = 4x^3 - 6xy^2$, $\frac{\partial z}{\partial y} = -6x^2y + 4y^3$。

(6) $\frac{\partial z}{\partial x} = 2x\ln(x+y) + x^2\frac{1}{x+y}$, $\frac{\partial z}{\partial y} = \frac{x^2}{x+y}$。

(7) $\frac{\partial z}{\partial x} = \sec\frac{x^2}{y}\cdot\frac{2x}{y}$, $\frac{\partial z}{\partial y} = \sec\frac{x^2}{y}\cdot\left(-\frac{x^2}{y^2}\right)$。

(8) $\frac{\partial z}{\partial x} = y^{\ln x}\cdot\ln y\cdot\frac{1}{x}$, $\frac{\partial z}{\partial y} = \ln xy^{\ln x-1}$。

(9) 令 $y=0$, $f(x, 0) = 2\ln x$,则 $f'_x(1, 0) = 2$。

(10) 令 $y=1$, $f(x, 1) = x$,则 $f'_x(x, 1) = 1$。

7-3 设 $z = x^y$,验证 $\frac{\partial^2 z}{\partial x\partial y} = \frac{\partial^2 z}{\partial y\partial x}$。

证 $\frac{\partial z}{\partial x} = yx^{y-1}$, $\frac{\partial z^2}{\partial x\partial y} = x^{y-1} + yx^{y-1}\ln x$。

$\frac{\partial z}{\partial y} = x^y\ln x$, $\frac{\partial z^2}{\partial y\partial x} = x^{y-1} + yx^{y-1}\ln x$。

$\frac{\partial^2 z}{\partial x\partial y} = \frac{\partial^2 z}{\partial y\partial x}$

7-4 求下列函数的二阶偏导数。

(1) $z = x\ln(xy)$; (2) $z = x^4 - 3x^2y^2 + y^4$;

(3) $z = \arctan\frac{y}{x}$; (4) $z = (1+xy)^y$。

解 (1) $\frac{\partial z}{\partial x}=\ln(xy)+x\frac{y}{xy}=\ln(xy)+1$，$\frac{\partial^2 z}{\partial x^2}=\frac{y}{xy}=\frac{1}{x}$

$\frac{\partial z}{\partial y}=x\frac{x}{xy}=\frac{x}{y}$，$\frac{\partial^2 z}{\partial y^2}=-\frac{x}{y^2}$

$\frac{\partial^2 z}{\partial x\partial y}=\frac{1}{xy}x=\frac{1}{y}$

(2) $\frac{\partial z}{\partial x}=4x^3-6xy^2$，$\frac{\partial^2 z}{\partial x^2}=12x^2-6y^2$

$\frac{\partial z}{\partial y}=-6x^2y+4y^3$，$\frac{\partial^2 z}{\partial y^2}=-6x^2+12y^2$

$\frac{\partial^2 z}{\partial x\partial y}=-12xy$

(3) $\frac{\partial z}{\partial x}=\frac{1}{1+\left(\frac{y}{x}\right)^2}\left(-\frac{y}{x^2}\right)=-\frac{y}{x^2+y^2}$，$\frac{\partial^2 z}{\partial x^2}=\frac{2xy}{(x^2+y^2)^2}$

$\frac{\partial z}{\partial y}=\frac{1}{1+\left(\frac{y}{x}\right)^2}\cdot\frac{1}{x}=\frac{x}{x^2+y^2}$，$\frac{\partial^2 z}{\partial y^2}=-\frac{2xy}{(x^2+y^2)^2}$

$\frac{\partial^2 z}{\partial x\partial y}=\frac{y^2-x^2}{(x^2+y^2)^2}$

(4) $\frac{\partial z}{\partial x}=y^2(1+xy)^{y-1}$，$\frac{\partial^2 z}{\partial x^2}=y^3(1+xy)^{y-2}$

$\frac{\partial z}{\partial y}=\left[\ln(1+xy)+\frac{xy}{1+xy}\right](1+xy)^y$

$$\frac{\partial^2 z}{\partial y^2}=\frac{\partial}{\partial y}\left[\ln(1+xy)+\frac{xy}{1+xy}\right]\cdot(1+xy)^y+$$

$$\left[\ln(1+xy)+\frac{xy}{1+xy}\right]\cdot\frac{\partial}{\partial y}[(1+xy)^y]$$

$$=\left[\frac{x}{1+xy}+\frac{x}{(1+xy)^2}\right]\cdot(1+xy)^y+$$

$$\left[\ln(1+xy)+\frac{xy}{1+xy}\right]\cdot\left[\ln(1+xy)+\frac{xy}{1+xy}\right](1+xy)^y$$

$$= \frac{2x + x^2 y}{(1+xy)^2} \cdot (1+xy)^y + \left[\ln(1+xy) + \frac{xy}{1+xy}\right]^2 \cdot (1+xy)^y$$

7-5 设 $f(x, y) = e^x \sin yf$，求 $f''_{xx}(0, \pi)$，$f''_{xy}(0, \pi)$，$f''_{yy}(0,\pi)$。

解 $f'_x = e^x \sin y$，$f'_y = e^x \cos y$，$f''_{xx} = e^x \sin y$，$f''_{yy} = -e^x \sin y$，$f''_{xy} = e^x \cos y$。

$f''_{xx}(0, \pi) = 0$，$f''_{xy}(0, \pi) = -1$，$f''_{yy}(0, \pi) = 0$

7-6 证明：

(1) 设 $z = \ln(\sqrt{x} + \sqrt{y})$，证明 $x\frac{\partial z}{\partial x} + y\frac{\partial z}{\partial y} = \frac{1}{2}$；

(2) 设 $z = \frac{y}{x}\arcsin\frac{x}{y}$，证明 $x\frac{\partial z}{\partial x} + y\frac{\partial z}{\partial y} = 0$。

解 (1) $\frac{\partial z}{\partial x} = \frac{1}{2\sqrt{x}(\sqrt{x}+\sqrt{y})}$ $\quad \frac{\partial z}{\partial y} = \frac{1}{2\sqrt{y}(\sqrt{x}+\sqrt{y})}$

$$x\frac{\partial z}{\partial x} + y\frac{\partial z}{\partial y} = \frac{x}{2\sqrt{x}(\sqrt{x}+\sqrt{y})} + \frac{y}{2\sqrt{y}(\sqrt{x}+\sqrt{y})} = \frac{1}{2}$$

(2) $\frac{\partial z}{\partial x} = -\frac{y}{x^2}\arcsin\frac{x}{y} + \frac{y}{x\sqrt{y^2-x^2}}$

$$\frac{\partial z}{\partial y} = \frac{1}{x}\arcsin\frac{x}{y} + \frac{1}{\sqrt{y^2-x^2}}$$

$$x\frac{\partial z}{\partial x} + y\frac{\partial z}{\partial y}$$

$$= -\frac{y}{x}\arcsin\frac{x}{y} + \frac{y}{\sqrt{y^2-x^2}} + \frac{y}{x}\arcsin\frac{x}{y} + \frac{y}{\sqrt{y^2-x^2}}$$

$$= 0$$

7-7 计算全增量或全微分。

(1) 求函数 $z = x^2 y^2$ 在点$(2, -1)$ 处，当 $\Delta x = 0.02$，$\Delta y = -0.01$ 时的全增量与全微分；

(2) 求当 $x = 2$，$y = 1$，$\Delta x = 0.01$，$\Delta y = 0.03$ 时，函数 $z =$

$\dfrac{xy}{x^2-y^2}$ 的全增量与全微分；

(3) 求 $z=x+y^2$ 在点(0，1)当 $\Delta x=0.1$，$\Delta y=-0.3$ 时的全微分；

(4) 求 $z=\ln(xy)$ 在点(2，1)的全微分。

解 (1) 全增量
$$\begin{aligned}\Delta z&=f(x_0+\Delta x,\ y_0+\Delta y)-f(x_0,\ y_0)\\&=(2+0.02)^2\times(-1-0.01)^2-2^2\times(-1)^2\\&=0.1624\end{aligned}$$

全微分
$$\begin{aligned}\mathrm{d}z&=\frac{\partial z}{\partial x}\mathrm{d}x+\frac{\partial z}{\partial y}\mathrm{d}y=2xy^2\mathrm{d}x+2x^2y\mathrm{d}y\\&=2\times2\times(-1)^2\times0.02+2\times2^2\times(-1)\times(-0.01)\\&=0.16\end{aligned}$$

(2) 全增量
$$\begin{aligned}\Delta z&=f(x_0+\Delta x,\ y_0+\Delta y)-f(x_0,\ y_0)\\&=\frac{(2+0.01)\times(1+0.03)}{(2+0.01)^2-(1+0.03)^2}-\frac{2}{4-1}=0.028\end{aligned}$$

全微分
$$\begin{aligned}\mathrm{d}z&=\frac{\partial z}{\partial x}\mathrm{d}x+\frac{\partial z}{\partial y}\mathrm{d}y\\&=\frac{y\cdot(x^2-y^2)-xy\cdot(2x)}{(x^2-y^2)^2}\mathrm{d}x+\\&\quad\frac{y\cdot(x^2-y^2)+xy\cdot(2y)}{(x^2-y^2)^2}\mathrm{d}y\\&=\frac{-x^2y-y^3}{(x^2-y^2)^2}\mathrm{d}x+\frac{yx^2-y^3+2xy^2}{(x^2-y^2)^2}\mathrm{d}y\\&=\frac{-2-1}{(4-1)^2}\times0.01+\frac{4-1+4}{(4-1)^2}\times0.03=0.02\end{aligned}$$

(3) 全微分
$$\begin{aligned}\mathrm{d}z&=\frac{\partial z}{\partial x}\mathrm{d}x+\frac{\partial z}{\partial y}\mathrm{d}y\\&=1\mathrm{d}x+2y\mathrm{d}y=0.1+2\times1\times(-0.3)\\&=-0.5\end{aligned}$$

(4) 全微分 $\mathrm{d}z=\dfrac{\partial z}{\partial x}\mathrm{d}x+\dfrac{\partial z}{\partial y}\mathrm{d}y$

$$= \frac{1}{x}\mathrm{d}x + \frac{1}{y}\mathrm{d}y = \frac{1}{2}\mathrm{d}x + \mathrm{d}y$$

7-8 计算全微分。

(1) $z = e^x \sin(x+y)$；　　(2) $z = \sqrt{x^2+y^2}$；

(3) $z = xy + \frac{x}{y}$；　　(4) $u = \ln\sqrt{1+x^2+y^2}$。

解 (1) $\frac{\partial z}{\partial x} = e^x \cdot \sin(x+y) + e^x \cdot \cos(x+y)$，

$$\frac{\partial z}{\partial y} = e^x \cdot \cos(x+y)$$

$$\mathrm{d}z = [e^x \cdot \sin(x+y) + e^x \cdot \cos(x+y)]\mathrm{d}x + [e^x \cdot \cos(x+y)]\mathrm{d}y$$

(2) $\frac{\partial z}{\partial x} = \frac{x}{\sqrt{x^2+y^2}}$，$\frac{\partial z}{\partial y} = \frac{y}{\sqrt{x^2+y^2}}$

$$\mathrm{d}z = \frac{x}{\sqrt{x^2+y^2}}\mathrm{d}x + \frac{y}{\sqrt{x^2+y^2}}\mathrm{d}y$$

(3) $\frac{\partial z}{\partial x} = y + \frac{1}{y}$，$\frac{\partial z}{\partial y} = x - \frac{x}{y^2}$

$$\mathrm{d}z = \left(y + \frac{1}{y}\right)\mathrm{d}x + \left(x - \frac{x}{y^2}\right)\mathrm{d}y$$

(4) $u = \frac{1}{2}\ln(1+x^2+y^2)$，$\frac{\partial u}{\partial x} = \frac{1}{2} \cdot \frac{2x}{1+x^2+y^2}$，$\frac{\partial u}{\partial y} = \frac{1}{2} \cdot \frac{2y}{1+x^2+y^2}$

$$\mathrm{d}u = \frac{x}{1+x^2+y^2}\mathrm{d}x + \frac{y}{1+x^2+y^2}\mathrm{d}y$$

7-9 求下列多元复合函数的偏导数。

(1) $z = \ln[e^{2(x+y^2)} + (x^2+y)]$，求$\frac{\partial z}{\partial x}$和$\frac{\partial z}{\partial y}$；

(2) 设 $u = (x-y)^z$，$z = x^2 + y^2 (x-y>0)$，求$\frac{\partial u}{\partial x}$和$\frac{\partial u}{\partial y}$；

(3) 设 $u=\varphi(x^2+y^2)$,求证 $x\dfrac{\partial u}{\partial y}-y\dfrac{\partial u}{\partial x}=0$;

(4) 设 $z=f(x^2-y^2,\ xy)$,求$\dfrac{\partial z}{\partial x}$和$\dfrac{\partial z}{\partial y}$;

(5) 设 $z=u^2v,\ u=\cos x,\ v=\sin x$,求$\dfrac{\mathrm{d}z}{\mathrm{d}x}$;

(6) $u=x+4\sqrt{xy}-3y,\ x=t^2,\ y=\dfrac{1}{t}$,求$\dfrac{\mathrm{d}u}{\mathrm{d}t}$;

(7) $z=u^2v-uv^2,\ u=x\cos y,\ v=x\sin y$,求$\dfrac{\partial z}{\partial x}$和$\dfrac{\partial z}{\partial y}$;

(8) $z=x^2\ln y,\ x=\dfrac{v}{u},\ y=3v-2u$,求$\dfrac{\partial z}{\partial u}$和$\dfrac{\partial z}{\partial v}$;

(9) $u=\arctan(xy),\ y=\mathrm{e}^x$,求$\dfrac{\mathrm{d}u}{\mathrm{d}x}$。

解 (1) $\dfrac{\partial z}{\partial x}=\dfrac{1}{\mathrm{e}^{2(x+y^2)}+(x^2+y)}\cdot[\mathrm{e}^{2(x+y^2)}\cdot 2+2x]$

$\dfrac{\partial z}{\partial y}=\dfrac{1}{\mathrm{e}^{2(x+y^2)}+(x^2+y)}\cdot[\mathrm{e}^{2(x+y^2)}\cdot 4y+1]$

(2) $\dfrac{\partial u}{\partial x}=\dfrac{\partial f}{\partial x}\cdot 1+\dfrac{\partial f}{\partial y}\cdot 0+\dfrac{\partial f}{\partial z}\cdot\dfrac{\partial z}{\partial x}=z(x-y)^{z-1}+(x-y)^z\ln(x-y)\cdot 2x$

$\dfrac{\partial u}{\partial y}=\dfrac{\partial f}{\partial x}\cdot 0+\dfrac{\partial f}{\partial y}\cdot 1+\dfrac{\partial f}{\partial z}\cdot\dfrac{\partial z}{\partial y}=z(x-y)^{z-1}\cdot(-1)+(x-y)^z\ln(x-y)\cdot 2y$

(3) 令 $t=x^2+y^2$, $\dfrac{\partial u}{\partial x}=\dfrac{\partial\varphi}{\partial t}\cdot 2x$, $\dfrac{\partial u}{\partial y}=\dfrac{\partial\varphi}{\partial t}\cdot 2y$

$$x\frac{\partial u}{\partial y}-y\frac{\partial u}{\partial x}=x\cdot\frac{\partial\varphi}{\partial t}\cdot 2y-y\cdot\frac{\partial\varphi}{\partial t}\cdot 2x=0$$

(4) 令 $u=x^2-y^2$, $v=xy$

则$\dfrac{\partial z}{\partial x}=\dfrac{\partial f}{\partial u}\cdot\dfrac{\partial u}{\partial x}+\dfrac{\partial f}{\partial v}\cdot\dfrac{\partial v}{\partial x}=\dfrac{\partial f}{\partial u}\cdot 2x+\dfrac{\partial f}{\partial v}\cdot y$

$$\frac{\partial z}{\partial y}=\frac{\partial f}{\partial u}\cdot\frac{\partial u}{\partial y}+\frac{\partial f}{\partial v}\cdot\frac{\partial v}{\partial y}=\frac{\partial f}{\partial u}\cdot(-2y)+\frac{\partial f}{\partial v}\cdot x$$

(5) $\frac{\mathrm{d}z}{\mathrm{d}x}=\frac{\partial z}{\partial u}\cdot\frac{\mathrm{d}u}{\mathrm{d}x}+\frac{\partial z}{\partial v}\cdot\frac{\mathrm{d}v}{\mathrm{d}x}=2uv\cdot(-\sin x)+u^2\cdot\cos x$

(6) $\frac{\mathrm{d}u}{\mathrm{d}t}=\frac{\partial u}{\partial x}\cdot\frac{\mathrm{d}x}{\mathrm{d}t}+\frac{\partial u}{\partial y}\cdot\frac{\mathrm{d}y}{\mathrm{d}t}$

$$=\left(1+\frac{2y}{\sqrt{xy}}\right)\cdot 2t+\left(\frac{2x}{\sqrt{xy}}-3\right)\cdot\left(-\frac{1}{t^2}\right)$$

$$=\left(1+\frac{2\,\frac{1}{t}}{\sqrt{t}}\right)\cdot 2t+\left(\frac{2t^2}{\sqrt{t}}-3\right)\cdot\left(-\frac{1}{t^2}\right)$$

$$=2t+\frac{2}{\sqrt{t}}+\frac{3}{t^2}$$

(7) $\frac{\partial z}{\partial x}=\frac{\partial z}{\partial u}\cdot\frac{\partial u}{\partial x}+\frac{\partial z}{\partial v}\cdot\frac{\partial v}{\partial x}=(2uv-v^2)\cdot\cos y+(u^2-2uv)\cdot\sin y$

$\frac{\partial z}{\partial y}=\frac{\partial z}{\partial u}\cdot\frac{\partial u}{\partial y}+\frac{\partial z}{\partial v}\cdot\frac{\partial v}{\partial y}=(2uv-v^2)\cdot(-x\sin y)+(u^2-2uv)\cdot x\cos y$

(8) $\frac{\partial z}{\partial u}=\frac{\partial z}{\partial x}\cdot\frac{\partial x}{\partial u}+\frac{\partial z}{\partial y}\cdot\frac{\partial y}{\partial u}=2x\ln y\cdot\left(-\frac{v}{u^2}\right)+\frac{x^2}{y}\cdot(-2)$

$\frac{\partial z}{\partial v}=\frac{\partial z}{\partial x}\cdot\frac{\partial x}{\partial v}+\frac{\partial z}{\partial y}\cdot\frac{\partial y}{\partial v}=2x\ln y\cdot\frac{1}{u}+\frac{x^2}{y}\cdot 3$

(9) $\frac{\mathrm{d}u}{\mathrm{d}x}=\frac{1}{1+(xy)^2}y+\frac{1}{1+(xy)^2}x\mathrm{e}^x$

7－10 对下列函数求 y'_x。

(1) $xy=\ln y$；　　(2) $\sin y+\mathrm{e}^x-xy^2=0$；

(3) $xy+\ln x+\ln y=0$；　　(4) $x^4+3y^6=1$。

解 (1) 令 $F(x, y)=xy-\ln y$

则$\frac{\partial F}{\partial x}=y$，$\frac{\partial F}{\partial y}=x-\frac{1}{y}$

$$\frac{dy}{dx}=-\frac{F'_x}{F'_y}=-\frac{y}{x-\frac{1}{y}}=-\frac{y^2}{xy-1}$$

(2) 令 $F(x, y)=\sin y+e^x-xy^2$，

则 $\frac{\partial F}{\partial x}=e^x-y^2$，$\frac{\partial F}{\partial y}=\cos y-2xy$

$$\frac{dy}{dx}=-\frac{F'_x}{F'_y}=-\frac{e^x-y^2}{\cos y-2xy}$$

(3) 令 $F(x, y)=xy+\ln x+\ln y$

则$\frac{\partial F}{\partial x}=y+\frac{1}{x}$，$\frac{\partial F}{\partial y}=x+\frac{1}{y}$

$$\frac{dy}{dx}=-\frac{F'_x}{F'_y}=-\frac{y+\frac{1}{x}}{x+\frac{1}{y}}$$

(4) 令 $F(x, y)=x^4+3y^6-1$

则$\frac{\partial F}{\partial x}=4x^3$，$\frac{\partial F}{\partial y}=18y^5$

$$\frac{dy}{dx}=-\frac{F'_x}{F'_y}=-\frac{4x^3}{18y^5}=-\frac{2x^3}{9y^5}$$

7-11 对下列函数求 z'_x和 z'_y。

(1) $e^z=xyz$； (2) $x^3+y^3+z^3-3xyz=0$；

(3) $xy=z\ln z$； (4) $z^2y-xz^3=1$。

解 (1) 令 $F(x, y, z)=e^z-xyz$

则 $F'_x=-yz$，$F'_y=-xz$，$F'_z=e^z-xy$

$$dz=-\frac{F'_x}{F'_z}dx-\frac{F'_y}{F'_z}dy=-\frac{-yz}{e^z-xy}dx-\frac{-xz}{e^z-xy}dy$$

$$z'_x=\frac{yz}{e^z-xy}，z'_y=\frac{xz}{e^z-xy}$$

(2) 令 $F(x, y, z)=x^3+y^3+z^3-3xyz$

则 $F'_x=3x^2-3yz$，$F'_y=3y^2-3xz$，$F'_z=3z^2-3xy$

$$dz = -\frac{F'_x}{F'_z}dx - \frac{F'_y}{F'_z}dy = -\frac{3x^2-3yz}{3z^2-3xy}dx - \frac{3y^2-3xz}{3z^2-3xy}dy = \frac{yz-x^2}{z^2-xy}dx + \frac{xz-y^2}{z^2-xy}dy$$

$$z'_x = \frac{yz-x^2}{z^2-xy},\ z'_y = \frac{xz-y^2}{z^2-xy}$$

(3) 令 $F(x, y, z) = xy - z\ln z$

则 $F'_x = y$，$F'_y = x$，$F'_z = -\ln z - 1$

$$dz = -\frac{F'_x}{F'_z}dx - \frac{F'_y}{F'_z}dy = -\frac{y}{-\ln z-1}dx - \frac{x}{-\ln z-1}dy = \frac{y}{\ln z+1}dx + \frac{x}{\ln z+1}dy$$

$$z'_x = \frac{y}{\ln z+1},\ z'_y = \frac{x}{\ln z+1}$$

(4) 令 $F(x, y, z) = z^2y - xz^3 - 1$

则 $F'_x = -z^3$，$F'_y = z^2$，$F'_z = 2zy - 3xz^2$

$$dz = -\frac{F'_x}{F'_z}dx - \frac{F'_y}{F'_z}dy = -\frac{-z^3}{2zy-3xz^2}dx - \frac{z^2}{2zy-3xz^2}dy$$

$$z'_x = \frac{z^2}{2y-3xz},\ z'_y = -\frac{z}{2y-3xz}$$

7-12 容积为 V 的开顶长方水池，求表面积的最小值。

解 设长方形水池的长为 x，宽为 y，则高为 $h = \frac{V}{xy}$，其表面积为

$$z = xy + 2(xh + yh) = xy + 2\left(\frac{V}{x} + \frac{V}{y}\right)$$

由 $\begin{cases} z'_x = y - \dfrac{2V}{x^2} = 0 \\ z'_y = x - \dfrac{2V}{y^2} = 0 \end{cases}$，解得 $x = y = \sqrt[3]{2V}$

所以，当 $x=y=\sqrt[3]{2V}$，$h=\dfrac{V}{\sqrt[3]{4V^2}}=\dfrac{\sqrt[3]{2V}}{2}$ 时，表面积最小。

7-13 容积为 V 的开顶圆柱水池，单位面积造价底部为侧部的 3 倍，求总造价最小值。

解 设圆柱的半径为 r，则高为 $h=\dfrac{V}{\pi r^2}$，假设单位面积造价为 1，则总造价

$$z=2\pi rh+\pi r^2\cdot 3=2\pi r\frac{V}{\pi r^2}+3\pi r^2=\frac{2V}{r}+3\pi r^2$$

令 $\dfrac{\mathrm{d}z}{\mathrm{d}r}=-\dfrac{2V}{r^2}+6\pi r=0$，解得 $r=\sqrt[3]{\dfrac{V}{3\pi}}$

所以，当 $r=\sqrt[3]{\dfrac{V}{3\pi}}$，$h=\sqrt[3]{\dfrac{9V}{\pi}}$，其总造价最小。

7-14 求抛物线 $y=x^2$ 上的点与直线 $x-y=2$ 上的点之间的最短距离。

解 点(x_0, y_0)到直线 $x-y-2=0$ 的距离公式为 $d=\dfrac{|x_0-y_0-2|}{\sqrt{2}}$，又已知 $y_0=x_0^2$ $d=\dfrac{|x_0-x_0^2-2|}{\sqrt{2}}=\dfrac{\left(x_0-\frac{1}{2}\right)^2+\frac{7}{4}}{\sqrt{2}}$，则最短距离为$\dfrac{7\sqrt{2}}{8}$。

7-15 求 $z=4-x^3-y^2$ 在圆 $x^2+y^2\leqslant 1$ 上的最大值。

解 $f_x(x, y)=-3x^2$，$f_y(x, y)=-2y$，令同时为零，得驻点$(0, 0)$，它恰好在闭区域 D 的内部，而函数在 D 内只有一个驻点，那么可以肯定该驻点处的函数值就是函数 $f(x, y)$ 在 D 上的最大值，所以 $z=4-x^3-y^2$ 在圆 $x^2+y^2\leqslant 1$ 上的最大值为 4。

7-16 生产某产品的数量 Q 与所用 A 和 B 两种原料的数量 x 和 y 有函数关系 $Q(x, y)=5x^2y$，原料 A 和 B 的单价分别为

100 元和 200 元，用 15 000 元购买原料，求产品产量的最大值。

解 从约束条件 $100x+200y=15\,000$ 解出 y，得到 $y=75-\frac{1}{2}x$，将条件极值问题转化为无条件极值问题，即 $Q(x,\ y(x))=5x^2\left(75-\frac{1}{2}x\right)=375x^2-\frac{5}{2}x^3$，令导数为零，解得开区域 $x>0$ 内唯一驻点 $x=50$，故 $x=50,\ y=50$ 时，取得产品产量的最大值，即 $Q(50,\ 50)=5\cdot 50^2\cdot 50=625\,000$

7-17 甲、乙两种产品在销量为 x 和 y 时的销售价格分别为 $P_1=16-x,\ P_2=22-y$，两种产品的联合成本为 $C(x,\ y)=2x^2+2xy+y^2+13$，求取得最大利润时的两种产品的价格和销量。

解 最大利润为 $Q(x,\ y)=x(16-x)+y(22-y)-2x^2-2xy-y^2-13=16x-3x^2+22y-2y^2-2xy-13$，求其偏导数，并解方程组 $\begin{cases} f'_x(x,\ y)=16-6x-2y=0 \\ f'_y(x,\ y)=22-4y-2x=0 \end{cases}$，求得 $x=1,\ y=5$ 于是得驻点为(1, 5)，再求出二阶偏导数 $f''_{xx}(x,\ y)=-6,\ f''_{xy}(x,\ y)=-2,\ f''_{yy}(x,\ y)=-4$，在点(1, 5)处，$AC-B^2=24(-2)^2>0$，又 $A<0$，所以函数在(1, 5)处有极大值 $f(1,\ 5)=50$，取得最大利润 50 时的两种产品的价格分别为 15 和 17，销量分别为 1 和 5。

【课外练习】

一、单选题

1. 点 $M(2,\ -3,\ 1)$关于原点的对称点是(　　)。

A. $(-2,\ 3,\ -1)$　　B. $(-2,\ -3,\ -1)$

C. $(2,\ -3,\ -1)$　　D. $(-2,3,1)$

2. 球面方程 $x^2+y^2+z^2-2x-2z=0$ 的球心 M_0 及半径 R 分别为(　　)。

A. $M_0(1, 0, 1)$, $R=\sqrt{2}$

B. $M_0(-1, 0, -1)$, $R=\sqrt{2}$

C. $M_0(-1, 0, -1)$, $R=2$

D. $M_0(1, 0, 1)$, $R=2$

3. 在空间直角坐标系中, $2x^2+2y^2=z$ 的图形是(　　)。

A. 球面　　B. 圆柱面　　C. 圆周　　D. 旋转抛物面

4. 在空间直角坐标系中,点 $M_1(1, 0, 2)$ 和点 $M_2(0, 3, -2)$ 之间的距离 $d=$(　　)。

A. $\sqrt{10}$　　B. $\sqrt{24}$　　C. $\sqrt{26}$　　D. $\sqrt{8}$

5. 平面方程 $Ax+By+Cz+D=0$ 中,若 $A=0$,则此平面(　　)。

A. 平行于 yoz 平面　　B. 过原点

C. 平行于 x 轴　　D. 过 x 轴

6. 函数 $z=f(x, y)$ 在点 $P_0(x_0, y_0)$ 处间断,则(　　)。

A. 函数在点 P_0 处一定无定义

B. 函数在点 P_0 处一定极限不存在

C. 函数在点 P_0 处可能有定义,也可能有极限

D. 函数在点 P_0 处一定有定义,且有极限,但两者不等

7. 设 $z=f(x, y)$,则 $\left.\dfrac{\partial z}{\partial x}\right|_{(x_0, y_0)}=$(　　)。

A. $\lim\limits_{\Delta x\to 0}\dfrac{f(x_0+\Delta x, y_0+\Delta y)-f(x_0, y_0)}{\Delta x}$

B. $\lim\limits_{\Delta x\to 0}\dfrac{f(x_0+\Delta x, y)-f(x_0, y_0)}{\Delta x}$

C. $\lim\limits_{\Delta x\to 0}\dfrac{f(x_0+\Delta x, y_0)-f(x_0, y_0)}{\Delta x}$

D. $\lim\limits_{\Delta x\to 0}\dfrac{f(x_0+\Delta x, y_0)}{\Delta x}$

8. 二元函数 $z=f(x, y)$ 在点(x_0, y_0)满足关系(　　)。

A. 可微$\Leftrightarrow$可导$\Rightarrow$连续

B. 可微$\Rightarrow$可导$\Rightarrow$连续

C. 可微$\Rightarrow$可导,可微$\Rightarrow$连续

D. 可导$\Rightarrow$连续,反之不行

9. $f'_x(x_0, y_0)=f'_y(x_0, y_0)=0$,是 $f(x, y)$ 在点(x_0, y_0)处有极值的(　　)。

A. 充要条件

B. 必要条件

C. 充分条件

D. 既不是充分条件,也不是必要条件

10. 设函数 $f(x, y)$ 的驻点为(x_0, y_0), $A=f''_{xx}(x_0, y_0)$, $B=f''_{xy}(x_0, y_0)$, $C=f''_{yy}(x_0, y_0)$, $\Delta=B^2-AC$,则(x_0, y_0)为极大值点的充分条件是(　　)。

A. $\Delta>0, A>0$　　B. $\Delta>0, A<0$

C. $\Delta<0, A>0$　　D. $\Delta<0, A<0$

二、填空题

1. 设有曲面方程 $\dfrac{x^2}{p}+\dfrac{y^2}{q}=2z$,当 $pq>0$ 时,则方程表示的曲面为(　　);当 $pq<0$ 时,方程表示的曲面为________。

2. 函数 $z=\dfrac{\sqrt{4x-y^2}}{\ln(1-x^2-y^2)}$ 的定义域是________。

3. 设 $f(x, y)=\dfrac{2xy}{x^2+y^2}$,则 $f\left(1, \dfrac{y}{x}\right)=$ ________。

4. 设 $z=x^2y-xy^2$,而 $x=u\cos v$, $y=u\sin v$,则$\dfrac{\partial z}{\partial u}=$ ________,$\dfrac{\partial z}{\partial v}=$ ________。

5. 设 $z=(2x+y)^{x+2y}$,则 $\mathrm{d}z=$ ________。

6. 设 $z=\arctan(xy)$，则 $dz=$ ________。

7. 若函数 $z=xy$，当 $x=10$，$y=8$，$\Delta x=0.2$，$\Delta y=-0.1$ 时，函数的全增量 $\Delta z=$ ________；全微分 $dz=$ ________。

三、判断题

1. 函数 $z=\arccos(x^2+y^2)$ 的定义域为 $x^2+y^2\leqslant 1$ 的那些点。 (　　)

2. 设 $u=e^{x^2+y^2+z^2}$，而 $z=x^2\sin y$，则 $\dfrac{\partial u}{\partial x}=2ze^{x^2+y^2+z^2}+2x$。 (　　)

3. 若点 (x_0, y_0) 是 $z=f(x, y)$ 的极值点，则一定有 $f'_x(x_0, y_0)=0$，$f'_y(x_0, y_0)=0$。 (　　)

4. 函数 $f(x, y)=\dfrac{1}{2x^2+2y^2}$ 的定义域是整个平面。 (　　)

5. 函数 $z=f(x, y)$ 在 $P(x, y)$ 点偏导存在，则在该点一定连续。 (　　)

6. 对 $z=f(x, y)$，若 Z''_{xy} 与 Z''_{yx} 都存在，则它们一定相等。 (　　)

7. 函数 $z=f(x, y)$ 的偏导数 $z_x{}'$ 和 $z_y{}'$ 在点 $P(x, y)$ 连续，则函数在该点的全微分存在。 (　　)

四、计算及证明题

1. 已知函数 $f(x, y)=(x+1)^2y$，求 $f(1, 2)$。

2. 求下列各函数的定义域。

(1) $z=\sqrt{xy}$；　　(2) $z=\dfrac{x}{\sqrt{y-1}}$；

(3) $z=\sqrt{x-\sqrt{y}}$；　　(4) $z=\dfrac{\sqrt{y^2-2x}}{\ln(1-x^2-y^2)}$；

(5) $z=\ln(y-x)+\dfrac{\sqrt{x}}{\ln(1-x^2-y^2)}$；

(6) $u=\frac{1}{\sqrt{x}}+\frac{1}{\sqrt{y}}+\frac{1}{\sqrt{z}}$;

(7) $u=\sqrt{R^2-x^2-y^2-z^2}+\frac{1}{\sqrt{x^2+y^2+z^2-r^2}}$。

3. 证明下列极限不存在。

(1) $\lim\limits_{(x,y)\to(0,0)}\frac{x+y}{x-y}$;　　(2) $\lim\limits_{(x,y)\to(0,0)}\frac{x^4y^4}{(x^2+y^4)^3}$。

4. 求下列函数的间断点。

(1) $z=\frac{1}{\sqrt{x^2+y^2}}$;　　(2) $z=\frac{1}{x-y}$。

5. 求下列函数的偏导数。

(1) $z=x^3y-y^3x$;　　(2) $z=y^{\ln x}$;

(3) $z=\sin(xy)+\cos^2(xy)$;　　(4) $z=\ln\tan\frac{x}{y}$;

(5) $z=e^{\varphi-\theta}$;　　(6) $u=x^{\frac{y}{z}}$。

6. 求 $z=x+y^2$ 在点(0, 1)当 $\Delta x=0.1$ 和 $\Delta y=-0.3$ 时的全微分。

7. 求 $z=\ln(xy)$ 在点(2, 1)的全微分。

8. 求下列函数的全微分：

(1) $u=\ln\sqrt{1+x^2+y^2}$;　　(2) $u=e^{x+y}\cos x\cos y$;

(3) $u=\sqrt{a^2-x^2-y^2-z^2}$;　(4) $u=xy\sin(1/\sqrt{x^2+y^2})$;

(5) $u=x^yy^zz^x$;　　(6) $u=2^{xyz}$。

9. 求下列函数的二阶偏导数。

(1) $z=x\ln(xy)$;　　(2) $z=y^x$。

10. $f(x,y)=e^x\sin y$，求 $f''_{xx}(0,\pi)$，$f''_{xy}(0,\pi)$，$f''_{yy}(0,\pi)$。

11. 若 $u=z\arctan\frac{x}{y}$，证明$\frac{\partial^2u}{\partial x^2}+\frac{\partial^2u}{\partial y^2}+\frac{\partial^2u}{\partial z^2}=0$。

12. 设 $u=\arctan\frac{xy}{z}$，$y=e^{ax}$，$z=(ax+1)^2$。求$\frac{du}{dx}$。

13. 设 $z=\ln(x^2+y)$，$y=\ln x$。求$\frac{\mathrm{d}z}{\mathrm{d}x}$。

14. 设 $z=\frac{1}{x+y}$，$x=3t+s$，$y=4t^2+\sin s$。求$\frac{\partial z}{\partial t}$，$\frac{\partial z}{\partial s}$。

15. f 和 g 有一阶连续偏导数，求下列函数的一阶偏导数。

(1) $z=\mathrm{e}^{xy}f\left(x^2-y^2, \frac{y}{x}\right)$；

(2) $z=\frac{y}{x}f(xy)+\frac{x}{y}g(x-y)$。

16. 设 $u=\ln(x+y+z)$，$z=\mathrm{e}^{xy}$。求一阶偏导数。

17. 设 $w=F(xy, yz)$，F 有连续偏导数，证明 $x\frac{\partial w}{\partial x}+z\frac{\partial w}{\partial z}=y\frac{\partial w}{\partial y}$。

18. 作一个三角形，使其三内角的正弦之积为最大。

19. 求半径为 R 的圆内接最大面积的三角形。

第八章
多元函数积分学

【内容提要】

1. 二重积分的定义

(1) 二重积分的定义　设函数 $f(x, y)$ 在有界闭区域 D 上有定义且连续，将区域 D 任意分成 n 个小区域 $\Delta\sigma_i(i=1, 2 \cdots n)$，并以 $\Delta\sigma_i$ 表示第 i 个小区域的面积。在 $\Delta\sigma_i$ 上任取一点 (ξ_i, η_i)，做乘积 $f(\xi_i, \eta_i)\cdot\Delta\sigma_i$ 并求其和式 $\sum\limits_{i=1}^{n} f(\xi_i, \eta_i)\cdot\Delta\sigma_i$。如果最大小区域的面积趋于零时该和式的极限存在，则称此极限为函数 $f(x, y)$ 在区域 D 上的**二重积分**，记作 $\iint\limits_D f(x, y)\mathrm{d}\sigma$，即

$$\iint\limits_D f(x, y)\mathrm{d}\sigma = \lim_{\lambda\to 0}\sum_{i=1}^{n} f(\xi_i, \eta_i)\cdot\Delta\sigma_i$$

这是从曲顶柱体的体积与平面薄片的质量两个实际问题抽象出来的。

(2) 直角坐标系下二重积分的表达式　由于面积元素 $\Delta\sigma_i$ 在区域 D 上的划分可以任意，用平行于 x 轴和 y 轴的直线来划分区域 D，此时 $\mathrm{d}\sigma=\mathrm{d}x\cdot\mathrm{d}y$，则

$$\iint\limits_D f(x, y)\mathrm{d}\sigma = \iint\limits_D f(x, y)\mathrm{d}x\mathrm{d}y$$

2. 二重积分的计算

(1) 直角坐标系下二重积分的计算　通过讨论计算曲顶柱体的体积,推导出将二重积分化为二次定积分的公式

$$\iint_D f(x, y)\mathrm{d}x\mathrm{d}y = \int_a^b \mathrm{d}x \int_{\varphi_1(x)}^{\varphi_2(x)} f(x, y)\mathrm{d}y$$

$$\iint_D f(x, y)\mathrm{d}x\mathrm{d}y = \int_c^d \mathrm{d}y \int_{\psi_1(y)}^{\psi_2(y)} f(x, y)\mathrm{d}x$$

利用公式计算时,关键是根据题意画出积分区域 D,然后确定积分顺序,以最简便为原则。

(2) 极坐标系下二重积分的计算　利用微元法,即用"近似、求和"方法,推得在极坐标系下二重积分的公式

$$\iint_D f(x, y)\mathrm{d}x\mathrm{d}y = \iint_D f(r\cos\theta, r\sin\theta) r\mathrm{d}r\mathrm{d}\theta$$

凡是积分区域是圆域、扇形域、环形域等区域,被积函数如 $f(x^2+y^2)$ 的二重积分,采用极坐标计算可使问题大为简化。

3. 曲线积分

(1) 对弧长的曲线积分　采用"分割、近似、求和、取极限"的方法,通过讨论曲线弧段上的质量分布,得到对弧长的曲线积分的定义式,即

$$\int_L f(x, y)\mathrm{d}s = \lim_{\lambda \to 0} \sum_{i=1}^{n} f(\xi_i, \eta_i)\Delta s_i$$

对弧长的曲线积分中,虽然被积函数是 $f(x, y)$,但由于点 (x, y) 被限定在曲线弧 L 上,故 x 和 y 只有一个独立变量。利用 L 的方程可消去一个变量,将曲线积分化为定积分来计算。具体有四种情形:

$$\int_L f(x, y)\mathrm{d}s = \int_\alpha^\beta f[\varphi(t), \phi(t)] \sqrt{[\varphi'(x)]^2 + [\phi'(x)]^2}\,\mathrm{d}t$$

其中 $L: x=\phi(t),\ y=\varphi(t)\quad(\alpha\leqslant t\leqslant\beta)$

$$\int_L f(x, y)\mathrm{d}s=\int_a^b f[x, g(x)]\sqrt{1+[g'(x)]^2}\,\mathrm{d}x$$

其中 $L: y=g(x)\quad(a\leqslant x\leqslant b)$

$$\int_L f(x, y)\mathrm{d}s=\int_c^d f[h(y), y]\sqrt{[h'(y)]^2+1}\,\mathrm{d}y$$

其中 $L: x=h(y)\quad(c\leqslant y\leqslant d)$

$$\int_L f(x, y, z)\mathrm{d}s$$
$$=\int_\alpha^\beta f[\varphi(t), \phi(t), \omega(t)]\sqrt{[\varphi'(x)]^2+[\phi'(x)]^2+[\omega'(x)]^2}\,\mathrm{d}t$$

其中 $L: x=\phi(t),\ y=\varphi(t),\ z=\omega(t)\quad(\alpha\leqslant t\leqslant\beta)$

(2) 对坐标的曲线积分　通过对变力沿曲线做功问题的讨论,采用对弧长曲线积分类似的方法,得到对坐标的曲线积分的定义式,即

$$\int_L P(x, y)\mathrm{d}x+Q(x, y)\mathrm{d}y$$
$$=\lim_{\lambda\to 0}\sum_{i=1}^{n}[P(\xi_i, \eta_i)\Delta x_i+Q(\xi_i, \eta_i)\Delta y_i]$$

对坐标的曲线积分中,$P(x, y)$, $Q(x, y)$中点(x, y)同样限定在曲线 L 上,故 x, y 也只有一个是独立变量,也可将曲线积分化为定积分。具体有四种情形:

$\int_L P(x, y)\mathrm{d}x+Q(x, y)\mathrm{d}y=\int_\alpha^\beta\{P[\phi(t), \varphi(t)]\phi'(t)+Q[\phi(t), \varphi(t)]\varphi'(t)\}\mathrm{d}t$,其中 $x=\phi(t)$、$y=\varphi(t)(\alpha\leqslant t\leqslant\beta)$。

$\int_L P(x, y)\mathrm{d}x+Q(x, y)\mathrm{d}y=\int_a^b\{P[x, g(x)]+Q[x, g(x)]g'(x)\}\mathrm{d}x$,其中 $y=g(x)(a\leqslant x\leqslant b)$。

$$\int_L P(x, y)\mathrm{d}x + Q(x, y)\mathrm{d}y = \int_c^d \{P[h(y), y]h'(x) + Q[h(y), y]\}\mathrm{d}y$$,其中 $x = h(y)$, $y = y(c \leqslant y \leqslant d)$。

$$\int_L P(x, y, z)\mathrm{d}x + Q(x, y, z)\mathrm{d}y + R(x, y, z)\mathrm{d}z$$

$$= \int_\alpha^\beta \{P[\phi(t), \varphi(t), \omega(t)]\phi'(t) + Q[\phi(t), \varphi(t), \omega(t)]\varphi'(t) + R[\phi(t), \varphi(t), \omega(t)]\omega'(t)\}\mathrm{d}t$$

其中 $x = \phi(t)$, $y = \varphi(t)$, $z = \omega(t)(\alpha \leqslant t \leqslant \beta)$

4. 格林公式

在以 L 为边界的简单闭区域上具有连续的一阶偏导数,由二重积分并根据曲线的性质和计算方法,可推得二重积分和对坐标的曲线积分的关系,即格林公式为

$$\oint_L P(x, y)\mathrm{d}x + Q(x, y)\mathrm{d}y = \iint_D \left(\frac{\partial Q}{\partial x} - \frac{\partial P}{\partial y}\right)\mathrm{d}x\mathrm{d}y$$

若取格林公式的特殊情况,可得到计算平面圆形的面积公式为

$$\sigma = \frac{1}{2}\oint_L x\mathrm{d}y - y\mathrm{d}x$$

在实际应用中,利用格林公式可将闭合路径 L 上的曲线积分转化为在 L 所围成的区域 D 上的二重积分;反之,也可将在 D 上的二重积分转化为在 D 的边界 L 上的曲线积分。另外还可计算区域 D 的面积。

由格林公式可以推得曲线积分在区域 D 内与路径无关,即沿 D 内任意闭合曲线的曲线积分为零的充要条件是

$$\frac{\partial P}{\partial y} = \frac{\partial Q}{\partial x}$$

【习题解答】

8-1 将二重积分$\iint\limits_D f(x, y)\mathrm{d}\sigma$化为二次积分,积分区域分别为

(1) D为$x+y=1$, $x-y=1$, $x=0$围成的区域;

(2) D为$x=a$, $x=2a$, $y=-b$, $y=\frac{b}{2}(a>0, b>0)$围成的区域;

(3) D为$(x-2)^2+(y-3)^2\leqslant 4$围成的区域;

(4) D为$x^2+y^2\leqslant 1$, $y\geqslant x$, $x\geqslant 0$围成的区域;

(5) D为$y=x^2$, $y=4-x^2$围成的区域。

解 (1) 区域D为x-型区域,即有

$$\iint\limits_D f(x, y)\mathrm{d}\sigma=\int_0^1\mathrm{d}x\int_{x-1}^{1-x}f(x, y)\mathrm{d}y$$

(2) 区域D为既是x-型又是y-型区域,即有

$$\iint\limits_D f(x, y)\mathrm{d}\sigma=\int_a^{2a}\mathrm{d}x\int_{-b}^{\frac{b}{2}}f(x, y)\mathrm{d}y=\int_{-b}^{\frac{b}{2}}\mathrm{d}y\int_a^{2a}f(x, y)\mathrm{d}x$$

(3) 区域D为既是x-型又是y-型区域,即有

$$\iint\limits_D f(x, y)\mathrm{d}\sigma=\int_0^4\mathrm{d}x\int_{3-\sqrt{4-(x-2)^2}}^{3+\sqrt{4-(x-2)^2}}f(x, y)\mathrm{d}y$$

$$=\int_1^5\mathrm{d}y\int_{2-\sqrt{4-(y-3)^2}}^{2+\sqrt{4-(y-3)^2}}f(x, y)\mathrm{d}x$$

(4) 区域D为x-型,即有

$$\iint\limits_D f(x, y)\mathrm{d}\sigma=\int_0^{\frac{\sqrt{2}}{2}}\mathrm{d}x\int_x^{\sqrt{1-x^2}}f(x, y)\mathrm{d}y$$

$$=\int_0^{\frac{\sqrt{2}}{2}}\mathrm{d}y\int_0^y f(x, y)\mathrm{d}x+\int_{\frac{\sqrt{2}}{2}}^1\mathrm{d}y\int_0^{\sqrt{1-y^2}}f(x, y)\mathrm{d}x$$

(5) 区域 D 为 x-型，即有

$$\iint\limits_D f(x, y)\mathrm{d}\sigma=\int_{-\sqrt{2}}^{\sqrt{2}}\mathrm{d}x\int_{x^2}^{4-x^2}f(x, y)\mathrm{d}y$$

$$=\int_0^2\mathrm{d}y\int_{-\sqrt{y}}^{\sqrt{y}}f(x, y)\mathrm{d}x+\int_2^4\mathrm{d}y\int_{-\sqrt{4-y}}^{\sqrt{4-y}}f(x, y)\mathrm{d}x$$

8-2 更换下列二次积分的次序。

(1) $\int_0^1\mathrm{d}y\int_y^{\sqrt{y}}f(x, y)\mathrm{d}x$； (2) $\int_{-1}^1\mathrm{d}x\int_0^{\sqrt{1-x^2}}f(x, y)\mathrm{d}y$；

(3) $\int_0^1\mathrm{d}y\int_y^{2-y}f(x, y)\mathrm{d}x$； (4) $\int_{-1}^0\mathrm{d}y\int_2^{1-y}f(x, y)\mathrm{d}x$；

(5) $\int_1^{\mathrm{e}}\mathrm{d}x\int_0^{\ln x}f(x, y)\mathrm{d}y$；

(6) $\int_0^1\mathrm{d}x\int_{-\sqrt{x}}^{\sqrt{x}}f(x, y)\mathrm{d}y+\int_1^4\mathrm{d}x\int_{x-2}^{\sqrt{x}}f(x, y)\mathrm{d}y$。

解 (1) 积分区域 D：$0\leqslant x\leqslant 1$，$x^2\leqslant y\leqslant x$，则更换后的二次积分为

$$\int_0^1\mathrm{d}y\int_y^{\sqrt{y}}f(x, y)\mathrm{d}x=\int_0^1\mathrm{d}x\int_{x^2}^{x}f(x, y)\mathrm{d}y$$

(2) 积分区域 D：$-\sqrt{1-y^2}\leqslant x\leqslant\sqrt{1-y^2}$，$0\leqslant y\leqslant 1$，则更换后的二次积分为

$$\int_{-1}^1\mathrm{d}x\int_0^{\sqrt{1-x^2}}f(x, y)\mathrm{d}y=\int_0^1\mathrm{d}y\int_{-\sqrt{1-y^2}}^{\sqrt{1-y^2}}f(x, y)\mathrm{d}x$$

(3) 积分区域 D_1：$0\leqslant x\leqslant 1$，$0\leqslant y\leqslant x$，D_2：$1\leqslant x\leqslant 2$，$0\leqslant y\leqslant 2-x$，则更换后的二次积分为

$$\int_0^1\mathrm{d}y\int_y^{2-y}f(x, y)\mathrm{d}x=\int_0^1\mathrm{d}x\int_0^x f(x, y)\mathrm{d}y+\int_1^2\mathrm{d}x\int_0^{2-x}f(x, y)\mathrm{d}y$$

(4) 积分区域 D：$1\leqslant x\leqslant 2$，$1-x\leqslant y\leqslant 0$，则更换后的二次积分为

$$\int_{-1}^{0}\mathrm{d}y\int_{2}^{1-y}f(x,\ y)\mathrm{d}x=\int_{1}^{2}\mathrm{d}x\int_{1-x}^{0}f(x,\ y)\mathrm{d}y$$

（5）积分区域 D：$\mathrm{e}^{y}\leqslant x\leqslant \mathrm{e}$，$0\leqslant y\leqslant 1$，则更换后的二次积分为

$$\int_{1}^{\mathrm{e}}\mathrm{d}x\int_{0}^{\ln x}f(x,\ y)\mathrm{d}y=\int_{0}^{1}\mathrm{d}y\int_{\mathrm{e}^{y}}^{\mathrm{e}}f(x,\ y)\mathrm{d}x$$

（6）积分区域 D：$y^{2}\leqslant x\leqslant y+2$，$-1\leqslant y\leqslant 2$，则更换后的二次积分为

$$\int_{0}^{1}\mathrm{d}x\int_{-\sqrt{x}}^{\sqrt{x}}f(x,\ y)\mathrm{d}y+\int_{1}^{4}\mathrm{d}x\int_{x-2}^{\sqrt{x}}f(x,\ y)\mathrm{d}y=\int_{-1}^{2}\mathrm{d}y\int_{y^{2}}^{y+2}f(x,\ y)\mathrm{d}x$$

8-3 计算下列二重积分。

（1）$\iint\limits_{D}xy\mathrm{d}x\mathrm{d}y$，$D$ 是 $y=x$ 与 $y=x^{2}$ 围成的区域；

（2）$\iint\limits_{D}(x^{2}+y)\mathrm{d}x\mathrm{d}y$，$D$ 是 $y=x^{2}$ 与 $x=y^{2}$ 围成的区域；

（3）确定常数 a，使 $\iint\limits_{D}a\sin(x+y)\mathrm{d}x\mathrm{d}y=1$，$D$ 是 $y=x$，$y=2x$，$x=\dfrac{\pi}{2}$ 围成的区域；

（4）$\iint\limits_{D}x\mathrm{d}x\mathrm{d}y$，$D$ 是以 $(0,\ 0)$，$(1,\ 2)$，$(2,\ 1)$ 为顶点的三角形区域；

（5）$\iint\limits_{D}f(x,\ y)\mathrm{d}x\mathrm{d}y$，$D$ 是 $x^{2}+y^{2}\geqslant 2x$，$x=1$，$x=2$，$y=x$ 围成的区域，设

$$f(x,\ y)=\begin{cases}x^{2}y(1\leqslant x\leqslant 2,\ 0\leqslant y\leqslant x)\\ 0(\text{其他})\end{cases};$$

（6）$\iint\limits_{D}\mathrm{e}^{-y^{2}}\mathrm{d}x\mathrm{d}y$，$D$ 是以 $(0,\ 0)$，$(1,\ 1)$，$(0,\ 1)$ 为顶点的三角

形区域；

(7) $\iint\limits_D (x^2-y^2)\mathrm{d}x\mathrm{d}y$，$D$ 是 $x=0$，$y=0$，$x=\pi$ 与 $y=\sin x$ 围成的区域。

解 (1) 积分区域既是 x-型又是 y-型区域，则先对 x 和先对 y 积分均可，若选择先 x 后 y 积分，则将区域 D 看作 y-型区域，故有 D：$y\leqslant x\leqslant\sqrt{y}$，$0\leqslant y\leqslant 1$，则

$$\iint\limits_D xy\mathrm{d}x\mathrm{d}y=\int_0^1\mathrm{d}y\int_y^{\sqrt{y}}xy\mathrm{d}x=\int_0^1\left[\frac{1}{2}yx^2\right]_y^{\sqrt{y}}\mathrm{d}y$$

$$=\int_0^1\left(\frac{1}{2}y^2-\frac{1}{2}y^3\right)\mathrm{d}y=\frac{1}{2}\left[\frac{1}{3}y^3-\frac{1}{4}y^4\right]_0^1=\frac{1}{24}$$

(2) 积分区域既是 x-型又是 y-型区域，则先对 x 和先对 y 积分均可，若选择先 x 后 y 积分，则将区域 D 看作 y-型区域，故有 D：$y^2\leqslant x\leqslant\sqrt{y}$，$0\leqslant y\leqslant 1$，则

$$\iint\limits_D (x^2+y)\mathrm{d}x\mathrm{d}y=\int_0^1\mathrm{d}y\int_{y^2}^{\sqrt{y}}(x^2+y)\mathrm{d}x=\int_0^1\left[\frac{1}{3}x^3+yx\right]_{y^2}^{\sqrt{y}}\mathrm{d}y$$

$$=\int_0^1\left(\frac{4}{3}y^{\frac{3}{2}}-\frac{1}{3}y^6-y^3\right)\mathrm{d}y$$

$$=\left[\frac{8}{15}y^{\frac{5}{2}}-\frac{1}{21}y^7-\frac{1}{4}y^4\right]_0^1=\frac{33}{140}$$

(3) 积分区域是 x-型区域，故有 D：$0\leqslant x\leqslant\frac{\pi}{2}$，$x\leqslant y\leqslant 2x$，则

$$\iint\limits_D a\sin(x+y)\mathrm{d}x\mathrm{d}y=\int_0^{\frac{\pi}{2}}\mathrm{d}x\int_x^{2x}a\sin(x+y)\mathrm{d}y$$

$$=-\int_0^{\frac{\pi}{2}}[a\cos(x+y)]_x^{2x}\mathrm{d}x$$

$$=\int_0^{\frac{\pi}{2}}a(\cos 2x-\cos 3x)\mathrm{d}x$$

$$=a\left[\frac{1}{2}\sin 2x-\frac{1}{3}\sin 3x\right]_0^{\frac{\pi}{2}}=\frac{1}{3}a$$

则 $a=3$

(4) 积分区域既不是 x-型又不是 y-型区域,故分割区域 D 成两部分,即

$D_1: 0\leqslant x\leqslant 1,\ \frac{x}{2}\leqslant y\leqslant 2x$; $D_2: 1\leqslant x\leqslant 2,\ \frac{x}{2}\leqslant y\leqslant 3-x$,则

$$\iint\limits_D x\,dx\,dy=\iint\limits_{D_1} x\,dx\,dy+\iint\limits_{D_2} x\,dx\,dy=\int_0^1 x\,dx\int_{\frac{x}{2}}^{2x}dy+\int_1^2 x\,dx\int_{\frac{x}{2}}^{3-x}dy$$

$$=\int_0^1\frac{3}{2}x^2\,dx+\int_1^2\left(3x-\frac{3}{2}x^2\right)dx$$

$$=\frac{1}{2}[x^3]_0^1+\left[\frac{3}{2}x^2-\frac{1}{2}x^3\right]_1^2=\frac{3}{2}$$

(5) 积分区域是 x-型区域,故有 $D: 1\leqslant x\leqslant 2,\ \sqrt{2x-x^2}\leqslant y\leqslant x$,则

$$\iint\limits_D f(x,\ y)\,dx\,dy=\iint\limits_D x^2y\,dx\,dy=\int_1^2 x^2\,dx\int_{\sqrt{2x-x^2}}^{x}y\,dy$$

$$=\int_1^2 x^2\left[\frac{1}{2}y^2\right]_{\sqrt{2x-x^2}}^{x}dx=\int_1^2(x^4-x^3)\,dx$$

$$=\left[\frac{x^5}{5}-\frac{x^4}{4}\right]_1^2=\frac{49}{20}$$

(6) 积分区域既是 x-型又是 y-型区域,则先对 x 和先对 y 积分均可,若选择先 x 后 y 积分,则将区域 D 看作 y-型区域,故有 $D: 0\leqslant x\leqslant y,\ 0\leqslant y\leqslant 1$,则

$$\iint\limits_D e^{-y^2}\,dx\,dy=\int_0^1 dy\int_0^y e^{-y^2}\,dx=\int_0^1[e^{-y^2}x]_0^y\,dy=\int_0^1 ye^{-y^2}\,dy$$

$$=-\frac{1}{2}[e^{-y^2}]_0^1=\frac{1}{2}\left(1-\frac{1}{e}\right)$$

(7) 积分区域既是 x -型又是 y -型区域,则先对 x 和先对 y 积分均可,若选择先 y 后 x 积分,则将区域 D 看作 x -型区域,故有 $D:0\leqslant x\leqslant \pi,\ 0\leqslant y\leqslant \sin x$,则

$$\iint_D(x^2-y^2)\mathrm{d}x\mathrm{d}y=\int_0^{\pi}\mathrm{d}x\int_0^{\sin x}(x^2-y^2)\mathrm{d}y=\int_0^{\pi}\left[x^2y-\frac{1}{3}y^3\right]_0^{\sin x}\mathrm{d}x$$

$$=\int_0^{\pi}(x^2\sin x-\frac{1}{3}\sin^3x)\mathrm{d}x$$

$$=-\int_0^{\pi}x^2\mathrm{d}(\cos x)+\frac{1}{3}\int_0^{\pi}(1-\cos^2x)\mathrm{d}(\cos x)$$

$$=[-x^2\cos x]_0^{\pi}+\int_0^{\pi}2x\cos x\mathrm{d}x+$$

$$\frac{1}{3}\left[\cos x-\frac{1}{3}\cos^2x\right]_0^{\pi}$$

$$=\pi^2-\frac{4}{9}+\int_0^{\pi}2x\mathrm{d}(\sin x)$$

$$=\pi^2-\frac{4}{9}+[2x\sin x]_0^{\pi}-2\int_0^{\pi}\sin x\mathrm{d}x$$

$$=\pi^2-\frac{4}{9}+2[\cos x]_0^{\pi}=\pi^2-\frac{4}{9}-4=\pi^2-\frac{40}{9}$$

8-4 利用极坐标计算下列二重积分。

(1) $\iint_D(x^2+y^2)\mathrm{d}x\mathrm{d}y$, D 是 $a^2\leqslant x^2+y^2\leqslant b^2$ 的圆形区域;

(2) $\iint_D\sqrt{x^2+y^2}\mathrm{d}x\mathrm{d}y$, D 是 $x^2+y^2=4$, $x^2+y^2=2x$ 围成的区域;

(3) $\iint_D y\mathrm{d}x\mathrm{d}y$, D 是圆 $x^2+y^2=a^2$ 在第一象限内的区域;

(4) $\iint_D(x+y)\mathrm{d}x\mathrm{d}y$, D 是 $x^2+y^2\leqslant x+y$ 所围成的区域;

(5) $\iint_D\arctan\frac{y}{x}\mathrm{d}x\mathrm{d}y$, D 是 $1\leqslant x^2+y^2\leqslant 4$ 及直线 $y=x$,

$y=0$ 所围成的第一象限内的区域。

解 (1) 积分区域 D：$a\leqslant r\leqslant b$，$0\leqslant\theta\leqslant 2\pi$，则

$$\iint_D (x^2+y^2)\mathrm{d}x\mathrm{d}y=\int_0^{2\pi}\mathrm{d}\theta\int_a^b r^3\mathrm{d}r=\frac{\pi}{2}(b^4-a^4)$$

(2) 积分区域 D 可看作两部分区域的差，即

D_1：$0\leqslant r\leqslant 2$，$0\leqslant\theta\leqslant 2\pi$；$D_2$：$0\leqslant r\leqslant 2\cos\theta$，$-\frac{\pi}{2}\leqslant\theta\leqslant$

$\frac{\pi}{2}$，则

$$\begin{aligned}\iint_D \sqrt{x^2+y^2}\,\mathrm{d}x\mathrm{d}y&=\int_0^{2\pi}\mathrm{d}\theta\int_0^2 r^2\mathrm{d}r-\int_{-\frac{\pi}{2}}^{\frac{\pi}{2}}\mathrm{d}\theta\int_0^{2\cos\theta}r^2\mathrm{d}r\\&=\frac{16}{3}\pi-\frac{16}{3}\int_0^{\frac{\pi}{2}}\cos^3\theta\mathrm{d}\theta\\&=\frac{16}{3}\pi-\frac{16}{3}\int_0^{\frac{\pi}{2}}(1-\sin^2\theta)\mathrm{d}(\sin\theta)\\&=\frac{16}{3}\pi-\frac{16}{3}\left[\sin\theta-\frac{\sin^3\theta}{3}\right]_0^{\frac{\pi}{2}}=\frac{16}{3}\pi-\frac{32}{9}\end{aligned}$$

(3) 积分区域 D：$0\leqslant r\leqslant a$，$0\leqslant\theta\leqslant\frac{\pi}{2}$，则

$$\iint_D y\mathrm{d}x\mathrm{d}y=\int_0^{\frac{\pi}{2}}\sin\theta\mathrm{d}\theta\int_0^a r^2\mathrm{d}r=\frac{1}{3}a^3$$

(4) 积分区域 D：$0\leqslant r\leqslant\sin\theta+\cos\theta$，$-\frac{\pi}{4}\leqslant\theta\leqslant\frac{3\pi}{4}$，则

$$\begin{aligned}\iint_D (x+y)\mathrm{d}x\mathrm{d}y&=\int_{-\frac{\pi}{4}}^{\frac{3\pi}{4}}\mathrm{d}\theta\int_0^{\sin\theta+\cos\theta}r^2(\cos\theta+\sin\theta)\mathrm{d}r\\&=\frac{1}{3}\int_{-\frac{\pi}{4}}^{\frac{3\pi}{4}}(\cos\theta+\sin\theta)^4\mathrm{d}\theta\end{aligned}$$

$$= \frac{1}{3}\int_{-\frac{\pi}{4}}^{\frac{3\pi}{4}} (1+\sin 2\theta)^2 \mathrm{d}\theta$$

$$= \frac{1}{3}\int_{-\frac{\pi}{4}}^{\frac{3\pi}{4}} (1+2\sin 2\theta+\sin^2 2\theta)\mathrm{d}\theta = \frac{\pi}{2}$$

$$= \frac{1}{3}[\theta-\cos 2\theta]_{-\frac{\pi}{4}}^{\frac{3\pi}{4}} + \frac{1}{3}\int_{-\frac{\pi}{4}}^{\frac{3\pi}{4}} \frac{1-\cos 4\theta}{2}\mathrm{d}\theta$$

$$= \frac{\pi}{3}+\frac{1}{6}\left[\theta-\frac{\sin 4\theta}{4}\right]_{-\frac{\pi}{4}}^{\frac{3\pi}{4}} = \frac{\pi}{2}$$

(5) 积分区域 D：$1\leqslant r\leqslant 2$，$0\leqslant\theta\leqslant\frac{\pi}{4}$，则

$$\iint_D \arctan\frac{y}{x}\mathrm{d}x\mathrm{d}y = \int_0^{\frac{\pi}{4}}\theta\mathrm{d}\theta\int_1^2 r\mathrm{d}r = \frac{3\pi^2}{64}$$

8-5 利用二重积分，计算下列曲线围成的平面图形的面积。

(1) $y=x$，$y=5x$，$x=1$；

(2) $xy=a^2$，$xy=2a^2$，$y=x$，$y=2x(x>0,\ y>0)$

解 (1) 积分区域是 x-型区域，故有 D：$0\leqslant x\leqslant 1$，$x\leqslant y\leqslant 5x$，则

$$S=\iint_D \mathrm{d}\sigma=\int_0^1\mathrm{d}x\int_x^{5x}\mathrm{d}y=\int_0^1[y]_x^{5x}\mathrm{d}x=\int_0^1 4x\mathrm{d}x=2$$

(2) 积分区域既不是 x-型又不是 y-型区域，故分割区域 D 成两部分，即

$$D_1: \frac{\sqrt{2}}{2}a\leqslant x\leqslant a,\ \frac{a^2}{x}\leqslant y\leqslant 2x;$$

$$D_2: a\leqslant x\leqslant\sqrt{2}a,\ x\leqslant y\leqslant\frac{2a^2}{x}$$

$$S=\iint_D\mathrm{d}\sigma=\iint_{D_1}\mathrm{d}\sigma+\iint_{D_2}\mathrm{d}\sigma=\int_{\frac{\sqrt{2}}{2}a}^{a}\mathrm{d}x\int_{\frac{a^2}{x}}^{2x}\mathrm{d}y+\int_a^{\sqrt{2}a}\mathrm{d}x\int_x^{\frac{2a^2}{x}}\mathrm{d}y$$

$$=\int_{\frac{\sqrt{2}}{2}a}^{a}\left(2x-\frac{a^2}{x}\right)\mathrm{d}x+\int_{a}^{\sqrt{2}a}\left(\frac{2a^2}{x}-x\right)\mathrm{d}x$$

$$=\left[x^2-a^2\ln x\right]_{\frac{\sqrt{2}}{2}a}^{a}+\left[2a^2\ln x-\frac{x^2}{2}\right]_{a}^{\sqrt{2}a}=\frac{1}{2}a^2\ln 2$$

8－6 设 $f(x)$ 连续，证明：$\int_0^a \mathrm{d}x\int_0^x f(y)\mathrm{d}y=\int_0^a (a-x)f(x)\mathrm{d}x$。

证 更换二次积分的次序有

$$\int_0^a \mathrm{d}x\int_0^x f(y)\mathrm{d}y=\int_0^a \mathrm{d}y\int_y^a f(y)\mathrm{d}x=\int_0^a (a-y)f(y)\mathrm{d}y$$

$$=\int_0^a (a-x)f(x)\mathrm{d}x$$

8－7 计算下列对弧长的曲线积分。

(1) $\int_L (x^2+y^2)\mathrm{d}s$，其中 L 为 $x=a\cos t$，$y=a\sin t\left(0\leqslant t\leqslant\frac{\pi}{2}\right)$；

(2) $\int_L y\mathrm{d}s$，其中 L 为抛物线 $y^2=4x$ 在点 $(0, 0)$ 到点 $(1, 2)$ 的弧段；

(3) $\int_L (x+y)\mathrm{d}s$，其中 L 为点 $(1, 0)$ 到点 $(0, 1)$ 两点的直线段；

(4) $\int_L \sqrt{x^2+y^2}\mathrm{d}s$，其中 L 为圆周 $x^2+y^2=ax$。

解 (1) $\int_L (x^2+y^2)\mathrm{d}s=\int_0^{\frac{\pi}{2}}(a^2\cos^2 t+a^2\sin^2 t)\sqrt{[(a\cos t)']^2+[(a\sin t)']^2}\,\mathrm{d}t=\int_0^{\frac{\pi}{2}}a^2\cdot a\mathrm{d}t=\frac{\pi}{2}a^3$

(2) $\int_L y\mathrm{d}s=\int_0^1 \sqrt{4x}\cdot\sqrt{1+(y')^2}\,\mathrm{d}x$

$$=\int_0^1 2\sqrt{x}\cdot\sqrt{1+\left(\frac{1}{\sqrt{x}}\right)^2}\,dx$$

$$=2\int_0^1 \sqrt{1+x}\,dx=\left[\frac{4}{3}(x+1)^{\frac{3}{2}}\right]_0^1=\frac{4}{3}(2\sqrt{2}-1)$$

(3) $\int_L(x+y)ds=\int_0^1 1\times\sqrt{1+(y')^2}\,dx=\int_0^1\sqrt{2}\,dx=\sqrt{2}$

(4) 由题可知,L 的参数方程为 $x=\frac{a}{2}+\frac{a}{2}\cos t$, $y=\frac{a}{2}\sin t$,

则 $x'=-\frac{a}{2}\sin t$, $y'=\frac{a}{2}\cos t$,且 $0\leqslant t\leqslant 2\pi$

故有 $\int_L \sqrt{x^2+y^2}\,ds=\int_0^{2\pi}\sqrt{\left(\frac{a}{2}+\frac{a}{2}\cos t\right)^2+\left(\frac{a}{2}\sin t\right)^2}$

$$\sqrt{\left(-\frac{a}{2}\sin t\right)^2+\left(\frac{a}{2}\cos t\right)^2}\,dt$$

$$=\frac{a^2}{2}\int_0^{2\pi}\left|\cos\frac{t}{2}\right|dt=a^2\int_0^{\pi}\cos\frac{t}{2}\,dt$$

$$=2a^2$$

8-8 计算下列对坐标的曲线积分。

(1) $\int_L xy\,dx+(y-x)\,dy$,其中 L 为抛物线 $y^2=x$ 从点(0, 0)到点(1, 1) 的弧段;

(2) $\int_L(x+y)dx+(x-y)dy$,其中 L 为抛物线 $y=x^2$ 上从点(−1, 1) 到点(1, 1) 的弧段;

(3) $\int_L y^2dx+x^2dy$,其中 L 为 $x=a\cos t$, $y=b\sin t$ 的上半部分顺时针方向;

(4) $\int_L(x^2+y^2)dx-2xy^2dy$,其中 L 为从点(0, 0) 到点(1, 2)的直线段。

解 (1) $\int_L xy\,dx+(y-x)\,dy=\int_0^1 y^3\cdot 2y\,dy+(y-y^2)\,dy$

$$=\int_0^1(2y^4+y-y^2)\mathrm{d}y$$

$$=\left[\frac{2}{5}y^5+\frac{y^2}{2}-\frac{y^3}{3}\right]_0^1=\frac{17}{30}$$

(2) $\int_L(x+y)\mathrm{d}x+(x-y)\mathrm{d}y=\int_{-1}^1[(x+x^2)+2x(x-x^2)]\mathrm{d}x$

$$=\int_{-1}^1(x+3x^2-2x^3)\mathrm{d}x$$

$$=6\int_0^1x^2\mathrm{d}x=2$$

(3) 由题意知 t 是从 $\pi\to 0$,则

$$\int_L y^2\mathrm{d}x+x^2\mathrm{d}y=\int_\pi^0[b^2\sin^2 t(-a\sin t)+a^2\cos^2 t(b\cos t)]\mathrm{d}t$$

$$=ab^2\int_0^\pi\sin^3 t\mathrm{d}t-a^2b\int_0^\pi\cos^3 t\mathrm{d}t$$

$$=-ab^2\int_0^\pi(1-\cos^2 t)\mathrm{d}(\cos t)-$$

$$a^2b\int_0^\pi(1-\sin^2 t)\mathrm{d}(\sin t)$$

$$=ab^2\left[\frac{1}{3}\cos^3 t-\cos t\right]_0^\pi-a^2b\left[\sin t-\frac{1}{3}\sin^3 t\right]_0^\pi$$

$$=\frac{4}{3}ab^2$$

(4) $\int_L(x^2+y^2)\mathrm{d}x-2xy^2\mathrm{d}y=\int_0^1(5x^2-16x^3)\mathrm{d}x=\left[\frac{5x^3}{3}-4x^4\right]_0^1=-\frac{7}{3}$

8-9 设有一平面力 F,大小等于该点横坐标的平方,而方向与 y 轴正方向相反,求质量为 m 的质点沿抛物线 $1-x=y^2$ 从点 (1, 0) 移动到点(0, 1) 时力所做的功。

解 记从点(1, 0)到点(0, 1)的有向线段为 AB,则

$$W=\int_{AB}0\cdot \mathrm{d}x-x^2\mathrm{d}y=-\int_0^1(1-y^2)^2\mathrm{d}y=-\frac{8}{15}$$

即场力做负功,大小为$\frac{8}{15}$。

8-10 利用格林公式计算下列曲线积分。

(1)$\oint_L xy^2\mathrm{d}x-x^2y\mathrm{d}y$,其中$L$为圆周$x^2+y^2=a^2$的正向边界曲线;

(2)$\oint_L x^2y\mathrm{d}x+y^3\mathrm{d}y$,其中$L$为$y^3=x^2$与$y=x$所围成的正向边界曲线;

(3)$\int_L(\mathrm{e}^x\sin y-3y)\mathrm{d}x+(\mathrm{e}^x\cos y+x)\mathrm{d}y$,其中$L$为从点$(0,0)$到点$(0,2)$的右半圆周$x^2+y^2=2y$的正向边界曲线。

解 (1) 由题可知,$P(x,y)=xy^2$, $Q(x,y)=-x^2y$,以L所围成的区域D:$x^2+y^2\leqslant a^2$满足格林公式的条件,则

$$\oint_L xy^2\mathrm{d}y-x^2y\mathrm{d}x=\iint_D\left(\frac{\partial Q}{\partial x}-\frac{\partial P}{\partial y}\right)\mathrm{d}x\mathrm{d}y=\iint_D(-4xy)\mathrm{d}x\mathrm{d}y$$

$$=-4\int_0^{2\pi}\mathrm{d}\theta\int_0^a(r^2\sin\theta\cos\theta)r\mathrm{d}r$$

$$=-a^4\int_0^{2\pi}(\sin\theta\cos\theta)\mathrm{d}\theta$$

$$=-\frac{a^4}{2}\left[\sin^2\theta\right]_0^{2\pi}=0$$

(2) 由题可知,$P(x,y)=x^2y$, $Q(x,y)=y^3$,以L所围成的区域D:$0\leqslant x\leqslant 1$, $x\leqslant y\leqslant x^{\frac{2}{3}}$满足格林公式的条件,则

$$\oint_L x^2y\mathrm{d}x+y^3\mathrm{d}y=\iint_D\left(\frac{\partial Q}{\partial x}-\frac{\partial P}{\partial y}\right)\mathrm{d}x\mathrm{d}y=\iint_D(0-x^2)\mathrm{d}x\mathrm{d}y$$

$$=-\int_0^1\mathrm{d}x\int_x^{x^{\frac{2}{3}}}x^2\mathrm{d}y=-\int_0^1\left(x^{\frac{8}{3}}-x^3\right)\mathrm{d}x$$

$$=\left[\frac{x^4}{4}-\frac{3}{11}x^{\frac{11}{3}}\right]_0^1=-\frac{1}{44}$$

(3) 记点(0, 0) 为 A,点(0, 2) 为 B,作从点 B 到点 A 的有向直线段 BA,与 L 围成半圆域 D 满足格林公式的条件,由题可知,$P(x, y)=e^x\sin y-3y$, $Q(x, y)=e^x\cos y+x$,则

$$\int_{L+BA}(e^x\sin y-3y)dx+(e^x\cos y+x)dy$$

$$=\iint_D\left(\frac{\partial Q}{\partial x}-\frac{\partial P}{\partial y}\right)dxdy$$

$$=\iint_D[(e^x\cos y+1)-(e^x\cos y-3)]dxdy$$

$$=4\iint_D dxdy=4\times\frac{\pi}{2}\times 1^2=2\pi$$

因为 $\int_{BA}(e^x\sin y-3y)dx+(e^x\cos y+x)dy=\int_2^0\cos y dy=[\sin y]_2^0=-\sin 2$

所以 $\int_L(e^x\sin y-3y)dx+(e^x\cos y+x)dy=2\pi+\sin 2$

8-11 利用曲线积分计算曲线所围成图形的面积。

(1) 椭圆 $\frac{x^2}{a^2}+\frac{y^2}{b^2}=1$;

(2) 圆 $x^2+y^2=2x$;

(3) 闭曲线 $x=2a\cos t-a\cos 2t$, $y=2a\sin t-a\sin 2t$。

解 (1) 设椭圆的参数方程为 $x=a\cos t$, $y=b\sin t$, $0\leqslant t\leqslant 2\pi$,则

$$\sigma=\frac{1}{2}\oint_L x dy-y dx=\frac{1}{2}\int_0^{2\pi}[a\cos t(b\sin t)'-b\sin t(a\cos t)']dt$$

$$=\frac{ab}{2}\int_0^{2\pi}(\cos^2 t+\sin^2 t)dt=\pi ab$$

(2) 设圆的参数方程为 $x=1+\cos t$, $y=\sin t$ 且 $0\leqslant t\leqslant 2\pi$, 则

$$\sigma=\frac{1}{2}\oint_L x\mathrm{d}y-y\mathrm{d}x=\frac{1}{2}\int_0^{2\pi}[(1+\cos t)(\sin t)'-\sin t(1+\cos t)']\mathrm{d}t$$

$$=\frac{1}{2}\int_0^{2\pi}(\cos t+\cos^2 t+\sin^2 t)\mathrm{d}t=\frac{1}{2}[\sin t+t]_0^{2\pi}=\pi$$

(3) 由题可知, $x=2a\cos t-a\cos 2t$, $y=2a\sin t-a\sin 2t$ 且 $0\leqslant t\leqslant 2\pi$, 则

$$\begin{aligned}\sigma&=\frac{1}{2}\oint_L x\mathrm{d}y-y\mathrm{d}x\\&=\frac{1}{2}\int_0^{2\pi}[(2a\cos t-a\cos 2t)(2a\cos t-2a\cos 2t)-\\&\quad(2a\sin t-a\sin 2t)(-2a\sin t+2a\sin 2t)]\mathrm{d}t\\&=\frac{1}{2}\int_0^{2\pi}6a^2[1-(\cos 2t\cos t+\sin t\sin 2t)]\mathrm{d}t\\&=\frac{1}{2}\int_0^{2\pi}6a^2(1-\cos t)\mathrm{d}t=3a^2[t-\sin t]_0^{2\pi}=6\pi a^2\end{aligned}$$

8-12 证明下列曲线积分与路径无关,并计算积分值。

(1) $\int_{(0,1)}^{(2,3)}(x+y)\mathrm{d}x+(x-y)\mathrm{d}y$;

(2) $\int_{(1,0)}^{(6,8)}\frac{x\mathrm{d}x+y\mathrm{d}y}{\sqrt{x^2+y^2}}$;

(3) $\int_{(\frac{\pi}{2},1)}^{(\pi,2)}\left(\frac{\cos x}{y}\right)\mathrm{d}x-\frac{\sin x}{y^2}\mathrm{d}y$,其中 L 不经过 x 轴。

证 (1) 由题可知, $P(x, y)=x+y$, $Q(x, y)=x-y$,因为 $\frac{\partial Q}{\partial x}=1=\frac{\partial P}{\partial y}$,则积分与路径无关,取平行于坐标轴的折线的路径有

$$\int_{(0,1)}^{(2,3)}(x+y)\mathrm{d}x+(x-y)\mathrm{d}y=\int_0^2(x+1)\mathrm{d}x+\int_1^3(2-y)\mathrm{d}y$$

$$=\left[\frac{1}{2}x^2+x\right]_0^2+\left[2y-\frac{1}{2}y^2\right]_1^3=4$$

（2）由题可知，$P(x, y)=\frac{x}{\sqrt{x^2+y^2}}$，$Q(x, y)=\frac{y}{\sqrt{x^2+y^2}}$，因为除原点外均有$\frac{\partial Q}{\partial x}=-\frac{xy}{(x^2+y^2)^{\frac{3}{2}}}=\frac{\partial P}{\partial y}$，则积分与路径无关，取平行于坐标轴的折线的路径有

$$\int_{(1,0)}^{(6,8)}\frac{x\mathrm{d}x+y\mathrm{d}y}{\sqrt{x^2+y^2}}=\int_1^6\mathrm{d}x+\int_0^8\frac{y\mathrm{d}y}{\sqrt{6^2+y^2}}=5+\left[\sqrt{6^2+y^2}\right]_0^8=9$$

（3）由题可知，$P(x, y)=\frac{\cos x}{y}$，$Q(x, y)=-\frac{\sin x}{y^2}$，因为$\frac{\partial Q}{\partial x}=-\frac{\cos x}{y^2}=\frac{\partial P}{\partial y}$，则积分与路径无关，但 $y\neq 0$，取平行于坐标轴的折线的路径有

$$\int_{(\frac{\pi}{2},1)}^{(\pi,2)}\frac{\cos x}{y}\mathrm{d}x-\frac{\sin x}{y^2}\mathrm{d}y=\int_{\frac{\pi}{2}}^{\pi}\frac{\cos x}{1}\mathrm{d}x-\int_1^2\frac{\sin\pi}{y^2}\mathrm{d}y$$

$$=[\sin x]_{\frac{\pi}{2}}^{\pi}=-1$$

【课外练习】

一、单选题

1. $\int_0^4\mathrm{d}x\int_x^{2\sqrt{x}}f(x, y)\mathrm{d}y$ 交换积分次序后，得(　　)。

A. $\int_4^0\mathrm{d}y\int_{\frac{y^2}{4}}^{y}f(x, y)\mathrm{d}x$　　B. $\int_0^4\mathrm{d}y\int_{-y}^{\frac{y^2}{4}}f(x, y)\mathrm{d}x$

C. $\int_0^4 dy\int_{\frac{1}{4}}^1 f(x, y)dx$　　D. $\int_0^4 dy\int_{\frac{y^2}{4}}^y f(x, y)dx$

2. 二重积分$\int_0^1 dy\int_y^1 e^{x^2} dx =$(　　)。

A. $\int_0^1 dy\int_x^0 e^{x^2} dx$

B. $\frac{1}{2}(e-1)$

C. $\int_0^1 dx\int_x^0 e^{x^2} dy$

D. $\int_y^1 e^{x^2} dx$ 在初等函数范围内不可积,因此无法计算。

3. 设 D 为 $x^2+y^2\leqslant 4$,则 D 的面积为(　　)。

A. $\int_0^2 dx\int_0^{\sqrt{4-x^2}} dy$　　B. $\int_{-2}^2 dx\int_0^{\sqrt{4-x^2}} dy$

C. $\int_0^{2\pi} d\theta\int_0^2 rdr$　　D. $\int_0^{2\pi} d\theta\int_0^2 dr$

4. 设 D 是由 $y=x^2$, $y=x$ 围成,则 $I=\iint_D dxdy$ 等于(　　)。

A. $\frac{1}{2}$　　B. $\frac{1}{6}$　　C. $\frac{1}{3}$　　D. $-\frac{1}{6}$

5. $\iint_D f(x, y)d\sigma=\lim_{\lambda\to 0}\sum_{i=1}^n f(\xi_i, \eta_i)\Delta\sigma_i$ 中 λ 是(　　)。

A. 最大小区间长度　　B. 小区间长度

C. 小区域直径　　D. 最大小区域直径

6. 设 $I=\iint_D \sqrt{4-x^2-y^2}d\sigma$,其中 D:$x^2+y^2\leqslant 4$, $x\geqslant 0$, $y\geqslant 0$。则必有(　　)。

A. $I>0$　　B. $I<0$

C. $I=0$　　D. $I\neq 0$,但符号无法判断

7. 比较 $I_1=\iint_D (x+y)^2 d\sigma$ 与 $I_2=\iint_D (x+y)^3 d\sigma$ 的大小,其中 D:

$(x-2)^2+(y-1)^2 \leqslant 1$,则(　　)。

A. $I_1 = I_2$　　B. $I_1 > I_2$　　C. $I_1 \leqslant I_2$　　D. 无法比较

8. $I = \iint\limits_D xy\mathrm{d}\sigma$, D: $y^2 = x$ 及 $y = x-2$ 所围,则(　　)。

A. $I = \int_0^4 \mathrm{d}x \int_{y+2}^{y^2} xy\mathrm{d}y$

B. $I = \int_0^1 \mathrm{d}x \int_{-\sqrt{x}}^{\sqrt{x}} xy\mathrm{d}y + \int_1^4 \mathrm{d}x \int_{x-2}^{x} xy\mathrm{d}y$

C. $I = \int_{-1}^2 \mathrm{d}y \int_{y^2}^{y+2} xy\mathrm{d}x$

D. $I = \int_{-1}^2 \mathrm{d}x \int_{y^2}^{y+2} xy\mathrm{d}y$

9. $I = \int_0^1 \mathrm{d}y \int_0^{\sqrt{1-y}} 3x^2y^2\mathrm{d}x$,交换积分次序后,得(　　)。

A. $I = \int_0^1 \mathrm{d}x \int_0^{\sqrt{1-x}} 3x^2y^2\mathrm{d}y$　　B. $I = \int_0^{\sqrt{1-y}} \mathrm{d}x \int_0^1 3x^2y^2\mathrm{d}y$

C. $I = \int_0^1 \mathrm{d}x \int_0^{1-x^2} 3x^2y^2\mathrm{d}y$　　D. $I = \int_0^1 \mathrm{d}x \int_0^{1+x^2} 3x^2y^2\mathrm{d}y$

10. 当 D 是(　　)围成的区域时,二重积分 $\iint\limits_D \mathrm{d}x\mathrm{d}y = 1$。

A. x 轴、y 轴及 $2x+y-2=0$

B. x 轴、y 轴及 $x=4$, $y=3$

C. $|x| = \dfrac{1}{2}$, $|y| = \dfrac{1}{3}$

D. $|x+y| = 1$, $|x-y| = 1$

11. 设 $\iint\limits_D \mathrm{d}x\mathrm{d}y = 1$,则下列各组曲线中围成区域为 D 的是(　　)。

A. $x^2+y^2=1$

B. $x=1$, $x=2$, $y=-1$, $y=1$

C. $x^2+y^2=\dfrac{1}{\pi}$

D. $y=x$, $y=0$, $x=1$

12. L 为沿 $x^2+y^2=R^2$ 逆时针方向一周，则$\oint_L xy^2\mathrm{d}y-x^2y\mathrm{d}x$ 用格林公式计算得(　　)。

A. $\int_0^{2\pi}\mathrm{d}\theta\int_0^R r^3\mathrm{d}r$　　B. $\int_0^{2\pi}\mathrm{d}\theta\int_0^R r^2\mathrm{d}r$

C. $\int_0^{2\pi}\mathrm{d}\theta\int_0^R 4r^3\sin\theta\mathrm{d}r$　　D. $\int_0^{2\pi}\mathrm{d}\theta\int_0^R 4r^3\cos\theta\mathrm{d}r$

13. 单连通区域 D 内 $P(x, y)$，$Q(x, y)$ 具有一阶连续偏导数，则 $\int_L P\mathrm{d}x+Q\mathrm{d}y$ 在 D 内与路径无关的充要条件是在 D 内恒有(　　)。

A. $\frac{\partial Q}{\partial x}+\frac{\partial P}{\partial y}=0$　　B. $\frac{\partial Q}{\partial x}-\frac{\partial P}{\partial y}=0$

C. $\frac{\partial P}{\partial x}-\frac{\partial Q}{\partial y}=0$　　D. $\frac{\partial P}{\partial x}+\frac{\partial Q}{\partial y}=0$

14. L_1，L_2 含原点的两条同向封闭曲线，若已知$\oint_{L1}\frac{2x\mathrm{d}x+y\mathrm{d}y}{x^2+y^2}=k$(常数)，则$\oint_{L2}\frac{2x\mathrm{d}x+y\mathrm{d}y}{x^2+y^2}$(　　)。

A. 一定等于 k

B. 不一定等于 k，与 L_2 形状有关

C. 一定等于 $-k$

D. 不一定等于 k，与 L_2 形状无关

15. 用格林公式求曲线 L 所围区域 D 的面积为(　　)。

A. $\oint_L x\mathrm{d}y-y\mathrm{d}x$　　B. $\frac{1}{2}\oint_L y\mathrm{d}x-x\mathrm{d}y$

C. $\oint_L y\mathrm{d}x-x\mathrm{d}y$　　D. $\frac{1}{2}\oint_L x\mathrm{d}y-y\mathrm{d}x$

二、填空题

(1) 极坐标下的二重积分形式为$\iint_D f(x, y)\mathrm{d}\sigma=$ ______________

______。

(2) 交换积分次序：$\int_0^1 dx\int_{-\sqrt{x}}^{\sqrt{x}} f(x, y)dy + \int_1^4 dx\int_{x-2}^{\sqrt{x}} f(x, y)dy =$ ______________________。

(3) 如果将 D 分成两个互不重叠的区域 D_1 与 D_2，则 $\iint\limits_D f(x, y)d\sigma =$ ______________________。

(4) D 是圆形闭区域：$x^2+y^2\leqslant 1$，则 $\iint\limits_D x^2 dxdy =$ ______________________。

(5) 交换积分次序：$\int_0^1 dx\int_{x^2}^{x} f(x, y)dy =$ ______________________。

(6) 设 D：$1\leqslant x^2+y^2\leqslant 4$，则 $\iint\limits_D dxdy =$ ______________________。

(7) $\int_0^{2a} dx\int_0^{\sqrt{2ax-x^2}} (x^2+y^2)dy =$ ______________________。

(8) D 是圆形闭区域：$x^2+y^2\leqslant 9$，则 $\iint\limits_D \sqrt{x^2+y^2}\,dxdy =$ ______________________。

(9) L 为包含原点的任意光滑简单闭曲线，则 $I = \oint_L \dfrac{-ydx+xdy}{x^2+y^2}$ $=$ ______________________。

(10) 表达式 $P(x, y)dx - Q(x, y)dy$ 为某一函数的全微分，其充分必要条件是______________________。

三、计算及证明题

1. 计算 $I = \iint\limits_D e^{-(x^2+y^2)}dxdy$，$D = \{(x, y) \mid x^2+y^2\leqslant a^2\}$。

2. 计算二重积分 $\int_0^1 dy\int_y^1 e^{x^2}dx$。

3. 计算 $I=\int_0^{\frac{R}{\sqrt{2}}}\mathrm{d}y\int_0^{y}\mathrm{e}^{-x^2-y^2}\mathrm{d}x+\int_{\frac{R}{\sqrt{2}}}^{R}\mathrm{d}y\int_0^{\sqrt{R^2-y^2}}\mathrm{e}^{-x^2-y^2}\mathrm{d}x(R>0)$。

4. 计算 $\int_L y^2\mathrm{d}s$,这里的 L 为摆线 $x=a(t-\sin t)$, $y=a(1-\cos t)(0\leqslant t\leqslant 2\pi)$ 的一拱。

5. 计算 $\oint_L x^2y\mathrm{d}x+y^3\mathrm{d}y$,其中 L 是沿着由 $y^3=x^2$ 和 $y=x$ 所构成的封闭曲线的正向。

6. 求半径为 a 的均匀半圆薄片(面密度 ρ 为常数)对于其直径边的转动惯量。

7. 设质点受力 $F(x, y)$作用,力的大小与质点离原点的距离成正比,方向指向原点,求质点 P 按正方向沿椭圆 $x=a\cos t$, $y=b\sin t$ 移动一周时力 F 所做的功。

第九章
线性代数基础

【内容提要】

1. 行列式的概念

n **阶行列式**

$$\begin{vmatrix} a_{11} & a_{12} & \cdots & a_{1n} \\ a_{21} & a_{22} & \cdots & a_{2n} \\ \vdots & \vdots & \vdots & \vdots \\ a_{n1} & a_{n2} & \cdots & a_{nn} \end{vmatrix} = \sum_{(j_1 j_2 \cdots j_n)} (-1)^{k(j_1 j_2 \cdots j_n)} a_{1j_1} a_{2j_2} \cdots a_{nj_n}$$

n 阶行列式是由 n^2 个数 a_{ij} $(i=1, 2, 3 \cdots n, j=1, 2, 3 \cdots n)$ 通过上式确定的一个数。其中 a_{ij} 称为行列式的**元素**，第一个下标 i 表示该元素所在的**行序**，第二个下标 j 表示该元素所在的**列序**；n 为行列式的阶。"$\sum\limits_{(j_1 j_2 \cdots j_n)}$"表示对所有的 n 元排列求和，共有 $n!$ 项。和式中每一项都是取自行列式中所有既不同行又不同列的 n 个元素的乘积再乘以 $(-1)^{k(j_1 j_2 \cdots j_n)}$，其中 $k(j_1 j_2 \ldots j_n)$ 为 n 个元素的第一个下标按自然顺序排列后，其第二个下标排列的逆序数。

2. 行列式的性质

性质 1　行列式 D 与它的转置行列式 D^T 的值相等。

性质 2　交换行列式的两行(列)，行列式变号。

推论 1 若行列式有两行(列)的对应元素相同,则此行列式的值等于零。

性质 3 行列式某一行(列)所有元素的公因子可以提到行列式符号的外面。

推论 2 如果行列式中有两行(列)的对应元素成比例,则此行列式的值等于零。

性质 4 如果行列式的某一行(列)的各元素都是两个数的和,则此行列式等于两个相应的行列式的和。

性质 5 把行列式的某一行(列)的所有元素乘以数 k 加到另一行(列)的相应元素上,行列式的值不变。

3. 矩阵概念

由 $m\times n$ 个数排列成 m 行 n 列的矩形数表,即

$$A=\begin{pmatrix} a_{11} & a_{12} & \cdots & a_{1n} \\ a_{21} & a_{22} & \cdots & a_{2n} \\ \vdots & \vdots & \vdots & \vdots \\ a_{m1} & a_{m2} & \cdots & a_{mn} \end{pmatrix}$$

称为一个 $\boldsymbol{m\times n}$ **矩阵**,构成矩阵的数称为元素。$m\times n$ 矩阵可以用大写字母或其第 i 行第 j 列元素 a_{ij} 表示为 $A_{m\times n}$ 或 $(a_{ij})_{m\times n}$,矩阵记号右下角的 $m\times n$ 也可以省掉不写。

只有一行的矩阵称**行矩阵**或**行向量**,只有一列的矩阵称**列矩阵**或**列向量**。元素全为零的矩阵称**零矩阵**或**零向量**,记做 $\mathbf{0}$。

4. 矩阵加减法

设 $A=\begin{pmatrix} a_{11} & a_{12} & \cdots & a_{1n} \\ a_{21} & a_{22} & \cdots & a_{2n} \\ \vdots & \vdots & \vdots & \vdots \\ a_{m1} & a_{m2} & \cdots & a_{mn} \end{pmatrix}$, $B=\begin{pmatrix} b_{11} & b_{12} & \cdots & b_{1n} \\ b_{21} & b_{22} & \cdots & b_{2n} \\ \vdots & \vdots & \vdots & \vdots \\ b_{m1} & b_{m2} & \cdots & b_{mn} \end{pmatrix}$ 是两个 $m\times n$ 矩阵,则矩阵

$$C=\begin{pmatrix} c_{11} & c_{12} & \cdots & c_{1n} \\ c_{21} & c_{22} & \cdots & c_{2n} \\ \vdots & \vdots & \vdots & \vdots \\ c_{m1} & c_{m2} & \cdots & c_{mn} \end{pmatrix}=\begin{pmatrix} a_{11}+b_{11} & a_{12}+b_{12} & \cdots & a_{1n}+b_{1n} \\ a_{21}+b_{21} & a_{22}+b_{22} & \cdots & a_{2n}+b_{2n} \\ \vdots & \vdots & \vdots & \vdots \\ a_{m1}+b_{m1} & a_{m2}+b_{m2} & \cdots & a_{mn}+b_{mn} \end{pmatrix}$$

称为 A 与 B 的和,记为 $C=A+B$。

注意:相加的两个矩阵必须具有相同的行数和列数。

矩阵的加法运算满足的规律有:①交换律:$A+B=B+A$。②结合律:$(A+B)+C=A+(B+C)$。③零矩阵特性:$A+0=0+A=A$。

可类似定义对应元素之差构成矩阵 $C=(a_{ij}-b_{ij})_{m\times n}$ 记为矩阵 $\boldsymbol{A}$ 和 $\boldsymbol{B}$ 的差,记为 $C=A-B$。

5. 矩阵的数量乘法

设有矩阵 $A=(a_{ij})_{m\times n}=\begin{pmatrix} a_{11} & a_{12} & \cdots & a_{1n} \\ a_{21} & a_{22} & \cdots & a_{2n} \\ \vdots & \vdots & \vdots & \vdots \\ a_{m1} & a_{m2} & \cdots & a_{mn} \end{pmatrix}$,$k$ 是实数集 P 中任一个数,则矩阵

$$(ka_{ij})_{m\times n}=\begin{pmatrix} ka_{11} & ka_{12} & \cdots & ka_{1n} \\ ka_{21} & ka_{22} & \cdots & ka_{2n} \\ \vdots & \vdots & \vdots & \vdots \\ ka_{m1} & ka_{m2} & \cdots & ka_{mn} \end{pmatrix}$$

称为数 k 与矩阵 $A=(a_{ij})_{m\times n}$ 的数量乘积,记为 kA。

注意:用数乘一个矩阵,就是把矩阵的每个元素都乘上 k,而不是用 k 乘矩阵的某一行(列)。

矩阵的数量乘法具有以下性质。

设 A 和 B 都是 $m\times n$ 矩阵,k 和 l 为数域 P 中的任意数,则有

(1) $k(A+B)=kA+kB$。

(2) $(k+l)A = kA + lB$。

(3) $(kl)A = k(lA) = l(kA)$。

(4) $1A = A$; $0A = 0$。

6. 矩阵的乘法

设矩阵 $A = (a_{ik})_{m\times s}$, $B = (b_{kj})_{s\times n}$,则由元素

$$c_{ij} = a_{i1}b_{1j} + a_{i2}b_{2j} + \cdots + a_{is}b_{sj}\,(i = 1,\ 2\cdots m;\ j = 1,\ 2\cdots n)$$

构成的 $m\times n$ 矩阵 $C = (c_{ij})_{m\times n}$ 称为矩阵 A 与 B 的乘积,记为 $C = AB$。

根据矩阵乘法定义,还可以直接验证下列性质。①结合律:$(AB)C = A(BC)$。②分配律:$A(B+C) = AB+BC$, $(A+B)C = AC+BC$。③ 对任意数 k,有 $k(AB) = (kA)B = A(kB)$。④ E_m 和 E_n 为单位矩阵,对任意矩阵 $A_{m\times n}$ 有 $E_mA_{m\times n} = A_{m\times n}$, $A_{m\times n}E_n = A_{m\times n}$。

特别地,若 A 是 n 阶矩阵,则有 $EA = AE = A$,即单位矩阵 E 在矩阵乘法中起的作用类似于数 1 在数的乘法中的作用。

7. 转置矩阵

设 $m\times n$ 矩阵 $A = \begin{pmatrix} a_{11} & a_{12} & \cdots & a_{1n} \\ a_{21} & a_{22} & \cdots & a_{2n} \\ \vdots & \vdots & \vdots & \vdots \\ a_{m1} & a_{m2} & \cdots & a_{mn} \end{pmatrix}$,将 A 的行变成列所得的 $n\times m$ 矩阵 $\begin{pmatrix} a_{11} & a_{21} & \cdots & a_{m1} \\ a_{12} & a_{22} & \cdots & a_{m2} \\ \vdots & \vdots & \vdots & \vdots \\ a_{1n} & a_{2n} & \cdots & a_{mn} \end{pmatrix}$,则称为矩阵 A 的转置矩阵,记为 A^T。

8. 方阵的行列式

由 n 阶方阵 $A = (a_{ij})$ 的元素按原来位置所构成的行列式,称为 n 阶方阵 A 的行列式,记为 $|A|$。

设 A, B 是 n 阶方阵,k 是常数,则 n 阶方阵的行列式具有如下性质:① $|A^T|=|A|$。② $|kA|=k^n|A|$;③ $|AB|=|A|\cdot|B|$。

9. 逆矩阵

(1) 对于 n 阶矩阵 A,如果存在一个 n 阶矩阵 B,使得

$$AB=BA=E$$

则称 A 为可逆矩阵,称 B 为 A 的逆矩阵。

性质 1 若矩阵 A 可逆,则 A 的逆矩阵是唯一的。

性质 2 如果矩阵 A 可逆,则 A 的逆矩阵 A^{-1} 也可逆,且 $(A^{-1})^{-1}=A$.

性质 3 如果 A 和 B 是两个同阶可逆矩阵,则 AB 也可逆,且 $(AB)^{-1}=B^{-1}A^{-1}$。

性质 4 如果 A 可逆,数 $k\neq 0$,则 kA 也可逆,且 $(kA)^{-1}=\dfrac{1}{k}A^{-1}$。

性质 5 如果矩阵 A 可逆,则 A 的转置矩阵 A^T 也可逆,且 $(A^T)^{-1}=(A^{-1})^T$。

(2) 设 A_{ij} 是 n 阶方阵 $A=(a_{ij})_{n\times n}$ 的行列式 $|A|$ 中的元素 a_{ij} 的代数余子式,矩阵

$$A^*=\begin{pmatrix} A_{11} & A_{21} & \cdots & A_{n1} \\ A_{12} & A_{22} & \cdots & A_{n2} \\ \vdots & \vdots & \vdots & \vdots \\ A_{1n} & A_{2n} & \cdots & A_{nn} \end{pmatrix}$$

则称为矩阵 A 的伴随矩阵。

n 阶矩阵 A 可逆的充分必要条件是 A 是非奇异的,且当 A 可逆时,$A^{-1}=\dfrac{1}{|A|}\cdot A^*$ 。

10. 矩阵的初等行变换

我们把下面的三种变换，统称为矩阵的**初等行变换**。①交换 i 和 j 两行，记为 $(i)\leftrightarrow(j)$。②用一个非零数 $k\neq 0$ 去乘 i 行的所有元素，记为 $k(i)$。③ 第 i 行被加上第 j 行对应元素的 k 倍，记为 $(i)+k(j)$。

把定义中的“行”换成“列”即得矩阵的初等列变换的定义。矩阵的初等行变换和初等列变换，统称为矩阵的初等变换。

11. 特征值与特征向量

A 为 n 阶方阵，若存在数 λ 及非零向量 X 使下式成立，即

$$AX=\lambda X$$

则称数 λ 为方阵 $\boldsymbol{A}$ 的**特征值**，非零向量 $\boldsymbol{X}$ 为 $\boldsymbol{A}$ 的特征值 λ 对应的**特征向量**。

由于 $AX=\lambda X$，有 $AX=\lambda EX$，$AX-\lambda EX=0$，$(A-\lambda E)X=0$，方程的个数与未知量个数相等的齐次方程组 $(A-\lambda E)X=0$ 有非零解，其系数行列式为 0，即

$$|A-\lambda E|=\begin{pmatrix} a_{11}-\lambda & a_{12} & \cdots & a_{1n} \\ a_{21} & a_{22}-\lambda & \cdots & a_{2n} \\ \vdots & \vdots & \vdots & \vdots \\ a_{n1} & a_{n2} & \cdots & a_{nn}-\lambda \end{pmatrix}=0$$

系数行列式 $|A-\lambda E|$ 称为方阵 $\boldsymbol{A}$ 的**特征多项式**，$|A-\lambda E|=0$ 称为 $\boldsymbol{A}$ 的**特征方程**。

解　特征方程 $|A-\lambda E|=0$，可以求出方阵 A 的特征值 λ，求齐次线性方程组 $(A-\lambda E)X=0$ 的非零解 $\boldsymbol{X}$，得到属于 λ 的特征向量。

【习题解答】

9-1 利用对角线法则计算下列三阶行列式。

(1) $\begin{vmatrix} 2 & 0 & 1 \\ 1 & -4 & -1 \\ -1 & 8 & 3 \end{vmatrix}$；　　(2) $\begin{vmatrix} a & b & c \\ b & c & a \\ c & a & b \end{vmatrix}$；

(3) $\begin{vmatrix} 1 & 1 & 1 \\ a & b & c \\ a^2 & b^2 & c^2 \end{vmatrix}$；　　(4) $\begin{vmatrix} x & y & x+y \\ y & x+y & x \\ x+y & x & y \end{vmatrix}$。

解 (1) $\begin{vmatrix} 2 & 0 & 1 \\ 1 & -4 & -1 \\ -1 & 8 & 3 \end{vmatrix}$

$=2\times(-4)\times3+0\times(-1)\times(-1)+1\times1\times8-0\times1\times3-2\times(-1)\times8-1\times(-4)\times(-1)$

$=-24+8+16-4$

$=-4$

(2) $\begin{vmatrix} a & b & c \\ b & c & a \\ c & a & b \end{vmatrix}=acb+bac+cba-bbb-aaa-ccc$

$=3abc-a^3-b^3-c^3$

(3) $\begin{vmatrix} 1 & 1 & 1 \\ a & b & c \\ a^2 & b^2 & c^2 \end{vmatrix}=bc^2+ca^2+ab^2-ac^2-ba^2-cb^2$

$=(a-b)(b-c)(c-a)$

(4) $\begin{vmatrix} x & y & x+y \\ y & x+y & x \\ x+y & x & y \end{vmatrix}$

$=x(x+y)y+yx(x+y)+(x+y)yx-y^3-(x+y)^3-x^3$

$=3xy(x+y)-y^3-3x^2y-3y^2x-x^3-y^3-x^3$

$=-2(x^3+y^3)$

9-2 计算下列各行列式。

(1) $\begin{vmatrix} 4 & 1 & 2 & 4 \\ 1 & 2 & 0 & 2 \\ 10 & 5 & 2 & 0 \\ 0 & 1 & 1 & 7 \end{vmatrix}$； (2) $\begin{vmatrix} 2 & 1 & 4 & 1 \\ 3 & -1 & 2 & 1 \\ 1 & 2 & 3 & 2 \\ 5 & 0 & 6 & 2 \end{vmatrix}$；

(3) $\begin{vmatrix} -ab & ac & ae \\ bd & -cd & de \\ bf & cf & -ef \end{vmatrix}$； (4) $\begin{vmatrix} a & 1 & 0 & 0 \\ -1 & b & 1 & 0 \\ 0 & -1 & c & 1 \\ 0 & 0 & -1 & d \end{vmatrix}$。

解 (1) $\begin{vmatrix} 4 & 1 & 2 & 4 \\ 1 & 2 & 0 & 2 \\ 10 & 5 & 2 & 0 \\ 0 & 1 & 1 & 7 \end{vmatrix} \xlongequal[c_4-7c_3]{c_2-c_3} \begin{vmatrix} 4 & -1 & 2 & -10 \\ 1 & 2 & 0 & 2 \\ 10 & 3 & 2 & -14 \\ 0 & 0 & 1 & 0 \end{vmatrix} =$

$\begin{vmatrix} 4 & -1 & -10 \\ 1 & 2 & 2 \\ 10 & 3 & -14 \end{vmatrix} \times (-1)^{4+3} = \begin{vmatrix} 4 & -1 & 10 \\ 1 & 2 & -2 \\ 10 & 3 & 14 \end{vmatrix} \xlongequal[c_1+\frac{1}{2}c_3]{c_2+c_3}$

$\begin{vmatrix} 9 & 9 & 10 \\ 0 & 0 & -2 \\ 17 & 17 & 14 \end{vmatrix} = 0$

(2) $\begin{vmatrix} 2 & 1 & 4 & 1 \\ 3 & -1 & 2 & 1 \\ 1 & 2 & 3 & 2 \\ 5 & 0 & 6 & 2 \end{vmatrix} \xlongequal{c_4-c_2} \begin{vmatrix} 2 & 1 & 4 & 0 \\ 3 & -1 & 2 & 2 \\ 1 & 2 & 3 & 0 \\ 5 & 0 & 6 & 2 \end{vmatrix} \xlongequal{r_4-r_2}$

$\begin{vmatrix} 2 & 1 & 4 & 0 \\ 3 & -1 & 2 & 2 \\ 1 & 2 & 3 & 0 \\ 2 & 1 & 4 & 0 \end{vmatrix} \xlongequal{r_4-r_1} \begin{vmatrix} 2 & 1 & 4 & 0 \\ 3 & -1 & 2 & 2 \\ 1 & 2 & 3 & 0 \\ 0 & 0 & 0 & 0 \end{vmatrix} = 0$

$$(3)\ \begin{vmatrix} -ab & ac & ae \\ bd & -cd & de \\ bf & cf & -ef \end{vmatrix} = adf\begin{vmatrix} -b & c & e \\ b & -c & e \\ b & c & -e \end{vmatrix} = adfbce$$

$$\begin{vmatrix} -1 & 1 & 1 \\ 1 & -1 & 1 \\ 1 & 1 & -1 \end{vmatrix} = 4abcdef$$

$$(4)\ \begin{vmatrix} a & 1 & 0 & 0 \\ -1 & b & 1 & 0 \\ 0 & -1 & c & 1 \\ 0 & 0 & -1 & d \end{vmatrix} \xlongequal{r_1+ar_2} \begin{vmatrix} 0 & 1+ab & a & 0 \\ -1 & b & 1 & 0 \\ 0 & -1 & c & 1 \\ 0 & 0 & -1 & d \end{vmatrix} =$$

$$(-1)(-1)^{2+1}\begin{vmatrix} 1+ab & a & 0 \\ -1 & c & 1 \\ 0 & -1 & d \end{vmatrix} \xlongequal{c_3+dc_2} \begin{vmatrix} 1+ab & a & ad \\ -1 & c & 1+cd \\ 0 & -1 & 0 \end{vmatrix} =$$

$$(-1)(-1)^{3+2}\begin{vmatrix} 1+ab & ad \\ -1 & 1+cd \end{vmatrix} = abcd+ab+cd+ad+1$$

9-3 已知线性变换 $\begin{cases} x_1 = 2y_1+2y_2+y_3 \\ x_2 = 3y_1+y_2+5y_3 \\ x_3 = 3y_1+2y_2+3y_3 \end{cases}$，求从变量 x_1，x_2，x_3 到变量 y_1，y_2，y_3 的线性变换。

解 由已知：$\begin{pmatrix} x_1 \\ x_2 \\ x_3 \end{pmatrix} = \begin{pmatrix} 2 & 2 & 1 \\ 3 & 1 & 5 \\ 3 & 2 & 3 \end{pmatrix}\begin{pmatrix} y_1 \\ y_2 \\ y_2 \end{pmatrix}$

故 $\begin{pmatrix} y_1 \\ y_2 \\ y_2 \end{pmatrix} = \begin{pmatrix} 2 & 2 & 1 \\ 3 & 1 & 5 \\ 3 & 2 & 3 \end{pmatrix}^{-1}\begin{pmatrix} x_1 \\ x_2 \\ x_3 \end{pmatrix} = \begin{pmatrix} -7 & -4 & 9 \\ 6 & 3 & -7 \\ 3 & 2 & -4 \end{pmatrix}\begin{pmatrix} x_1 \\ x_2 \\ x_3 \end{pmatrix}$

$$\begin{cases} y_1 = -7x_1-4x_2+9x_3 \\ y_2 = 6x_1+3x_2-7x_3 \\ y_3 = 3x_1+2x_2-4x_3 \end{cases}$$

9-4 已知两个线性变换 $\begin{cases} x_1 = 2y_1 + y_3 \\ x_2 = -2y_1 + 3y_2 + 2y_3 \\ x_3 = 4y_1 + y_2 + 5y_3 \end{cases}$ 和 $\begin{cases} y_1 = -3z_1 + z_2 \\ y_2 = 2z_1 + z_3 \\ y_3 = -z_2 + 3z_3 \end{cases}$，求从 z_1，z_2，z_3 到 x_1，x_2，x_3 的线性变换。

解 由已知 $\begin{pmatrix} x_1 \\ x_2 \\ x_3 \end{pmatrix} = \begin{pmatrix} 2 & 0 & 1 \\ -2 & 3 & 2 \\ 4 & 1 & 5 \end{pmatrix} \begin{pmatrix} y_1 \\ y_2 \\ y_2 \end{pmatrix} = \begin{pmatrix} 2 & 0 & 1 \\ -2 & 3 & 2 \\ 4 & 1 & 5 \end{pmatrix}$
$\begin{pmatrix} -3 & 1 & 0 \\ 2 & 0 & 1 \\ 0 & -1 & 3 \end{pmatrix} \begin{pmatrix} z_1 \\ z_2 \\ z_3 \end{pmatrix} = \begin{pmatrix} -6 & 1 & 3 \\ 12 & -4 & 9 \\ -10 & -1 & 16 \end{pmatrix} \begin{pmatrix} z_1 \\ z_2 \\ z_3 \end{pmatrix}$

所以有 $\begin{cases} x_1 = -6z_1 + z_2 + 3z_3 \\ x_2 = 12z_1 - 4z_2 + 9z_3 \\ x_3 = -10z_1 - z_2 + 16z_3 \end{cases}$

9-5 设 $A = \begin{pmatrix} 1 & 1 & 1 \\ 1 & 1 & -1 \\ 1 & -1 & 1 \end{pmatrix}$，$B = \begin{pmatrix} 1 & 2 & 3 \\ -1 & -2 & 4 \\ 0 & 5 & 1 \end{pmatrix}$，求 $3AB - 2A$ 及 A^TB。

解 $3AB - 2A = 3\begin{pmatrix} 1 & 1 & 1 \\ 1 & 1 & -1 \\ 1 & -1 & 1 \end{pmatrix} \begin{pmatrix} 1 & 2 & 3 \\ -1 & -2 & 4 \\ 0 & 5 & 1 \end{pmatrix} -$
$2\begin{pmatrix} 1 & 1 & 1 \\ 1 & 1 & -1 \\ 1 & -1 & 1 \end{pmatrix} = 3\begin{pmatrix} 0 & 5 & 8 \\ 0 & -5 & 6 \\ 2 & 9 & 0 \end{pmatrix} - 2\begin{pmatrix} 1 & 1 & 1 \\ 1 & 1 & -1 \\ 1 & -1 & 1 \end{pmatrix} =$
$\begin{pmatrix} -2 & 13 & 22 \\ -2 & -17 & 20 \\ 4 & 29 & -2 \end{pmatrix}$

$$A^TB=\begin{pmatrix}1&1&1\\1&1&-1\\1&-1&1\end{pmatrix}\begin{pmatrix}1&2&3\\-1&-2&4\\0&5&1\end{pmatrix}=\begin{pmatrix}0&5&8\\0&-5&6\\2&9&0\end{pmatrix}。$$

9-6 计算下列乘积。

(1) $\begin{pmatrix}4&3&1\\1&-2&3\\5&7&0\end{pmatrix}\begin{pmatrix}7\\2\\1\end{pmatrix}$；

(2) $(1, 2, 3)\begin{pmatrix}3\\2\\1\end{pmatrix}$；

(3) $\begin{pmatrix}2\\1\\3\end{pmatrix}(-1, 2)$；

(4) $\begin{pmatrix}2&1&4&0\\1&-1&3&4\end{pmatrix}\begin{pmatrix}1&3&1\\0&-1&2\\1&-3&1\\4&0&-2\end{pmatrix}$；

(5) $(x_1, x_2, x_3)\begin{pmatrix}a_{11}&a_{12}&a_{13}\\a_{12}&a_{22}&a_{23}\\a_{13}&a_{23}&a_{33}\end{pmatrix}\begin{pmatrix}x_1\\x_2\\x_3\end{pmatrix}$；

(6) $\begin{pmatrix}1&2&1&0\\0&1&0&1\\0&0&2&1\\0&0&0&3\end{pmatrix}\begin{pmatrix}1&0&3&1\\0&1&2&-1\\0&0&-2&3\\0&0&0&-3\end{pmatrix}$。

解 (1) $\begin{pmatrix}4&3&1\\1&-2&3\\5&7&0\end{pmatrix}\begin{pmatrix}7\\2\\1\end{pmatrix}=\begin{pmatrix}4\times7+3\times2+1\times1\\1\times7+(-2)\times2+3\times1\\5\times7+7\times2+0\times1\end{pmatrix}$

$$=\begin{pmatrix}35\\6\\49\end{pmatrix}$$

(2) $(1\quad 2\quad 3)\begin{pmatrix}3\\2\\1\end{pmatrix}=(1\times 3+2\times 2+3\times 1)=(10)$

(3) $\begin{pmatrix}2\\1\\3\end{pmatrix}(-1\quad 2)=\begin{pmatrix}2\times(-1) & 2\times 2\\1\times(-1) & 1\times 2\\3\times(-1) & 3\times 2\end{pmatrix}=\begin{pmatrix}-2 & 4\\-1 & 2\\-3 & 6\end{pmatrix}$

(4) $\begin{pmatrix}2 & 1 & 4 & 0\\1 & -1 & 3 & 4\end{pmatrix}\begin{pmatrix}1 & 3 & 1\\0 & -1 & 2\\1 & -3 & 1\\4 & 0 & -2\end{pmatrix}=\begin{pmatrix}6 & -7 & 8\\20 & -5 & -6\end{pmatrix}$

(5) $(x_1\quad x_2\quad x_3)\begin{pmatrix}a_{11} & a_{12} & a_{13}\\a_{12} & a_{22} & a_{23}\\a_{13} & a_{23} & a_{33}\end{pmatrix}\begin{pmatrix}x_1\\x_2\\x_3\end{pmatrix}=(a_{11}x_1+a_{12}x_2+$

$a_{13}x_3\quad a_{12}x_1+a_{22}x_2+a_{23}x_3\quad a_{13}x_1+a_{23}x_2+a_{33}x_3)\times\begin{pmatrix}x_1\\x_2\\x_3\end{pmatrix}=$

$a_{11}x_1^2+a_{22}x_2^2+a_{33}x_3^2+2a_{12}x_1x_2+2a_{13}x_1x_3+2a_{23}x_2x_3$

(6) $\begin{pmatrix}1 & 2 & 1 & 0\\0 & 1 & 0 & 1\\0 & 0 & 2 & 1\\0 & 0 & 0 & 3\end{pmatrix}\begin{pmatrix}1 & 0 & 3 & 1\\0 & 1 & 2 & -1\\0 & 0 & -2 & 3\\0 & 0 & 0 & -3\end{pmatrix}=\begin{pmatrix}1 & 2 & 5 & 2\\0 & 1 & 2 & -4\\0 & 0 & -4 & 3\\0 & 0 & 0 & -9\end{pmatrix}$

9-7 设 $A=\begin{pmatrix}1 & 2\\1 & 3\end{pmatrix}$，$B=\begin{pmatrix}1 & 0\\1 & 2\end{pmatrix}$，问：

(1) $AB=BA$ 吗？

(2) $(A+B)^2=A^2+2AB+B^2$ 吗？

(3) $(A+B)(A-B)=A^2-B^2$ 吗?

解 (1) $A=\begin{pmatrix}1&2\\1&3\end{pmatrix}$, $B=\begin{pmatrix}1&0\\1&2\end{pmatrix}$

则 $AB=\begin{pmatrix}3&4\\4&6\end{pmatrix}$ $\quad BA=\begin{pmatrix}1&2\\3&8\end{pmatrix}$

故 $AB\neq BA$

(2) $(A+B)^2=\begin{pmatrix}2&2\\2&5\end{pmatrix}\begin{pmatrix}2&2\\2&5\end{pmatrix}=\begin{pmatrix}8&14\\14&29\end{pmatrix}$

$$\text{但 } A^2+2AB+B^2=\begin{pmatrix}3&8\\4&11\end{pmatrix}+\begin{pmatrix}6&8\\8&12\end{pmatrix}+\begin{pmatrix}1&0\\3&4\end{pmatrix}=\begin{pmatrix}10&16\\15&27\end{pmatrix}$$

故 $(A+B)^2\neq A^2+2AB+B^2$

(3) $(A+B)(A-B)=\begin{pmatrix}2&2\\2&5\end{pmatrix}\begin{pmatrix}0&2\\0&1\end{pmatrix}=\begin{pmatrix}0&6\\0&9\end{pmatrix}$

而 $\quad A^2-B^2=\begin{pmatrix}3&8\\4&11\end{pmatrix}-\begin{pmatrix}1&0\\3&4\end{pmatrix}=\begin{pmatrix}2&8\\1&7\end{pmatrix}$

故 $\qquad (A+B)(A-B)\neq A^2-B^2$

9-8 求下列矩阵的逆矩阵。

(1) $\begin{pmatrix}1&2\\2&5\end{pmatrix}$; $\qquad$ (2) $\begin{pmatrix}\cos\theta&-\sin\theta\\\sin\theta&\cos\theta\end{pmatrix}$;

(3) $\begin{pmatrix}1&2&-1\\3&4&-2\\5&-4&1\end{pmatrix}$; (4) $\begin{pmatrix}1&0&0&0\\1&2&0&0\\2&1&3&0\\1&2&1&4\end{pmatrix}$;

(5) $\begin{pmatrix}5&2&0&0\\2&1&0&0\\0&0&8&3\\0&0&5&2\end{pmatrix}$; (6) $\begin{pmatrix}a_1&&&0\\&a_2&&\\&&\ddots&\\0&&&a_n\end{pmatrix}$ $(a_1a_2\cdots a_n\neq0)$。

解 (1) $A=\begin{pmatrix}1 & 2\\ 2 & 5\end{pmatrix}$, $|A|=1$。

$A_{11}=5$, $A_{21}=2\times(-1)$, $A_{12}=2\times(-1)$, $A_{22}=1$

$A^*=\begin{pmatrix}A_{11} & A_{21}\\ A_{12} & A_{22}\end{pmatrix}=\begin{pmatrix}5 & -2\\ -2 & 1\end{pmatrix}$ $A^{-1}=\frac{1}{|A|}A^*$

故 $A^{-1}=\begin{pmatrix}5 & -2\\ -2 & 1\end{pmatrix}$

(2) $|A|=1\neq 0$,故 A^{-1} 存在。

$A_{11}=\cos\theta$ $A_{21}=\sin\theta$ $A_{12}=-\sin\theta$ $A_{22}=\cos\theta$

从而 $$A^{-1}=\begin{pmatrix}\cos\theta & \sin\theta\\ -\sin\theta & \cos\theta\end{pmatrix}$$

(3) $|A|=2$,故 A^{-1} 存在。

而 $A_{11}=-4$ $A_{21}=2$ $A_{31}=0$; $A_{12}=-13$ $A_{22}=6$ $A_{32}=-1$; $A_{13}=-32$ $A_{23}=14$ $A_{33}=-2$

故 $A^{-1}=\frac{1}{|A|}A^*=\begin{pmatrix}-2 & 1 & 0\\ -\frac{13}{2} & 3 & -\frac{1}{2}\\ -16 & 7 & -1\end{pmatrix}$

(4) $A=\begin{pmatrix}1 & 0 & 0 & 0\\ 1 & 2 & 0 & 0\\ 2 & 1 & 3 & 0\\ 1 & 2 & 1 & 4\end{pmatrix}$, $|A|=24$。

$A_{21}=A_{31}=A_{41}=A_{32}=A_{42}=A_{43}=0$

$A_{11}=24$, $A_{22}=12$, $A_{33}=8$, $A_{44}=6$。

$A_{12}=(-1)^3\begin{vmatrix}1 & 0 & 0\\ 2 & 3 & 0\\ 1 & 1 & 4\end{vmatrix}=-12$, $A_{13}=(-1)^4\begin{vmatrix}1 & 2 & 0\\ 2 & 1 & 0\\ 1 & 2 & 4\end{vmatrix}=$ -12, $A_{14}=(-1)^5\begin{vmatrix}1 & 2 & 0\\ 2 & 1 & 3\\ 1 & 2 & 1\end{vmatrix}=3$, $A_{23}=(-1)^5\begin{vmatrix}1 & 0 & 0\\ 2 & 1 & 0\\ 1 & 2 & 4\end{vmatrix}=$

-4, $A_{24}=(-1)^6\begin{vmatrix}1&0&0\\2&1&3\\1&2&1\end{vmatrix}=-5$, $A_{34}=(-1)^7\begin{vmatrix}1&0&0\\1&2&0\\1&2&1\end{vmatrix}=-2$

$$A^{-1}=\frac{1}{|A|}A^*$$

$$故\ A^{-1}=\begin{pmatrix}1&0&0&0\\-\frac{1}{2}&\frac{1}{2}&0&0\\-\frac{1}{2}&-\frac{1}{6}&\frac{1}{3}&0\\\frac{1}{8}&-\frac{5}{24}&-\frac{1}{12}&\frac{1}{4}\end{pmatrix}$$

(5) $|A|=1\neq 0$,故 A^{-1} 存在。

而 $A_{11}=1$, $A_{21}=-2$, $A_{31}=0$, $A_{41}=0$; $A_{12}=-2$, $A_{22}=5$, $A_{32}=0$, $A_{42}=0$; $A_{13}=0$, $A_{23}=0$, $A_{33}=2$, $A_{43}=-3$; $A_{14}=0$, $A_{24}=0$, $A_{34}=-5$, $A_{44}=8$。

$$故\ A^{-1}=\begin{pmatrix}1&-2&0&0\\-2&5&0&0\\0&0&2&-3\\0&0&-5&8\end{pmatrix}$$

$$(6)\ A=\begin{pmatrix}a_1&&&0\\&a_2&&\\&&\ddots&\\0&&&a_n\end{pmatrix}$$

$$由对角矩阵的性质知\ A^{-1}=\begin{pmatrix}\frac{1}{a_1}&&&0\\&\frac{1}{a_2}&&\\&&\ddots&\\0&&&\frac{1}{a_n}\end{pmatrix}$$

9-9 解下列矩阵方程。

(1) $\begin{pmatrix}2 & 5\\1 & 3\end{pmatrix}X=\begin{pmatrix}4 & -6\\2 & 1\end{pmatrix}$;

(2) $X\begin{pmatrix}2 & 1 & -1\\2 & 1 & 0\\1 & -1 & 1\end{pmatrix}=\begin{pmatrix}1 & -1 & 3\\4 & 3 & 2\end{pmatrix}$;

(3) $\begin{pmatrix}1 & 4\\-1 & 2\end{pmatrix}X\begin{pmatrix}2 & 0\\-1 & 1\end{pmatrix}=\begin{pmatrix}3 & 1\\0 & -1\end{pmatrix}$;

(4) $\begin{pmatrix}0 & 1 & 0\\1 & 0 & 0\\0 & 0 & 1\end{pmatrix}X\begin{pmatrix}1 & 0 & 0\\0 & 0 & 1\\0 & 1 & 0\end{pmatrix}=\begin{pmatrix}1 & -4 & 3\\2 & 0 & -1\\1 & -2 & 0\end{pmatrix}$。

解 (1) $X=\begin{pmatrix}2 & 5\\1 & 3\end{pmatrix}^{-1}\begin{pmatrix}4 & -6\\2 & 1\end{pmatrix}=\begin{pmatrix}3 & -5\\-1 & 2\end{pmatrix}\begin{pmatrix}4 & -6\\2 & 1\end{pmatrix}$

$$=\begin{pmatrix}2 & -23\\0 & 8\end{pmatrix}$$

(2) $X=\begin{pmatrix}1 & -1 & 3\\4 & 3 & 2\end{pmatrix}\begin{pmatrix}2 & 1 & -1\\2 & 1 & 0\\1 & -1 & 1\end{pmatrix}^{-1}$

$$=\frac{1}{3}\begin{pmatrix}1 & -1 & 3\\4 & 3 & 2\end{pmatrix}\begin{pmatrix}1 & 0 & 1\\-2 & 3 & -2\\-3 & 3 & 0\end{pmatrix}$$

$$=\begin{pmatrix}-2 & 2 & 1\\-\frac{8}{3} & 5 & -\frac{2}{3}\end{pmatrix}$$

(3) $X=\begin{pmatrix}1 & 4\\-1 & 2\end{pmatrix}^{-1}\begin{pmatrix}3 & 1\\0 & -1\end{pmatrix}\begin{pmatrix}2 & 0\\-1 & 1\end{pmatrix}^{-1}$

$$=\frac{1}{12}\begin{pmatrix}2 & -4\\1 & 1\end{pmatrix}\begin{pmatrix}3 & 1\\0 & -1\end{pmatrix}\begin{pmatrix}1 & 0\\1 & 2\end{pmatrix}$$

$$=\frac{1}{12}\begin{pmatrix}6 & 6\\3 & 0\end{pmatrix}\begin{pmatrix}1 & 0\\1 & 2\end{pmatrix}=\begin{pmatrix}1 & 1\\\frac{1}{4} & 0\end{pmatrix}$$

(4) $$X=\begin{pmatrix}0 & 1 & 0\\1 & 0 & 0\\0 & 0 & 1\end{pmatrix}^{-1}\begin{pmatrix}1 & -4 & 3\\2 & 0 & -1\\1 & -2 & 0\end{pmatrix}\begin{pmatrix}1 & 0 & 0\\0 & 0 & 1\\0 & 1 & 0\end{pmatrix}^{-1}$$

$$=\begin{pmatrix}0 & 1 & 0\\1 & 0 & 0\\0 & 0 & 1\end{pmatrix}\begin{pmatrix}1 & -4 & 3\\2 & 0 & -1\\1 & -2 & 0\end{pmatrix}\begin{pmatrix}1 & 0 & 0\\0 & 0 & 1\\0 & 1 & 0\end{pmatrix}$$

$$=\begin{pmatrix}2 & -1 & 0\\1 & 3 & -4\\1 & 0 & -2\end{pmatrix}$$

9-10 求下列矩阵的秩，并求一个最高阶非零子式。

(1) $\begin{pmatrix}3 & 1 & 0 & 2\\1 & -1 & 2 & -1\\1 & 3 & -4 & 4\end{pmatrix}$；

(2) $\begin{pmatrix}3 & 2 & -1 & -3 & -2\\2 & -1 & 3 & 1 & -3\\7 & 0 & 5 & -1 & -8\end{pmatrix}$；

(3) $\begin{pmatrix}2 & 1 & 8 & 3 & 7\\2 & -3 & 0 & 7 & -5\\3 & -2 & 5 & 8 & 0\\1 & 0 & 3 & 2 & 0\end{pmatrix}$。

解 (1) $$\begin{pmatrix}3 & 1 & 0 & 2\\1 & -1 & 2 & -1\\1 & 3 & -4 & 4\end{pmatrix}\overset{r_1\leftrightarrow r_2}{\sim}\begin{pmatrix}1 & -1 & 2 & -1\\3 & 1 & 0 & 2\\1 & 3 & -4 & 4\end{pmatrix}$$

$$\underset{r_3-r_1}{\overset{r_2-3r_1}{\sim}}\begin{pmatrix}1 & -1 & 2 & -1\\0 & 4 & -6 & 5\\0 & 4 & -6 & 5\end{pmatrix}\overset{r_3-r_2}{\sim}\begin{pmatrix}1 & -1 & 2 & -1\\0 & 4 & -6 & 5\\0 & 0 & 0 & 0\end{pmatrix}$$ 秩为 2

二阶子式 $\begin{vmatrix} 3 & 1 \\ 1 & -1 \end{vmatrix} = -4$

(2) $\begin{pmatrix} 3 & 2 & -1 & -3 & -2 \\ 2 & -1 & 3 & 1 & -3 \\ 7 & 0 & 5 & -1 & -8 \end{pmatrix} \overset{\substack{r_1-r_2 \\ r_2-2r_1}}{\underset{r_3-7r_1}{\sim}} \begin{pmatrix} 1 & 3 & -4 & -4 & 1 \\ 0 & -7 & 11 & 9 & -5 \\ 0 & -21 & 33 & 27 & -15 \end{pmatrix}$

$\overset{r_3-3r_2}{\sim} \begin{pmatrix} 1 & 3 & -4 & -4 & 1 \\ 0 & -7 & 11 & 9 & -5 \\ 0 & 0 & 0 & 0 & 0 \end{pmatrix}$ 秩为 2

二阶子式 $\begin{vmatrix} 3 & 2 \\ 2 & -1 \end{vmatrix} = -7$

(3) $\begin{pmatrix} 2 & 1 & 8 & 3 & 7 \\ 2 & -3 & 0 & 7 & -5 \\ 3 & -2 & 5 & 8 & 0 \\ 1 & 0 & 3 & 2 & 0 \end{pmatrix} \overset{\substack{r_1-2r_4 \\ r_2-2r_4}}{\underset{r_3-3r_4}{\sim}} \begin{pmatrix} 0 & 1 & 2 & -1 & 7 \\ 0 & -3 & -6 & 3 & -5 \\ 0 & -2 & -4 & 2 & 0 \\ 1 & 0 & 3 & 2 & 0 \end{pmatrix}$

$\overset{r_2+3r_1}{\underset{r_3+2r_1}{\sim}} \begin{pmatrix} 0 & 1 & 2 & -1 & 7 \\ 0 & 0 & 0 & 0 & 16 \\ 0 & 0 & 0 & 0 & 14 \\ 1 & 0 & 3 & 2 & 0 \end{pmatrix} \overset{\substack{r_1 \leftrightarrow r_2 \\ r_4 \leftrightarrow r_1}}{\underset{\substack{r_3 \div 14 \\ r_4 \div 16 \\ r_4 - r_3}}{\sim}} \begin{pmatrix} 1 & 0 & 3 & 2 & 0 \\ 0 & 1 & 2 & -1 & 7 \\ 0 & 0 & 0 & 0 & 1 \\ 0 & 0 & 0 & 0 & 0 \end{pmatrix}$ 秩为 3

三阶子式 $\begin{vmatrix} 0 & 7 & -5 \\ 5 & 8 & 0 \\ 3 & 2 & 0 \end{vmatrix} = -5 \begin{vmatrix} 5 & 8 \\ 3 & 2 \end{vmatrix} = 70 \neq 0$

9-11 解下列齐次线性方程组。

(1) $\begin{cases} x_1 + x_2 + 2x_3 - x_4 = 0 \\ 2x_1 + x_2 + x_3 - x_4 = 0 \\ 2x_1 + 2x_2 + x_3 + 2x_4 = 0 \end{cases}$；

(2) $\begin{cases} x_1 + 2x_2 + x_3 - x_4 = 0 \\ 3x_1 + 6x_2 - x_3 - 3x_4 = 0 \\ 5x_1 + 10x_2 + x_3 - 5x_4 = 0 \end{cases}$；

(3) $\begin{cases} 2x_1+3x_2-x_3+5x_4=0 \\ 3x_1+x_2+2x_3-7x_4=0 \\ 4x_1+x_2-3x_3+6x_4=0 \\ x_1-2x_2+4x_3-7x_4=0 \end{cases}$；

(4) $\begin{cases} 3x_1+4x_2-5x_3+7x_4=0 \\ 2x_1-3x_2+3x_3-2x_4=0 \\ 4x_1+11x_2-13x_3+16x_4=0 \\ 7x_1-2x_2+x_3+3x_4=0 \end{cases}$。

解 （1）对系数矩阵实施行变换：

$$\begin{pmatrix} 1 & 1 & 2 & -1 \\ 2 & 1 & 1 & -1 \\ 2 & 2 & 1 & 2 \end{pmatrix} \sim \begin{pmatrix} 1 & 0 & -1 & 0 \\ 0 & 1 & 3 & -1 \\ 0 & 0 & 1 & -\frac{4}{3} \end{pmatrix} \text{即} \begin{cases} x_1=\frac{4}{3}x_4 \\ x_2=-3x_4 \\ x_3=\frac{4}{3}x_4 \\ x_4=x_4 \end{cases}$$

故方程组的解为 $\begin{pmatrix} x_1 \\ x_2 \\ x_3 \\ x_4 \end{pmatrix}=k\begin{pmatrix} \frac{4}{3} \\ -3 \\ \frac{4}{3} \\ 1 \end{pmatrix}$

（2）对系数矩阵实施行变换：

$$\begin{pmatrix} 1 & 2 & 1 & -1 \\ 3 & 6 & -1 & -3 \\ 5 & 10 & 1 & -5 \end{pmatrix} \sim \begin{pmatrix} 1 & 2 & 0 & -1 \\ 0 & 0 & 1 & 0 \\ 0 & 0 & 0 & 0 \end{pmatrix} \quad \text{即} \begin{cases} x_1=-2x_2+x_4 \\ x_2=x_2 \\ x_3=0 \\ x_4=x_4 \end{cases}$$

故方程组的解为 $\begin{pmatrix} x_1 \\ x_2 \\ x_3 \\ x_4 \end{pmatrix}=k_1\begin{pmatrix} -2 \\ 1 \\ 0 \\ 0 \end{pmatrix}+k_2\begin{pmatrix} 1 \\ 0 \\ 0 \\ 1 \end{pmatrix}$

(3) 对系数矩阵实施行变换：

$$\begin{pmatrix} 2 & 3 & -1 & 5 \\ 3 & 1 & 2 & -7 \\ 4 & 1 & -3 & 6 \\ 1 & -2 & 4 & -7 \end{pmatrix} \sim \begin{pmatrix} 1 & 0 & 0 & 0 \\ 0 & 1 & 0 & 0 \\ 0 & 0 & 1 & 0 \\ 0 & 0 & 0 & 1 \end{pmatrix} \text{即} \begin{cases} x_1 = 0 \\ x_2 = 0 \\ x_3 = 0 \\ x_4 = 0 \end{cases}$$

故方程组的解为 $\begin{cases} x_1 = 0 \\ x_2 = 0 \\ x_3 = 0 \\ x_4 = 0 \end{cases}$

(4) 对系数矩阵实施行变换：

$$\begin{pmatrix} 3 & 4 & -5 & 7 \\ 2 & -3 & 3 & -2 \\ 4 & 11 & -13 & 16 \\ 7 & -2 & 1 & 3 \end{pmatrix} \sim \begin{pmatrix} 1 & 0 & -\frac{3}{17} & \frac{13}{17} \\ 0 & 1 & -\frac{19}{17} & \frac{20}{17} \\ 0 & 0 & 0 & 0 \\ 0 & 0 & 0 & 0 \end{pmatrix} \text{即}$$

$$\begin{cases} x_1 = \frac{3}{17}x_3 - \frac{13}{17}x_4 \\ x_2 = \frac{19}{17}x_3 - \frac{20}{17}x_4 \\ x_3 = x_3 \\ x_4 = x_4 \end{cases}$$

故方程组的解为 $\begin{pmatrix} x_1 \\ x_2 \\ x_3 \\ x_4 \end{pmatrix} = k_1 \begin{pmatrix} \frac{3}{17} \\ \frac{19}{17} \\ 1 \\ 0 \end{pmatrix} + k_2 \begin{pmatrix} -\frac{13}{17} \\ -\frac{20}{17} \\ 0 \\ 1 \end{pmatrix}$

【课外练习】

一、单选题

1. 行列式 $D=\begin{vmatrix} a & 0 & 0 & g \\ 0 & c & e & 0 \\ 0 & d & f & 0 \\ b & 0 & 0 & h \end{vmatrix}$ 的展开式中不显为零的项数有(　　)个。

A. 2　　B. 4　　C. 6　　D. 8

2. 设 A 是 3×4 型矩阵,B 是 4×3 型矩阵,则下列结论中(　　)是不正确的。

A. $|BA|\neq0$　　B. $|A^TB^T|$ 有意义

C. 秩$(A)=$ 秩$(A^T)\leqslant3$　　D. 秩$(AB)\leqslant3$

3. 设 A 是 n 阶反对称矩阵,且 A 可逆,则有(　　)成立。

A. $A^TA^{-1}=-E$　　B. $AA^T=-E$

C. $A^{-1}=-A^T$　　D. $|A^T|=-|A|$

4. n 个未知量 m 个方程的齐次线性方程组满足条件(　　)时,此方程组有非零解。

A. $n=m$

B. 系数矩阵的秩 $<m$

C. $n<m$

D. 系数矩阵的秩 $<\min\{n, m\}$

5. 当非齐次线性方程组 $A_{m\times n}X_{n\times1}=B_{m\times1}$ 满足条件(　　)时,此方程组有解。

A. 秩$(A, B)\geqslant n$　　B. 秩$(A, B)\leqslant$ 秩(A)

C. 秩$(A, B)\leqslant n$　　D. 秩$(A, B)\geqslant$ 秩(A)

6. 设 A 和 B 都是 n 阶方阵,且 $|A+AB|=0$,则有(　　)。

A. $|A|=0$

B. $|E+B|=0$

C. $|A|=0$ 或 $|E+B|=0$

D. $|A|=0$ 且 $|E+B|=0$

7. 矩阵 $A=\begin{pmatrix}2 & 3 & 2\\ 1 & 4 & 2\\ 1 & -3 & 1\end{pmatrix}$ 的特征值是(　　)。

A. $\lambda_1=1, \lambda_2=1, \lambda_3=3$　B. $\lambda_1=3, \lambda_2=3, \lambda_3=1$

C. $\lambda_1=1, \lambda_2=2, \lambda_3=3$　D. $\lambda_1=2, \lambda_2=1, \lambda_3=1$

8. 设 $A=\begin{pmatrix}1 & 1 & 0 & 1 & 5\\ 0 & 2 & 0 & 4 & 0\\ 0 & 0 & 1 & 0 & 0\\ 0 & 0 & 0 & 1 & 0\\ 0 & 0 & 0 & 2 & 3\end{pmatrix}$，$|A|=$(　　)。

A. 1　　B. 2　　C. 4　　D. 6

9. 线性方程组 $\begin{pmatrix}5 & 1 & 2\\ 2 & 1 & 1\\ 9 & 2 & 5\end{pmatrix}\begin{pmatrix}x_1\\ x_2\\ x_3\end{pmatrix}=\begin{pmatrix}2\\ 4\\ 3\end{pmatrix}$ 的解为(　　)。

A. $x_1=-\frac{1}{4}, x_2=\frac{23}{4}, x_3=-\frac{5}{4}$

B. $x_1=-\frac{1}{2}, x_2=\frac{23}{2}, x_3=-\frac{5}{2}$

C. $x_1=\frac{1}{4}, x_2=-\frac{23}{4}, x_3=\frac{5}{4}$

D. $x_1=\frac{1}{2}, x_2=-\frac{23}{4}, x_3=\frac{5}{2}$

10. 方程组 $\begin{cases}2x_1-3x_2+x_3+5x_4=6\\ -3x_1+x_2+2x_3-4x_4=5\\ -x_1-2x_2+3x_3+x_4=11\end{cases}$ 的解是(　　)。

二、填空题

1. 若将 n 阶行列式 D 中的每个元素添上负号得一新的行列式 $\overline{D}$,则 $\overline{D}$=(　　)D。

2. 若 $\begin{vmatrix} 4 & h \\ h & h \end{vmatrix} = 3$,则 $h =$ (　　)。

3. 若 A^* 为可逆矩阵 A 的伴随矩阵,则 $A^{-1} =$ (　　)。

4. 设 A 与 B 都是 $m \times n$ 型矩阵,则 $AB = BA$ 的充要条件是(　　)。

5. 若 A 与 B 都是 n 阶矩阵,则 AB 不可逆的充要条件是(　　)。

6. 非齐次线性方程组有解的充要条件是(　　)。

7. 若 n 元线性方程组有解,且其系数矩阵的秩为 r,则当(　　)时方程组有唯一解;当(　　)时方程组有无穷多组解。

8. 设 λ_0 是矩阵 A 的一个特征值,且 $|A| \neq 0$,则 λ_0(　　),且 λ_0^{-1} 是矩阵(　　)的一个特征值。

9. 设 $a_1 = (3, 3, 3)$, $a_2 = (-1, 1, -3)$, $a_3 = (2, 1, 3)$,则 a_1, a_2, a_3 线性(　　)关。

10. 如果 D_1 为二阶行列式,其值为 2; D_2 为三阶行列式,其值为 $\frac{1}{3}$。那么,行列式 $\begin{vmatrix} 0 & D_1 \\ D_2 & 0 \end{vmatrix} =$ (　　)。

三、计算及证明题

1. 计算下列行列式。

(1) $\begin{vmatrix} 3 & 1 & -1 & 2 \\ -5 & 1 & 3 & -4 \\ 2 & 0 & 1 & -1 \\ 1 & -5 & 3 & -3 \end{vmatrix}$; (2) $\begin{vmatrix} 1 & 1 & 1 & 1 \\ 1 & 2 & 3 & 4 \\ 1 & 3 & 6 & 10 \\ 1 & 4 & 10 & 20 \end{vmatrix}$。

2. 计算下列行列式。

(1) $\begin{vmatrix} 0 & a & b \\ -a & 0 & c \\ -b & -c & 0 \end{vmatrix}$；　　(2) $\begin{vmatrix} a+b & c & c \\ a & b+c & a \\ b & b & c+a \end{vmatrix}$。

3. 用克莱姆法则解下列线性方程组。

(1) $\begin{cases} 2x-3y=1 \\ 3x+2y=8 \end{cases}$；　　(2) $\begin{cases} x+2y-z=3 \\ 2x-y-2z=1 \\ x+3y+z=6 \end{cases}$。

4. 解下列矩阵方程。

(1) $5\begin{pmatrix} 1 & -1 & 2 \\ 6 & 3 & -7 \end{pmatrix}+X=\begin{pmatrix} 5 & -1 & 2 \\ 6 & 3 & -7 \end{pmatrix}$；

(2) $\begin{pmatrix} 3 & -1 \\ 1 & 2 \\ 2 & -1 \end{pmatrix}+X^T-2\begin{pmatrix} -1 & 1 \\ 0 & 2 \\ 1 & 2 \end{pmatrix}=\begin{pmatrix} -1 & 1 & 2 \\ 4 & 3 & 1 \end{pmatrix}^T$。

5. 计算下列矩阵。

(1) $\begin{pmatrix} 1 & 1 \\ 2 & 1 \\ 1 & -1 \end{pmatrix}\begin{pmatrix} 1 & 3 & 0 & 2 \\ 2 & 1 & 1 & 3 \end{pmatrix}$；(2) $\begin{pmatrix} a & b & c \\ c & b & a \\ 1 & 1 & 1 \end{pmatrix}\begin{pmatrix} 1 & a & c \\ 1 & b & b \\ 1 & c & a \end{pmatrix}$；

(3) $\begin{pmatrix} 2 & 1 & 1 \\ 3 & 1 & 0 \\ 0 & 1 & 2 \end{pmatrix}^T (x,\ y,\ z)^T$；　(4) $(x,\ y)\begin{pmatrix} a & b \\ c & d \end{pmatrix}\begin{pmatrix} x \\ y \end{pmatrix}$。

6. 用矩阵方程表示生物种群的年龄分布关系。

$$\begin{cases} n_1 = f_1m_1+f_2m_2+f_3m_3+f_4m_4 \\ n_2 = p_1m_1 \\ n_3 = p_2m_2 \\ n_4 = p_3m_3 \end{cases}$$

其中，m_i 是各年龄组母体的初始数目，n_i 是经单位时间后的数目，f_i 是 m_i 产生的子代，p_i 是第 i 组母体进入第 $i+1$ 组的比率。

7. 求下列矩阵的伴随矩阵。

(1) $A=\begin{pmatrix}1 & 3\\2 & 8\end{pmatrix}$；　　(2) $A=\begin{pmatrix}2 & 1 & 1\\3 & 1 & 0\\0 & 1 & 2\end{pmatrix}$。

8. 求下列矩阵的逆矩阵。

(1) $A=\begin{pmatrix}3 & -5\\2 & -3\end{pmatrix}$；　　(2) $A=\begin{pmatrix}2 & 1 & 1\\0 & 1 & 0\\0 & 1 & 2\end{pmatrix}$。

9. 用矩阵方程解下列线性方程组。

(1) $\begin{cases}2x_1-x_2=3\\x_1+2x_2=4\end{cases}$；　　(2) $\begin{cases}x-y+3z=-8\\2x+y-z=23\\3x+4y+2z=11\end{cases}$。

10. 某制药厂的三个车间互相提供产品，全年各车间出厂产量及对其他车间产品消耗情况如表 9-1 所示。第一列数字分别表示第一车间生产 1 单位产品需消耗第一、二、三车间 0.1、0.2、0.5 单位产品（称直接消耗系数）。第一行 $0.1x_1$、$0.2x_2$、$0.45x_3$ 分别表示第一车间消耗在各车间的产品流量，第二、三列类同，用矩阵方程求各车间的总产量 x_1、x_2、x_3。

表 9-1　某制药厂的三个车间的产品流量

车间	1	2	3	出厂产量	总产量
1	0.10	0.02	0.45	22	x_1
2	0.02	0.20	0.30	0	x_2
3	0.50	0	0.12	55.6	x_3

11. 判断向量 $\boldsymbol{a}$, $\boldsymbol{b}$, $\boldsymbol{c}$ 的相关性。

(1) $a=(2, 2, 0, 1)$, $b=(-1, 2, 1, 3)$, $c=(1, 2, 2, 0)$；

(2) $a=(1, 0, 2)$, $b=(3, 1, 8)$, $c=(2, 0, 4)$

12. 解下列线性方程组。

(1) $\begin{cases}2x_1-4x_2+3x_3-x_4=0\\x_1+4x_2+x_3-3x_4=0\end{cases}$

(2) $\begin{cases} 2x_1 + 7x_2 + 3x_3 + x_4 = 6 \\ 3x_1 + 5x_2 + 2x_3 + 2x_4 = 4 \\ 9x_1 + 4x_2 + x_3 + 7x_4 = 2 \end{cases}$

13. Crow 和 Kimura（1970）研究近视遗传问题，得到如 $\begin{vmatrix} -\lambda & 1 & 0 \\ 0 & \frac{1}{2}-\lambda & \frac{1}{2} \\ \frac{1}{4} & \frac{1}{2} & -\lambda \end{vmatrix} = 0$ 所示的特征方程，证明特征方程可化为 $\lambda^3 - \frac{\lambda^2}{2} - \frac{\lambda}{4} - \frac{1}{8} = 0$，并有特征值 $\lambda \approx 0.9196$。

14. Searle 归纳出如 $A = \begin{pmatrix} 1 & \frac{1}{4} & \frac{1}{18} \\ 0 & \frac{2}{4} & \frac{8}{18} \\ 1 & \frac{1}{4} & \frac{9}{18} \end{pmatrix}$ 所示的生物基因概率矩阵，求特征值及所属的特征向量。

课外练习参考答案

第一章　函数与极限

一、单选题

1. D　2. C　3. C　4. B　5. A　6. B　7. C　8. A　9. D　10. B　11. B　12. A　13. B　14. D　15. C　16. A　17. D　18. D　19. A　20. D

二、填空题

1. $\left(\frac{7}{2},+\infty\right)$　2. x^2+4x+3　3. 0　4. 1　5. e^{-2}　6. -1　7. 高　8. 0　9. 0　10. 1

三、计算及证明题

1. 略

2. **解**　(1) $\lim\limits_{x\to 2}\frac{x-1}{x+3}=0.2$

(2) $\lim\limits_{x\to 3}\frac{x^2-2x-3}{x-3}=\lim\limits_{x\to 3}\frac{(x-3)(x+1)}{x-3}=4$

(3) $\lim\limits_{x\to 0}\left(1-\frac{2}{x-3}\right)=\frac{5}{3}$

(4) $\lim\limits_{x\to 2}\frac{x^2-3}{x-2}=\infty$

(5) $\lim\limits_{x\to 1}\frac{x^2-1}{2x^2-x-3}=\lim\limits_{x\to 1}\frac{(x+1)(x-1)}{(x-1)(2x+1)}=\frac{2}{3}$

(6) $\lim\limits_{x\to 0}\frac{4x^3-2x^2+x}{3x^2+2x}=\lim\limits_{x\to 0}\frac{x(4x^2-2x+1)}{x(3x+2)}=\lim\limits_{x\to 0}\frac{4x^2-2x+1}{3x+2}$

$= 0.5$

(7) $\lim\limits_{x\to 1}\dfrac{x^2-3x+2}{1-x^2}=\lim\limits_{x\to 1}\dfrac{(x-2)(x-1)}{(1+x)(1-x)}=0.5$

(8) $\lim\limits_{h\to 0}\dfrac{(x+h)^3-x^3}{h}=\lim\limits_{h\to\infty}\dfrac{3x^2h+3xh^2+h^3}{h}=\lim\limits_{h\to\infty}(3x^2+3xh+h^2)$

$= 3x^2$

(9) $\lim\limits_{x\to 1}\dfrac{x^n-1}{x-1}=\lim\limits_{x\to 1}(x^{n-1}+x^{n-2}+\cdots+x+1)=n$

(10) $\lim\limits_{x\to\infty}\dfrac{2x+3}{6x-1}=\lim\limits_{x\to\infty}\dfrac{2+\dfrac{3}{x}}{6-\dfrac{1}{x}}=\dfrac{1}{3}$

(11) $\lim\limits_{x\to\infty}\dfrac{1\,000x}{1+x^2}=\lim\limits_{x\to\infty}\dfrac{\dfrac{1\,000}{x}}{\dfrac{1}{x^2}+1}=0$

(12) $\lim\limits_{u\to\infty}\dfrac{\sqrt[4]{1+u^3}}{1+u}=\lim\limits_{u\to\infty}\dfrac{\sqrt[4]{\dfrac{1}{u^4}+\dfrac{1}{u}}}{\dfrac{1}{u}+1}=0$

3. **解**　(1) $\lim\limits_{x\to 0}\dfrac{x^3+1\,000x}{x}=1\,000$,为同阶无穷小量。

(2) $\lim\limits_{x\to 0}\dfrac{\sqrt{1+x}-\sqrt{1-x}}{x}=1$,为等价无穷小量。

(3) $\lim\limits_{x\to 0}=\dfrac{x+\sin x^2}{x}=1$,为等价无穷小量。

(4) $\lim\limits_{x\to 0}\dfrac{\sqrt{x}+\sin x}{x}=\infty$,为低阶无穷小量。

(5) $\lim\limits_{x\to 0}\dfrac{\dfrac{(x+1)\cdot x}{4+\sqrt[3]{x}}}{x}=\dfrac{1}{4}$,为同阶无穷小量。

(6) $\lim\limits_{x\to 0}\dfrac{\ln(1+2x)}{x}=2$,为同阶无穷小量。

4. **证**　$\lim\limits_{x\to 0^+}(3x+2)=2$, $\lim\limits_{x\to 0^-}(x^2+1)=1$, 故$\lim\limits_{x\to 0}f(x)$不存在。

$\lim\limits_{x\to 1^+}\dfrac{2}{x}=2$, $\lim\limits_{x\to 1^-}(x^2+1)=2$, 故$\lim\limits_{x\to 1}f(x)=2$。

5. **解**　$\lim\limits_{x\to 0^+}(x^2-2x)=0$, $\lim\limits_{x\to 0^-}\dfrac{1}{x^2}=\infty$,故$\lim\limits_{x\to 0}f(x)$不存在。

$\lim\limits_{x\to 2^+}(3x-6)=0$，$\lim\limits_{x\to 2^-}(x^2-2x)=0$，故$\lim\limits_{x\to 2}f(x)=0$。

$\lim\limits_{x\to -\infty}\dfrac{1}{x^2}=0$；$\lim\limits_{x\to +\infty}(3x-6)=+\infty$。

6. **解**　由 $x^2-2x+k=(x-3)(x+1)+(3+k)$，故 $k=-3$。

7. **解**　由 $x^2+ax+b=(x-1)(x+a+1)+(b+a+1)=0$，$b+a+1=0$。

而 $x=1$ 时 $x+a+1=-5$，故 $a=-7$，$b=6$。

8. **解**　由 $\dfrac{x^2+1}{x+1}-ax-b=\dfrac{x^2+1-ax^2-ax-bx-b}{x+1}$

$$=\frac{x+\dfrac{1}{x}-ax-a-b-\dfrac{b}{x}}{1+\dfrac{1}{x}}$$

有 $x-ax-a-b=0$，即 $x(1-a)-(a+b)=0$。

故 $1-a=0$，$a+b=0$，解出 $a=1$，$b=-1$。

9. **解**　(1) $\lim\limits_{x\to 0}\dfrac{\tan x-\sin x}{x}=\lim\limits_{x\to 0}\dfrac{\tan x}{x}-\lim\limits_{x\to 0}\dfrac{\sin x}{x}$

$$=\lim_{x\to 0}\frac{\sin x}{x}\cdot\cos x-\lim_{x\to 0}\frac{\sin x}{x}$$

$$=1-1=0$$

(2) $\lim\limits_{x\to 0}\dfrac{\sin 2x}{\sin 3x}=\lim\limits_{x\to 0}\dfrac{\dfrac{\sin 2x}{2x}\cdot 2}{\dfrac{\sin 3x}{3x}\cdot 3}=\dfrac{2}{3}$

(3) $\lim\limits_{x\to 0}\dfrac{x-\sin x}{x+\sin x}=\lim\limits_{x\to 0}\dfrac{1-\dfrac{\sin x}{x}}{1+\dfrac{\sin x}{x}}=\dfrac{1-1}{1+1}=0$

10. **解**　(1) $\lim\limits_{x\to\infty}\left(1+\dfrac{2}{x}\right)^{2x}=\lim\limits_{\frac{x}{2}\to\infty}\left[1+\dfrac{1}{\dfrac{x}{2}}\right]^{\frac{x}{2}\cdot 4}=e^4$

(2) $\lim\limits_{x\to\infty}\left(1-\dfrac{2}{x}\right)^{\frac{x}{2}-1}=\lim\limits_{\frac{x}{2}\to\infty}\left[1+\dfrac{-1}{\dfrac{x}{2}}\right]^{-\frac{x}{2}\cdot(-1)}\cdot\lim\limits_{\frac{x}{2}\to\infty}\left[1-\dfrac{1}{\dfrac{x}{2}}\right]^{-1}$

$$=e^{-1}\cdot 1=e^{-1}$$

(3) $\lim\limits_{x\to\infty}\left(\dfrac{x-1}{x+1}\right)^{x}=\lim\limits_{x+1\to\infty}\left(1+\dfrac{-2}{x+1}\right)^{\frac{x+1}{-2}\cdot(-2)}\cdot\lim\limits_{x+1\to\infty}\left(1+\dfrac{-2}{x+1}\right)^{-1}=e^{2}$

第二章　导数与微分

一、单选题

1. B　2. A　3. A　4. B　5. B　6. D　7. B　8. D　9. B　10. C

二、填空题

1. 0.01，00001　2. 0，18　3. $\frac{1}{4\sqrt{2}}$，$\frac{1}{8\sqrt{3}}$　4. 0，$\frac{3}{4(1-t)}$　5. 1，1，2　6. $(\sin 2x+2x\cos 2x)\mathrm{d}x$，$\frac{2\ln(1-x)}{x-1}\mathrm{d}x$　7. $\frac{3}{2}x^2+c$，$-\frac{1}{2}\cos 2x+c$，$-\frac{1}{2}\mathrm{e}^{-2x}+c$　8. $y'(0)=-\mathrm{e}^{-1}$，$y''(0)=\mathrm{e}^{-2}$　9. 0 或$\frac{2}{3}$　10. 0

三、计算及证明题

1. **解**　(1) $y'=6x$

(2) $y'=6x(x^2-1)^2$

(3) $y'=3x^2\log_3 x+\frac{x^2}{\ln 3}$

(4) $y'=\frac{x\sec^2 x-\tan x}{x^2}$

(5) $y'=\frac{1-\cos x-x\sin x}{(1-\cos x)^2}$

(6) $y'=\frac{x^2-4x-1}{(x^2+x+1)^2}$

2. **解**　(1) $\mathrm{d}y=\left(-\frac{1}{x^2}+\frac{\sqrt{x}}{x}\right)\mathrm{d}x$

(2) $\mathrm{d}y=(\sin 2x+2x\cos 2x)\mathrm{d}x$

(3) $\mathrm{d}y=2x(1+x)\mathrm{e}^{2x}\mathrm{d}x$

(4) $\mathrm{d}y=\frac{-2x}{1+x^4}\mathrm{d}x$

3. **证**　由已知 $y=\arctan x$，则

$$y'=(\arctan x)'=\frac{1}{1+x^2},\ y''=\left(\frac{1}{1+x^2}\right)'=-\frac{2x}{(1+x^2)^2}$$

所以，$(1+x^2)y''+2xy'=0$ 得证。

4. **解**　由定义 $\lim\limits_{\Delta x\to 0}\frac{f(1+\Delta x)-f(1)}{\Delta x}=\lim\limits_{\Delta x\to 0}\frac{(1+\Delta x)^3-1^3}{\Delta x}=$

$$\lim_{\Delta x\to 0}\frac{1+3\Delta x+3\Delta x^2+\Delta x^3-1}{\Delta x}=\lim_{\Delta x\to 0}(3+3\Delta x+\Delta x^2)=3$$

所以，$f'(1)=3$。

5. **证** 由于 $\frac{f(x)-f(0)}{x-0}=\sin\frac{1}{x}$，则 $x\to 0$ 时，上式的极限不存在。所以，函数 $f(x)$ 在 $x=0$ 处不可导。

6. **解** 因为 $f(x)$ 在 $x=3$ 处左、右两侧的函数表达式不同，所以要使 $f(x)$ 在 $x=3$ 处可导，必须使 $f(x)$ 在 $x=3$ 处的左、右导数 $f'_-(3)$、$f'_+(3)$ 都存在且相等。

由于 $f'_+(3)=\lim\limits_{\Delta x\to 0}\frac{f(3+\Delta x)-f(3)}{\Delta x}=\lim\limits_{\Delta x\to 0}\frac{(3+\Delta x)^2-3^2}{\Delta x}=6$，而 $f'_-(3)=\lim\limits_{\Delta x\to 0}\frac{f(3+\Delta x)-f(3)}{\Delta x}=\lim\limits_{\Delta x\to 0}\frac{[a(3+\Delta x)+b]-(3a+b)}{\Delta x}$ $=a$，所以，$a=6$。

此时 $f(x)$ 在 $x=3$ 处可连续，则 $f_-(3)=f(3)$，而 $f_-(3)=\lim\limits_{\Delta x\to 0}f(3-\Delta x)=3a+b$，$f(3)=3^2=9$。

所以，$b=-9$。

7. **解** 因为平均速度 $\bar{v}=\frac{\Delta s}{\Delta t}=\frac{[10(t+\Delta t)+5(t+\Delta t)^2]-(10t+5t^2)}{\Delta t}$ $=10+10t+5\Delta t$，

所以当 $t=4$，$\Delta t=1$ 时，$\bar{v}=55$。

当 $t=4$，$\Delta t=0.1$ 时，$\bar{v}=50.5$。

当 $t=4$，$\Delta t=0.01$ 时，$\bar{v}=50.05$。

$t=4$ 时的瞬时速度为

$$v=\lim_{\Delta t\to 0}\frac{\Delta s}{\Delta t}=\lim_{\Delta t\to 0}\frac{[10(t+\Delta t)+5(t+\Delta t)^2]-(10t+5t^2)}{\Delta t}$$
$$=\lim_{\Delta t\to 0}(10+10t+5\Delta t)=50。$$

8. **解** 由于 $\frac{\Delta y}{\Delta x}=3x_0^2+3x_0\Delta x+\Delta x^2$，则 $f'(x_0)=\lim\limits_{\Delta x\to 0}(3x_0^2+3x_0\Delta x+\Delta x^2)=3x_0^2$。

所以，曲线 $y=x^3$ 在点 $P(x_0, y_0)$ 的切线方程是 $y-y_0=3x_0^2(x-x_0)$。

由解析几何知道，若切线斜率为 k，则法线斜率为 $-\frac{1}{k}(k\neq 0)$。

所以，过点 $P(x_0, y_0)$ 的法线斜率为 $-\dfrac{1}{f'(x_0)}=-\dfrac{1}{3x_0^2}$。故曲线 $y=x^3$ 在点 $P(x_0, y_0)$ 的法线方程为 $y-y_0=-\dfrac{1}{3x_0^2}(x-x_0)(x_0\neq 0)$。

9. **解** 因为两直线平行等价于两直线的斜率相等(斜率都存在时)，而直线 $y=x-1$ 的斜率为 $y'=1$，曲线 $y=\ln x$ 的导数 $y'=(\ln x)'=\dfrac{1}{x}$，则当 $x=1$ 时，$\dfrac{1}{x}=1$，此时 $y=\ln x=0$。

所以，曲线 $y=\ln x$ 上的点 $(1, 0)$ 处的切线平行于直线 $y=x-1$。

10. **解** $\sqrt{0.97}$ 是函数 $f(x)=\sqrt{x}$ 在 $x=0.97$ 的值。

因此，令 $x_0=1$, $x=x_0+\Delta x=0.97$，即 $\Delta x=-0.03$，于是得到

$$\sqrt{0.97}\approx\sqrt{1}+(\sqrt{x})'_{x=1}\cdot(-0.03)=1+\frac{1}{2}(-0.03)=0.985$$

11. **解** (1) 因为 $f(x)=x\ln x$，所以 $f'(x)=1+\ln x$, $f''(x)=\dfrac{1}{x}$。

(2) 因为 $f(x)=e^{-x^2}$，所以 $f'(x)=-2xe^{-x^2}$, $f''(x)=-2e^{-x^2}-2x(-2xe^{-x^2})=(4x^2-2)e^{-x^2}$, $f'''(x)=8xe^{-x^2}+(4x^2-2)(-2x)e^{-x^2}=4x(3-2x^2)e^{-x^2}$。

(3) 因为 $f(x)=\ln(x+1)$，所以 $f'(x)=\dfrac{1}{x+1}=(x+1)^{-1}$, $f''(x)=-(x+1)^{-2}$, $f'''(x)=2(x+1)^{-3}$, $f^{(4)}(x)=-6(x+1)^{-4}$, $f^{(5)}(x)=24(x+1)^{-5}$。

(4) 因为 $f(x)=x^3e^x$，所以 $f'(x)=x^3e^x+3x^2e^x=(x^3+3x^2)e^x$,
$f''(x)=(x^3+3x^2)e^x+(3x^2+6x)e^x=(x^3+6x^2+6x)e^x$, $f'''(x)=(x^3+6x^2+6x)e^x+(3x^2+12x+6)e^x=(x^3+9x^2+18x+6)e^x$
$f^{(4)}(x)=(x^3+9x^2+18x+6)e^x+(3x^2+18x+18)e^x$
…

由以上归纳可得：$f^{(10)}(x)=(x^3+30x^2+270x+720)e^x$

12. **解** 由题意，圆轴的直径 $D=43\text{ cm}$，其绝对误差 $|\Delta D|\leqslant 0.2\text{ cm}$。按照所测的直径计算圆轴的横截面面积为：$s=f(D)=\dfrac{1}{4}\pi D^2=\dfrac{1}{4}\pi 43^2=462.25\pi\text{ cm}^2$

它的绝对误差：$|\Delta S|\approx|dS|=|f'(D)\Delta D|=\left|\dfrac{1}{2}\pi D\right||\Delta D|\leqslant$

$\frac{1}{2}\pi \cdot 43 \cdot 0.2 = 4.3\pi\ \text{cm}^2$

其相对误差：$\frac{|\Delta S|}{S} \approx \frac{|\mathrm{d}S|}{S} = \frac{\frac{1}{2}\pi D|\Delta D|}{\frac{1}{4}\pi D^2} = \frac{2|\Delta D|}{D} \leqslant \frac{0.4}{43} \approx$ 0.93%

13. **解** 根据题意，以铁链最低点处的切线作为横轴，以铁链的最低点作为坐标原点，建立直角坐标系。

若铁链所处的抛物线方程为 $y = \frac{1}{250}x^2$，则 $y' = \frac{1}{125}x$。

记左悬点为 $A(-50, 10)$，右悬点为 $B(50, 10)$，则抛物线在右悬点处的切线斜率为 $y'(50) = \frac{2}{5}$。

所以，在右悬点处抛物线与坐标轴横轴的夹角为 $\arctan\frac{2}{5}$，故铁链与支柱所成的夹角为 $\frac{\pi}{2} - \arctan\frac{2}{5}$。

第三章　导数的应用

一、单选题

1. B　2. B　3. D　4. D　5. A　6. C　7. A　8. D　9. A　10. C

二、填空题

1. 0　2. 驻点为 $x=1$，单调增区间为 $(1, +\infty)$，单调减区间为 $(-\infty, 1)$　3. 不存在　4. $a>0$　5. $f(a)$　6. $(1, 2)$　7. 垂直渐近线为 $x=1$，水平渐近线为 $y=1$　8. $\ln a - \ln b$　9. 1　10. 最大值为 8，最小值为 0。

三、计算及证明题

1. **证** 函数 $f(x) = \ln\sin x$ 在 $\left[\frac{\pi}{6}, \frac{5\pi}{6}\right]$ 上连续，在 $\left(\frac{\pi}{6}, \frac{5\pi}{6}\right)$ 内可导，

又 $f\left(\frac{\pi}{6}\right) = \ln\sin\frac{\pi}{6} = \ln\frac{1}{2}$，$f\left(\frac{5\pi}{6}\right) = \ln\sin\frac{5\pi}{6} = \ln\frac{1}{2}$

即 $f\left(\frac{\pi}{6}\right) = f\left(\frac{5\pi}{6}\right)$，故 $f(x)$ 在 $\left[\frac{\pi}{6}, \frac{5\pi}{6}\right]$ 上满足罗尔定理条件。

由罗尔定理知至少存在一点$\xi\in\left(\frac{\pi}{6},\frac{5\pi}{6}\right)$，使$f'(\xi)=0$。又，$f'(x)=\frac{\cos x}{\sin x}=\cot x$。令$f'(x)=0$得：$x=n\pi+\frac{\pi}{2}(n=0,\pm1,\pm2\cdots)$

取$n=0$，得$\xi=\frac{\pi}{2}\in\left(\frac{\pi}{6},\frac{5\pi}{6}\right)$，因此罗尔定理对函数$y=\ln\sin x$在区间$\left[\frac{\pi}{6},\frac{5\pi}{6}\right]$上的正确性。

2. **证** 函数$f(x)=\sin x$, $F(x)=x+\cos x$在区间$\left[0,\frac{\pi}{2}\right]$上连续，在$\left(0,\frac{\pi}{2}\right)$内可导，且在$\left(0,\frac{\pi}{2}\right)$内$F'(x)=1-\sin x\neq0$，故$f(x)$和$F(x)$满足柯西中值定理条件，从而至少存在一点$\xi\in\left(0,\frac{\xi}{2}\right)$，使

$$\frac{f\left(\frac{\pi}{2}\right)-f(0)}{F\left(\frac{\pi}{2}\right)-F(0)}=\frac{f'(\xi)}{F'(\xi)}$$

$$\frac{1-0}{\frac{\pi}{2}-1}=\frac{\cos\xi}{1-\sin\xi}$$

可得$\tan\frac{\pi}{2}=\frac{\pi-2}{2}$，因$0<\frac{\pi-2}{2}<1$，故$\xi=2\arctan\left(\frac{\pi-2}{2}\right)\in\left(0,\frac{\pi}{2}\right)$。因此，柯西中值定理对$f(x)=\sin x$, $F(x)=x+\cos x$在区间$\left[0,\frac{\pi}{2}\right]$上的正确性。

3. **证** 取函数$f(x)=x^5+x-1$, $f(x)$在$[0,1]$上连续，则

$$f(0)=-1<0,\ f(1)=1>0$$

由零点定理知，至少存在一点$x_1\in(0,1)$使$f(x_1)=0$，即方程$x^5+x-1=0$在$(0,1)$内至少有一个正根。

若方程$x^5+x-1=0$还有一个正根x_2，即$f(x_2)=0$，则由$f(x)=x^5+x-1$, $f(x)$在$[x_1,x_2]$(或$[x_2,x_1]$)上连续，在(x_1,x_2)(或(x_2,x_1))内可导，则$f(x)$满足罗尔定理条件，故至少存在一点$\xi\in$

(x_1, x_2)(或(x_2, x_1))，使 $f'(\xi)=0$，但 $f'(\xi)=5\xi^4+1>0$，因此方程 $x^5+x-1=0$ 只有一个正根。

4. **证** 取函数 $f(x)=\ln x$，$f(x)$ 在$[b, a]$上连续，在(b, a)上可导，由拉格朗日中值定理知，至少存在一点 $\xi \in (b, a)$，使 $f(a)-f(b)=f'(\xi)(a-b)$

即
$$\ln a-\ln b=\frac{1}{\xi}(a-b)$$

又，$0<b<\xi<a$，故 $0<\frac{1}{a}<\frac{1}{\xi}<\frac{1}{b}$

因此
$$\frac{a-b}{a}<\frac{a-b}{\xi}<\frac{a-b}{b}$$

即
$$\frac{a-b}{a}<\ln\frac{a}{b}<\frac{a-b}{b}$$

5. **证** 结论可变形为 $\frac{f(1)-f(0)}{1-0}=\left.\frac{f'(\xi)}{(x^2)'}\right|_{x=\xi}$，设 $g(x)=x^2$，则 $f(x)$，$g(x)$ 在$[0, 1]$上满足柯西中值定理的条件。

因此，在$(0, 1)$内至少存在一点 ξ，有：$\frac{f(1)-f(0)}{g(1)-g(0)}=\frac{f'(\xi)}{2\xi}$，即：$f'(\xi)=2\xi[f(1)-f(0)]$

6. **解** (1) $\lim\limits_{x\to 0}\frac{\ln(1+x)}{x}=\lim\limits_{x\to 0}\frac{\frac{1}{1+x}}{1}=1$

(2) $\lim\limits_{x\to a}\frac{\sin x-\sin a}{x-a}=\lim\limits_{x\to a}\frac{\cos x}{1}=\cos a$

(3) $\lim\limits_{x\to \pi}\frac{\sin 3x}{\tan 5x}=\lim\limits_{x\to \pi}\frac{3\cos 3x}{5\sec 5x}=-\frac{3}{5}$

(4) $\lim\limits_{x\to a}\frac{x^m-a^m}{x^n-a^n}=\lim\limits_{x\to a}\frac{mx^{m-1}}{nx^{n-1}}=\frac{ma^{m-1}}{na^{n-1}}=\frac{m}{n}a^{m-n}$

(5) $\lim\limits_{x\to 0^+}\frac{\ln\tan 7x}{\ln\tan 2x}=\lim\limits_{x\to 0^+}\frac{\frac{1}{\tan 7x}7\sec^2 7x}{\frac{1}{\tan 2x}2\sec^2 2x}=\lim\limits_{x\to 0^+}\frac{7\tan 2x}{2\tan 7x}=\lim\limits_{x\to 0^+}\frac{14\sec^2 2x}{14\sec^2 7x}$

$=1$

(6) $\lim\limits_{x\to+\infty}\dfrac{\ln\left(1+\dfrac{1}{x}\right)}{\text{arccot}\, x}=\lim\limits_{x\to+\infty}\dfrac{\dfrac{1}{1+\dfrac{1}{x}}\left(-\dfrac{1}{x^2}\right)}{-\dfrac{1}{1+x^2}}=\lim\limits_{x\to+\infty}\dfrac{1+x^2}{x+x_2}=1$

(7) $\lim\limits_{x\to0}x\cot 2x=\lim\limits_{x\to0}\dfrac{x}{\tan 2x}=\lim\limits_{x\to0}\dfrac{1}{2\sec^2 2x}=\dfrac{1}{2}$

(8) $\lim\limits_{x\to0}x^2\text{e}^{\frac{1}{x^2}}=\lim\limits_{x\to0}\dfrac{\text{e}^{\frac{1}{x^2}}}{\dfrac{1}{x^2}}=\lim\limits_{x\to0}\dfrac{-\dfrac{2}{x^3}\text{e}^{\frac{1}{x^2}}}{-\dfrac{2}{x^3}}=\lim\limits_{x\to0}\text{e}^{\frac{1}{x^2}}=+\infty$

(9) $\lim\limits_{x\to1}\left(\dfrac{2}{x^2-1}-\dfrac{1}{x-1}\right)=\lim\limits_{x\to1}\dfrac{2-x-1}{x^2-1}=\lim\limits_{x\to1}\dfrac{1-x}{x^2-1}=-\lim\limits_{x\to1}\dfrac{1}{x+1}$

$=-\dfrac{1}{2}$

(10) $\lim\limits_{x\to+\infty}\left(1+\dfrac{a}{x}\right)^x=\text{e}^{\lim\limits_{x\to+\infty}x\ln\left(1+\frac{a}{x}\right)}=\text{e}^{\lim\limits_{x\to+\infty}\frac{\ln\left(1+\frac{a}{x}\right)}{\frac{1}{x}}}$

$=\text{e}^{\lim\limits_{x\to+\infty}\frac{\frac{1}{1+\frac{a}{x}}\cdot\left(-\frac{a}{x^2}\right)}{-\frac{1}{x^2}}}=\text{e}^a$

7. **解** (1) 函数的定义域为$(-\infty, +\infty)$，在$(-\infty, +\infty)$可导，且 $y'=6x^2-18x+12=6(x-1)(x-2)$。

令：$y'=0$，得驻点为：$x_1=1$，$x_2=2$；列下表。

x	$(-\infty, 1)$	1	$(1, 2)$	2	$(2, +\infty)$
y'	+		−		+
y	↗		↘		↗

则单调递增区间为$(-\infty, 1)$，$(2, +\infty)$，单调递减区间为$(1, 2)$。

(2) 函数的定义域为$(0, +\infty)$，在$(0, +\infty)$内可导，且 $y'=2-\dfrac{8}{x^2}=\dfrac{2(x-2)(x+2)}{x^2}$。

令 $y'=0$，得驻点为：$x_1=-2$（舍去），$x_2=2$；列下表。

x	$(0, 2)$	2	$(2, +\infty)$
y'	−		+
y	↘		↗

则单调递减区间为(0, 2)，单调递增区间为(2, $+\infty$)。

(3) 函数的定义域为($-\infty$, 1)$\cup$(1, $+\infty$)，在($-\infty$, 1)$\cup$(1, $+\infty$)可导，且 $y'=\dfrac{-2x}{(x-1)^3}$。

令 $y'=0$，得驻点为：$x=0$；列下表。

x	$(-\infty, 0)$	0	$(0, 1)$	1	$(1, +\infty)$
$f'(x)$	$-$		$+$		$-$
$f(x)$	↘		↗		↘

则单调递增区间为(0, 1)，单调递减区间为($-\infty$, 0)，(1, $+\infty$)。

(4) 函数的定义域为($-\infty$, $+\infty$)，在($-\infty$, $+\infty$) 内可导，且 $y'=\dfrac{1}{x+\sqrt{1+x^2}}\left(1+\dfrac{2x}{2\sqrt{1+x^2}}\right)=\dfrac{1}{\sqrt{1+x^2}}>0$，则函数在($-\infty$, $+\infty$) 内单调递增。

(5) 函数在[0, $+\infty$) 内可导，且 $y'=nx^{n-1}\mathrm{e}^{-x}-x^n\mathrm{e}^{-1}=x^{n-1}\mathrm{e}^{-x}(n-x)$。

令 $y'=0$，得驻点为：$x_1=n$；列下表。

x	$(0, n)$	n	$(n, +\infty)$
y'	$+$		$-$
y	↗		↘

则单调递增区间为(0, n)，单调递减区间为(n, $+\infty$)。

(6) 函数的定义域为($-\infty$, $+\infty$)，且

$$y=\begin{cases}x+\sin 2x, & n\pi\leqslant x\leqslant n\pi+\dfrac{\pi}{2}\\ x-\sin 2x, & n\pi+\dfrac{\pi}{2}<x\leqslant(n+1)\pi\end{cases}\quad(n=0, \pm1, \pm2\cdots)$$

$$y'=\begin{cases}1+2\cos 2x, & n\pi\leqslant x\leqslant n\pi+\dfrac{\pi}{2}\\ 1-2\cos 2x, & n\pi+\dfrac{\pi}{2}<x\leqslant(n+1)\pi\end{cases}\quad(n=0, \pm1, \pm2\cdots)$$

令 $y'=0$，得驻点为：$x=n\pi+\dfrac{\pi}{3}$ 及 $x=n\pi+\dfrac{5\pi}{6}$，这些驻点将区间分成下列部分区间 $\left(n\pi,\ n\pi+\dfrac{\pi}{3}\right)$，$\left(n\pi+\dfrac{\pi}{3},\ n\pi+\dfrac{\pi}{2}\right)$，$\left(n\pi+\dfrac{\pi}{2},\ n\pi+\dfrac{5\pi}{6}\right)$，$\left(n\pi+\dfrac{5\pi}{6},\ (n+1)\pi\right)$ $(n=0,\ \pm1,\ \pm2\cdots)$

当 $n\pi<x<n\pi+\dfrac{\pi}{3}$ 时，$y'>0$，因此函数在该区间内单调递增。

当 $n\pi+\dfrac{\pi}{3}<x<n\pi+\dfrac{\pi}{2}$ 时，$y'<0$，因此函数在该区间内单调递减。

当 $n\pi+\dfrac{\pi}{2}<x<n\pi+\dfrac{5\pi}{6}$ 时，$y'>0$，因此函数在该区间内单调递增。

当 $n\pi+\dfrac{5\pi}{6}<x<(n+1)\pi$ 时，$y'<0$，因此函数在该区间内单调递减。

综上可知，函数在区间 $\left(\dfrac{k\pi}{2},\ \dfrac{k\pi}{2}+\dfrac{\pi}{3}\right)$ 上单调递增，在区间 $\left(\dfrac{k\pi}{2}+\dfrac{\pi}{3},\ \dfrac{k\pi}{2}+\dfrac{\pi}{2}\right)$ 上单调递减 $(k=0,\ \pm1,\ \pm2\cdots)$。

8. **解** (1) 函数的定义域为 $(-\infty,\ +\infty)$，并在 $(-\infty,\ +\infty)$ 可导，且 $f'(x)=3x^2-6x-9=3(x+1)(x-3)$。
令 $f'(x)=0$，得驻点为：$x_1=-1$，$x_2=3$；列下表。

x	$(-\infty,\ -1)$	-1	$(-1,\ 3)$	3	$(3,\ +\infty)$
$f'(x)$	$+$		$-$		$+$
$f(x)$	↗		↘		↗

由表可知，极大值为 $f(-1)=10$，极小值为 $f(3)=-22$。
(2) 函数的定义域为 $(-\infty,\ +\infty)$，在区间 $(-\infty,\ +\infty)$ 可导，且

$f'(x)=-\dfrac{2}{3}(x-2)^{\frac{1}{3}}$。

此函数无驻点，当 $x=2$ 时，$f'(x)$ 不存在，但函数 $f(x)$ 在该点连续。
当 $x<2$ 时，$f'(x)>0$；当 $x>2$ 时，$f'(x)<0$。
则 $f(2)=1$ 为函数的极大值。

(3) 函数的取值为$(-2, 2)$，且 $f'(x)=\dfrac{2}{3}(x-2)(4x+1)(x+1)^{-\frac{1}{3}}$。

令 $f'(x)=0$，得驻点为：$x_1=2$(舍去)，$x_2=-\dfrac{1}{4}$，当 $x=-1$ 时导数不存在；列下表。

x	$(-2, -1)$	-1	$\left(-1, -\dfrac{1}{4}\right)$	$-\dfrac{1}{4}$	$\left(-\dfrac{1}{4}, 2\right)$
$f'(x)$	$-$	∞	$+$	0	$-$
$f(x)$	↘	极小值	↗	极大值	↘

则极大值为 $f\left(-\dfrac{1}{4}\right)=\left(\dfrac{9}{4}\right)^2\sqrt[3]{\dfrac{9}{16}}$，极小值为 $f(-1)=0$。

(4) $y'=\dfrac{e^{-t}-te^{-t}}{e^t+te^t}=\dfrac{1-t}{1+t}e^{-2t}$，令 $y'=0$，得驻点为：$t=1$。当 $t=-1$ 时，y' 不存在，即 $x=e$，$y'=0$；$x=-e^{-1}$，y' 不存在。

又 $f'(e-\delta)>0$，$f'(e+\delta)<0$，则 $x=e$ 为极大值点，极大值为 e^{-1}。

又 $f'(-e^{-1}-\delta)<0$，$f'(-e^{-1}+\delta)>0$，则 $x=-e^{-1}$ 为极小值点，极小值为 $-e$。

(5) $f'(x)=e^x\cos x-e^x\sin x=e^x(\cos x-\sin x)$，$f''(x)=-2e^x\sin x$

令 $f'(x)=0$，得驻点为：$x_k=2k\pi+\dfrac{\pi}{4}$，$x_k'=2k\pi+\dfrac{5}{4}\pi(k=0, \pm1, \pm2\cdots)$

由 $f''\left(2k\pi+\dfrac{\pi}{4}\right)=-\sqrt{2}e^{2k\pi+\frac{\pi}{4}}<0$，得 $f\left(2k\pi+\dfrac{\pi}{4}\right)=\dfrac{\sqrt{2}}{2}e^{2k\pi+\frac{\pi}{4}}(k=0, \pm1, \pm2\cdots)$，为极大值。

由 $f''\left(2k\pi+\dfrac{5\pi}{4}\right)=\sqrt{2}e^{2k\pi+\frac{5\pi}{4}}>0$，得 $f\left(2k\pi+\dfrac{5\pi}{4}\right)=-\dfrac{\sqrt{2}}{2}e^{2k\pi+\frac{5\pi}{4}}(k=0, \pm1, \pm2\cdots)$，为极小值。

(6) 函数的定义域为$(0, +\infty)$，在$(0, +\infty)$内可导，且 $f'(x)=e^{\frac{1}{x}\ln x}\cdot\dfrac{1-\ln x}{x^2}=x^{\frac{1}{x}-2}(1-\ln x)$

令 $f'(x)=0$，得驻点为：$x=e$；列下表。

x	$(0, e)$	e	$(e, +\infty)$
$f'(x)$	+	0	−
$f(x)$	↗	极大值	↘

则 $f(e)=e^{\frac{1}{e}}$ 为极大值。

9. **解** (1) 函数的定义域为 $(-\infty, +\infty)$，且 $f'(x)=12x^3-12x^2$，$f''(x)=36x\left(x-\frac{2}{3}\right)$。

令 $f''(x)=0$，得 $x_1=0$，$x_2=\frac{2}{3}$；列下表。

x	$(-\infty, 0)$	0	$\left(0, \frac{2}{3}\right)$	$\frac{2}{3}$	$\left(\frac{2}{3}, +\infty\right)$
$f''(x)$	+	0	−	0	+
$f(x)$	凹的		凸的		凹的

则函数在区间 $(-\infty, 0)$，$\left(\frac{2}{3}, +\infty\right)$ 上是凹函数，在区间 $\left(0, \frac{2}{3}\right)$ 上是凸函数；拐点为 $(0, 1)$ 及 $\left(\frac{2}{3}, \frac{11}{27}\right)$。

(2) 函数的定义域为 $(-\infty, +\infty)$，且 $f'(x)=\frac{2x}{1+x^2}$，$f''(x)=\frac{2(1-x^2)}{(1+x^2)^2}$。

令 $f''(x)=0$，得 $x_1=-1$，$x_2=1$；列下表。

x	$(-\infty, -1)$	-1	$(-1, 1)$	1	$(1, +\infty)$
$f''(x)$	−	0	+	0	−
$f(x)$	凸的	$\ln 2$	凹的	$\ln 2$	凸的

则函数 $f(x)$ 在区间 $(-\infty, -1)$ 及 $(1, +\infty)$ 上是凸函数，在区间 $(-1, 1)$ 上是凹函数；拐点分别为：$(-1, \ln 2)$，$(1, \ln 2)$。

(3) 函数的定义域为$(-\infty, 1)\cup(1, +\infty)$,且 $f'(x)=\dfrac{-2x}{(x-1)^3}$,

$f''(x)=\dfrac{4x+2}{(x-1)^4}$。

令 $f''(x)=0$,得 $x=-\dfrac{1}{2}$;列下表。

x	$\left(-\infty, -\dfrac{1}{2}\right)$	$-\dfrac{1}{2}$	$\left(-\dfrac{1}{2}, 1\right)$	1	$(1, +\infty)$
$f''(x)$	$-$	0	$+$		$+$
$f(x)$	凸的	$-\dfrac{8}{9}$	凹的		凹的

则函数 $f(x)$ 在区间 $\left(-\infty, -\dfrac{1}{2}\right)$ 上是凸函数, 在区间 $\left(-\dfrac{1}{2}, +\infty\right)$上是凹函数;拐点为$\left(-\dfrac{1}{2}, -\dfrac{8}{9}\right)$。

(4) 函数的定义域为$(-\infty, +\infty)$,且 $f'(x)=e^{-x}-xe^{-x}=e^{-x}(1-x)$, $f''(x)=e^{-x}(x-2)$。

令 $f''(x)=0$,得 $x=2$。

当$-\infty<x<2$时,$f''(x)<0$,因此在区间$(-\infty, 2]$上是凸函数。当$2<x<+\infty$时,$f''(x)>0$,因此在区间$(2, +\infty)$上是凹函数;拐点为$\left(2, \dfrac{2}{e^2}\right)$。

(5) 函数的定义域为$(-\infty, +\infty)$,且 $f'(x)=4(x+1)^3+e^x$, $f''(x)=12(x+1)^2+e^x>0$。因此,函数在区间$(-\infty, +\infty)$内是凹函数,没有拐点。

(6) 函数的定义域为$(-\infty, +\infty)$,且 $f'(x)=e^{\arctan x}\dfrac{1}{1+x^2}$, $f''(x)=$

$$\frac{-2e^{\arctan x}\left(x-\dfrac{1}{2}\right)}{(1+x^2)^2}。$$

令 $f''(x)=0$,得 $x=\dfrac{1}{2}$。

当$-\infty<x<\dfrac{1}{2}$时,$f''(x)>0$,因此函数在区间$\left(-\infty, \dfrac{1}{2}\right)$上是凹

函数；当 $\frac{1}{2} < x < +\infty$ 时，$f''(x) < 0$，因此函数在区间 $\left[\frac{1}{2}, +\infty\right)$ 上是凸函数；拐点为 $\left(\frac{1}{2}, e^{\arctan\frac{1}{2}}\right)$。

10. **解** (1) 函数在 $[-1, 4]$ 上连续可导，且 $f'(x) = 6x^2 - 6x = 6x(x-1)$。

令 $f'(x) = 0$，得驻点为：$x_1 = 0$，$x_2 = 1$，而 $f(-1) = -5$，$f(0) = 0$，$f(1) = -1$，$f(4) = 80$。

因此，比较可得最大值为 $f(4) = 80$，最小值为 $f(-1) = -5$。

(2) 函数在 $[-5, 1]$ 上连续，且 $f'(x) = 1 - \frac{1}{2\sqrt{1-x}} = \frac{2\sqrt{1-x}-1}{2\sqrt{1-x^2}}$。

令 $f'(x) = 0$，得驻点为：$x = \frac{3}{4}$，而 $f(-5) = -5+\sqrt{6}$，$f\left(\frac{3}{4}\right) = \frac{5}{4}$，$f(1) = 1$。

因此，比较可得函数的最大值为 $f\left(\frac{3}{4}\right) = \frac{5}{4}$，最小值为 $f(-5) = \sqrt{6}-5$。

(3) $f(x)$ 在 $[-1, 4]$ 上连续，且 $f'(x) = \frac{5(x-2)}{3\sqrt[3]{x}}$。

令 $f'(x) = 0$，得驻点为：$x = 2$，在 $x = 0$ 处 $f'(x)$ 不存在，而 $f(0) = 0$，$f(2) = -3\sqrt[3]{4}$，$f(-1) = -6$，$f(4) = -\sqrt[3]{16}$。

因此，函数的最大值为 $f(0) = 0$，最小值为 $f(-1) = -6$。

(4) $f(x) = \begin{cases} -xe^{-x} & (x<0) \\ 0 & (x=0) \\ xe^{-x} & (x>0) \end{cases}$，$f'(x) = \begin{cases} -e^{-x}+xe^{-x} & (x<0) \\ \text{不可导} & (x=0) \\ e^{-x}-xe^{-x} & (x>0) \end{cases}$

令 $f'(x) = 0$，得 $x = 1$，而 $f(-1) = e$，$f(1) = e^{-1}$，$f(0) = 0$。

因此，可得最大值为 $f(-1) = e$，最小值为 $f(0) = 0$。

11. **证** (1) 设 $f(x) = \ln(1+x) - x + \frac{1}{2}x^2$，$f'(x) = \frac{1}{1+x} - 1 + x = \frac{x^2}{1+x^2}$。

因 $f'(x)$ 恒大于零，则函数 $f(x)=\ln(1+x)-x+\frac{1}{2}x^2$ 在区间$(0,+\infty)$ 上单调递增。

又因 $x>0$，则 $f(x)>f(0)=0$，故 $f(x)=\ln(1+x)-x+\frac{1}{2}x^2>0$。

即 $\ln(1+x)>x-\frac{1}{2}x^2$，证毕。

(2) 设 $f(x)=1+\frac{1}{2}x-\sqrt{1+x}$，$f'(x)=\frac{1}{2}-\frac{1}{2\sqrt{1+x}}=\frac{\sqrt{1+x}-1}{2\sqrt{1+t}}$。

因 $x>0$，则 $f'(x)>0$，函数 $f(x)$ 在区间$(0,+\infty)$ 上单调递增。

又因 $f(0)=0$，则当 $x>0$ 时，$f(x)>f(0)=0$，故 $f(x)=1+\frac{1}{2}x-\sqrt{1+x}>0$。

即 $1+\frac{1}{2}x>\sqrt{1+x}$，证毕。

(3) 设 $f(x)=x\ln 2-2\ln x$，$f'(x)=\ln 2-\frac{2}{x}=\frac{\ln 4}{2}-\frac{2}{x}>\frac{\ln \mathrm{e}}{2}-\frac{2}{4}=0$。

当 $x>4$ 时，函数 $f(x)$ 单调递增，从而 $f(x)>f(4)=0$，故 $x\ln 2-2\ln x>0$。

即 $2^x>x^2(x>4)$，证毕。

(4) 设 $f(x)=\sin x-x+\frac{x^3}{6}$，$f'(x)=\cos x-1+\frac{x^2}{2}=-2\sin^2\frac{x}{2}+\frac{x^2}{2}=2\left(\left(\frac{x}{2}\right)^2-\left(\sin\frac{x}{2}\right)^2\right)$。

因 $x>0$，则 $f'(x)$ 恒大于零，故函数 $f(x)$ 在区间$(0,+\infty)$ 内单调递增。

又因 $f(0)=0$，则当 $x>0$ 时，有 $f(x)>0$，$\sin x-x+\frac{x^3}{6}>0$。

即 $\sin x>x-\frac{x^3}{6}$，证毕。

(5) 设 $f(x)=2x\arctan x-\ln(1+x^2)$，$f'(x)=2\arctan x$。

令 $f'(x)=0$,得唯一驻点为:$x=0$。

因 $f''(0)=\frac{2}{1+x^2}=2>0$,则 $x=0$ 是极小点。

又因 $f(0)=0$ 是最小值,则 $f(x)\geqslant 0$, $2x\arctan x-\ln(1+x^2)\geqslant 0$。
即 $2x\arctan x\geqslant\ln(1+x^2)$,证毕。

(6) 设 $f(x)=e^x$。因 $f'(x)=f''(x)=e^x>0$,则函数 $f(x)$ 是凹的。

故 $f\left(\frac{x_1+x_2}{2}\right)<\frac{f(x_1)+f(x_2)}{2}$, $e^{\frac{x_1+x_2}{2}}<\frac{e^{x_1}+e^{x_2}}{2}$。

即当 $x\neq y$ 时, $e^{\frac{x+y}{2}}<\frac{e^x+e^y}{2}$,证毕。

(7) 设 $f(x)=\ln x-n(x^{\frac{1}{n}}-1)$, $f'(x)=\frac{1}{x}(1-x^{\frac{1}{n}})$。

令 $f'(x)=0$,得唯一驻点为:$x=1$。

因当 $0<x\leqslant 1$ 时 $f'(x)>0$, $x>1$ 时 $f'(x)<0$;则 $f(1)=0$ 是最大值,故 $f(x)=\ln x-n(x^{\frac{1}{n}}-1)<0$。

即 $\ln x\leqslant n(x^{\frac{1}{n}}-1)$(等号仅在 $x=1$ 时成立),证毕。

(8) 设 $f(t)=t\ln t(t>0)$,因 $f'(t)=\ln t+1$, $f''(t)=\frac{1}{t}>0$,则 $f(t)=t\ln t$ 在 (x, y) 或 (y, x), $x>0$, $y>0$ 是凹的。

由于 $\frac{f(x)+f(y)}{2}>f\left(\frac{x+y}{2}\right)$,则 $\frac{x\ln x+y\ln y}{2}>\frac{x+y}{2}\ln\frac{x+y}{2}$。

即 $x\ln x+y\ln y>(x+y)\ln\frac{x+y}{2}$,证毕。

12. **解** $f'(x)=\frac{a}{x}+2bx+1$。

因 $x_1=1$, $x_2=2$ 是函数的驻点,故 $f'(1)=0$, $f'(2)=0$,即

$\begin{cases}a+2b+1=0\\ \frac{1}{2}a+4b+1=0\end{cases}$,解得:$a=-\frac{2}{3}$, $b=-\frac{1}{6}$。

又因 $f''(x)=\frac{2}{3x^2}-\frac{1}{3}$, $f''(1)=\frac{1}{3}$, $f''(2)=-\frac{1}{6}<0$。

故 $f(1)$ 是极小值,$f(2)$ 是极大值。

13. **解** 设所求切点为 $P(x_0, y_0)$。由于 $y'\Big|_{x=x_0}=2x_0$,则在此点切线的

斜率为 $2x_0$（如附图1所示）。过此点的切线方程为：$y - y_0 = 2x_0(x - x_0)$

由于 $y_0 = x_0^2$，则 $A\left(\frac{1}{2}x_0, 0\right)$，$B(8, 16x_0 - x_0^2)$，$C(8, 0)$，故 $S_{\triangle ABC} = \frac{1}{2}\left(8 - \frac{1}{2}x_0\right)(16x_0 - x_0^2)(0 \leqslant x_0 \leqslant 8)$。

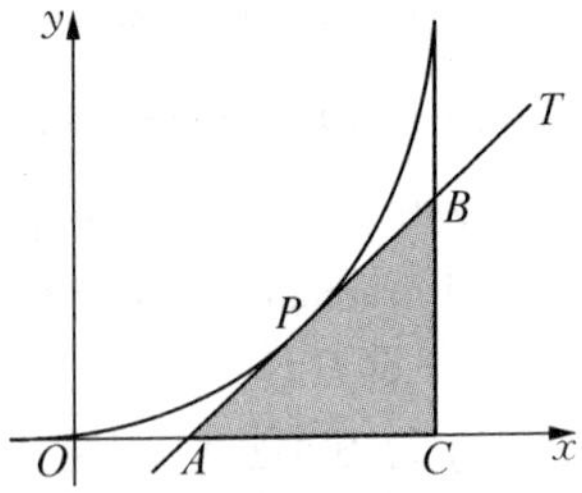

附图 1

令 $S' = \frac{1}{4}(3x_0^2 - 64x_0 + 16 \times 16) = 0$，解之得：$x_0 = \frac{16}{3}$，$x_0 = 16$（舍去）。

因 $S''\left(\frac{16}{3}\right) = -8 < 0$，则 $S\left(\frac{16}{3}\right) = \frac{4\,096}{217}$ 为极大值，故所有三角形中面积最大者为 $S\left(\frac{16}{3}\right) = \frac{4\,096}{217}$。

14. **解**　设 C 点在公路右方 x km 处（$0 \leqslant x \leqslant 8$）（如附图 2 所示），则

$$AC = \sqrt{x^2 + 4},\ CB = 8 - x$$

行走所有时间为：$T(x) = \frac{\sqrt{x^2 + 4}}{6} + \frac{8 - x}{8}$

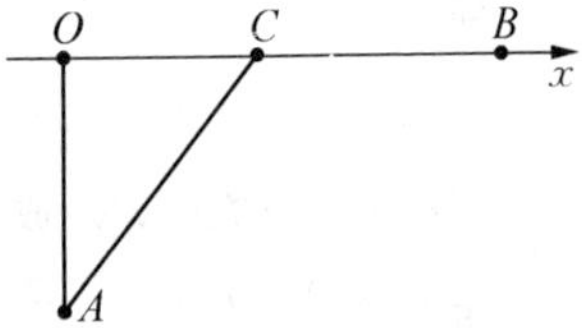

附图 2

$$T'(x) = \frac{x}{6\sqrt{x^2 + 4}} - \frac{1}{8} = \frac{4x - 3\sqrt{x^3 + 4}}{24\sqrt{x^2 + 4}}$$

令 $T'(x) = 0$，得唯一驻点为：$x_0 = \frac{6}{\sqrt{7}}$，$T(x_0) = 1 + \frac{\sqrt{7}}{12} \approx 1.22$。

因 $T(0) = \frac{4}{3} \approx 1.33$，$T(8) = \frac{\sqrt{68}}{6} \approx 1.37$；则 $T(x_0)$ 为最小值，C 点应在公路右方 $\frac{6}{7}\sqrt{7}$ km 处。

15. **解**　设每件售价降低 x 个 0.1 元时，能获得最大利润 $L(x)$，则 $L(x) = 100 + (7 - 0.1x) \times 50x - 6 \times 50x = 100 + 50x - 5x^2$

令 $L'(x) = 50 - 10x = 0$,得唯一驻点为:$x = 5$,为最大值点。

此时,该商店应批发进 $100 + 50 \times 5 = 350$ 件商品,商品售价为 $7 - 0.1 \times 5 = 6.5$ 元时,能获得最大利润,最大利润为 $L(5) = 100 + 50 \times 5 - 5 \times 5^2 = 225$ 元。

16. **解** 设截面的周长为 l,已知 $l = x + 2y + \frac{\pi x}{2}$ 及 $xy + \frac{\pi}{2}\left(\frac{\pi}{2}\right)^2 = 5$

即 $y = \frac{5}{x} - \frac{\pi x}{8}$,则 $l = x + \frac{\pi x}{4} + \frac{10}{x}$, $x \in \left(0, \sqrt{\frac{40}{\pi}}\right)$

$$l' = 1 + \frac{\pi}{4} - \frac{10}{x^2},\ l'' = \frac{20}{x^3}$$

令 $l' = 0$,得唯一驻点为:$x = \sqrt{\frac{40}{4+\pi}}$,而 $l''\Big|_{x=\sqrt{\frac{40}{4+\pi}}} = \frac{20}{\left(\frac{40}{4+\pi}\right)^{\frac{3}{2}}}$

> 0。

则当截面的底宽为 $x = \sqrt{\frac{40}{4+\pi}}$ 时,才能使截面的周长最小。

17. **解** (1) 函数的定义域为 $(-\infty, -1) \cup (-1, 1) \cup (1, +\infty)$

因 $f(-x) = -x + \frac{-x}{x^2 - 1} = -f(x)$,则函数为奇函数。

$y' = 1 - \frac{x^2 + 1}{(x^2 - 1)^2} = \frac{x^2(x^2 - 3)}{(x^2 - 1)^2}$,令 $f'(x) = 0$,得驻点为:$x = -\sqrt{3}$, 0, $\sqrt{3}$。

$y'' = \frac{2x(x^2 + 3)}{(x^2 - 1)^2} = \frac{1}{(x-1)^3} + \frac{1}{(x+1)^3}$,令 $y'' = 0$,得 $x = 0$。

因 $\lim\limits_{x\to\infty} y = \infty$,则没有水平渐近线。

因 $\lim\limits_{x\to 1} y = \infty$, $\lim\limits_{x\to -1} y = \infty$, 则 $x = 1$ 及 $x = -1$ 为曲线的垂直渐近线。

因 $a = \lim\limits_{x\to\infty} \frac{y}{x} = \lim\limits_{x\to\infty} \frac{1}{x}\left(x + \frac{x}{x^2 - 1}\right) = 1$, $b = \lim\limits_{x\to\infty}(y - ax) = \lim\limits_{x\to\infty}(y - x) = \lim\limits_{x\to\infty} \frac{x}{x^2 - 1} = 0$,

则直线 $y = x$ 为曲线的斜渐近线。以函数的不连续点,驻点及二阶导等于零的点,列下表。

x	$(-\infty, -\sqrt{3})$	$-\sqrt{3}$	$(-\sqrt{3}, -1)$	-1	$(-1, 0)$	0
y'	$+$	0	$-$		$-$	0
y''	$-$		$-$		$+$	0
y	↗	极大值	↘		↘	拐点

x	$(0, 1)$	1	$(1, \sqrt{3})$	$\sqrt{3}$	$(\sqrt{3}, +\infty)$
y'	$-$		$-$	0	$+$
y''	$-$		$+$		$+$
y	↘		↘	极小值	↗

作出附图 3。

(2) 函数的定义域为 $(-\infty, +\infty)$，因 $f(-x)=-f(x)$，则函数为奇函数，故它的图形是关于原点对称的，因此可以只讨论 $[0, +\infty)$ 上该函数的图形。

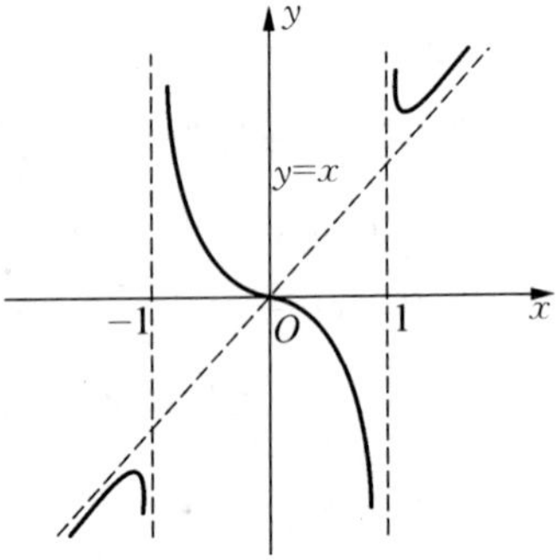

附图 3

$$y' = \frac{1+x^2-x\cdot 2x}{(1+x^2)^2} = \frac{1-x^2}{(1+x^2)^2},$$

$$y'' = \frac{2x(x^2-3)}{(1+x^2)^3}$$

在 $[0, +\infty)$ 内令 $y'=0$，得驻点为：$x=1$。令 $y''=0$，得 $x=\sqrt{3}$，列下表。

x	0	$(0, 1)$	1	$(1, \sqrt{3})$	$\sqrt{3}$	$(\sqrt{3}, +\infty)$
y'	$+$	$+$	0	$-$		$-$
y''	$-$	$-$		$-$	0	$+$
y	拐点	↗	极大	↘	拐点	↘

因$\lim\limits_{x\to\infty}\dfrac{x}{1+x^2}=0$,则函数图形有一条水平渐近线 $y=0$,但无垂直渐近线及斜渐近线。

因 $f(0)=0$, $f(1)=\dfrac{1}{2}$, $f(\sqrt{3})=\dfrac{\sqrt{3}}{4}$,则在区间$[0, +\infty)$ 内对应图形上的点为:$(0, 0)$, $\left(1, \dfrac{1}{2}\right)$, $\left(\sqrt{3}, \dfrac{\sqrt{3}}{4}\right)$。

利用图形的对称性,作出附图 4。

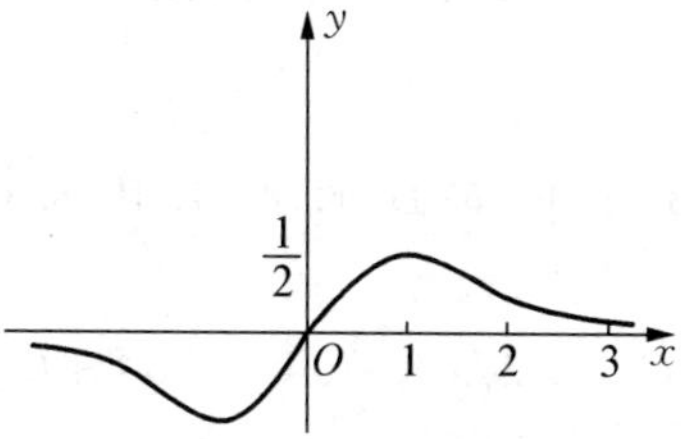

附图 4

18. **解** (1) 因$\dfrac{1}{1-x}=\sum\limits_{n=0}^{\infty}x^n(-1<x<1)$,则$\dfrac{1}{1+x^2}=\dfrac{1}{1-(-x^2)}=\sum\limits_{n=0}^{\infty}(-x^2)^n=\sum\limits_{n=0}^{\infty}(-1)^nx^n$

(2) $$y=\frac{3x}{x^2+x-2}=\frac{3x}{(x+2)(x-1)}=\frac{2}{x+2}+\frac{1}{x-1}$$

$$=\frac{1}{1+\dfrac{x}{2}}-\frac{1}{1-x}=\sum\left[\frac{(-1)^n}{2^n}-1\right]x^n(-1<x<1)$$

(3) $y=\ln(2+x-3x^2)=\ln(1-x)+\ln 2+\ln\left(1+\dfrac{2}{3}x\right)$

因 $\ln(1-x)=-\sum\limits_{n=1}^{\infty}\dfrac{x^n}{n}(-1\leqslant x<1)$, $\ln\left(1+\dfrac{3}{2}x\right)=\sum\limits_{n=1}^{\infty}\dfrac{(-1)^{n-1}}{n}\left(\dfrac{3}{2}x\right)^n\left(-\dfrac{2}{3}<x\leqslant\dfrac{2}{3}\right)$

则 $$y=\ln 2-\sum_{n=1}^{\infty}\frac{x^n}{n}+\sum_{n=1}^{\infty}\frac{(-1)^{n-1}}{n}\left(\frac{3}{2}x\right)^n$$

$$=\ln 2-\sum_{n=1}^{\infty}\frac{1}{n}\left[1+\left(-\frac{3}{2}\right)^n\right]x^n\left(-\frac{2}{3}<x\leqslant\frac{2}{3}\right)$$

(4) $y' = \frac{1}{1+x^2} = \sum_{n=0}^{\infty}(-1)^n x^{2n}(-1 < x < 1)$

$f(x) - f(0) = \sum_{n=0}^{\infty}(-1)\int_0^x x^{2n}\,\mathrm{d}x = \sum_{n=0}^{\infty}\frac{(-1)^2}{2n+1}x^{2n+1}$

$x = \pm 1$ 时,级数条件收敛,$f(0) = \frac{\pi}{4}$,故 $y = \frac{\pi}{4} + \sum_{n=0}^{\infty}\frac{(-1)^n}{2n+1}x^{2n+1}$ $(-1 \leqslant x \leqslant 1)$

第四章　不定积分

一、单选题

1. B　2. B　3. B　4. D　5. D　6. A　7. B　8. C　9. C　10. A

二、填空题

1. $2\sqrt{1+\ln x} + C$　2. $2\sqrt{x} - \frac{4}{3}x^{\frac{3}{2}} + \frac{2}{5}x^{\frac{5}{2}} + C$　3. $2\cos\sqrt{t} + C$

4. $\frac{a^2}{2}\left(\arcsin\frac{x}{a} - \frac{x}{a^2}\sqrt{a^2 - x^2}\right) + C$　5. $\frac{x^3}{6} + \frac{1}{2}x^2\sin x + x\cos x - \sin x + C$　6. $\frac{2}{1+\tan\frac{x}{2}} + x + C$　7. $\frac{1}{2}\arctan\frac{x+1}{2} + C$　8. $\arcsin\frac{x-2}{2} + C$　9. $-\cot x\ln\sin x - \cot x - x + C$　10. $\frac{1}{2}\ln^2 x$

三、计算及证明题

1. 解　$\int x\sin 2x\,\mathrm{d}x = \frac{1}{2}\int x\sin 2x\,\mathrm{d}(2x)$

$$= -\frac{1}{2}\int x\,\mathrm{d}(\cos 2x)$$

$$= -\frac{1}{2}x\cos 2x + \frac{1}{2}\int\cos 2x\,\mathrm{d}x$$

$$= -\frac{1}{2}x\cos 2x + \frac{1}{4}\sin 2x + C$$

2. 解　令 $\left(\frac{3}{2}\right)^x = t$,则

$$\int\frac{2^x 3^x}{9^x - 4^x}\mathrm{d}x = \int\frac{\left(\frac{3}{2}\right)^x}{\left(\frac{3}{2}\right)^{2x} - 1}\mathrm{d}x = \frac{1}{\ln\frac{3}{2}}\int\frac{\mathrm{d}\left(\frac{3}{2}\right)^x}{\left(\frac{3}{2}\right)^{2x} - 1}$$

$$=\frac{1}{\ln\frac{3}{2}}\int\frac{dt}{t^2-1}=\frac{1}{2\ln\frac{3}{2}}\int\left(\frac{1}{t-1}-\frac{1}{t+1}\right)dt$$

$$=\frac{1}{2(\ln 3-\ln 2)}\ln\left|\frac{t-1}{t+1}\right|+C$$

$$=\frac{1}{2(\ln 3-\ln 2)}\ln\left|\frac{3^x-2^x}{3^x+2^x}\right|+C$$

3. **解** $\int\frac{x+\sin x}{1+\cos x}dx=\int\frac{x+2\sin\frac{x}{2}\cos\frac{x}{2}}{2\cos^2\frac{x}{2}}dx$

$$=\int\frac{x}{2\cos^2\frac{x}{2}}dx+\int\tan\frac{x}{2}dx$$

$$=x\tan\frac{x}{2}-\int\tan\frac{x}{2}dx+\int\tan\frac{x}{2}dx$$

$$=x\tan\frac{x}{2}+C$$

4. **解** $\int\frac{x^2}{a^6-x^6}dx=\frac{1}{3}\int\frac{1}{(a^3)^2-(x^3)^2}dx^3=\frac{1}{6a^3}\ln\left|\frac{a^3+x^3}{a^3-x^3}\right|+C$

5. **解** $\int\sin x\sin 2x\sin 3x dx$

$$=-\frac{1}{2}\int\sin x(\cos 5x-\cos x)dx$$

$$=-\frac{1}{4}\int[(\sin 6x-\sin 4x)-\sin 2x]dx$$

$$=-\frac{1}{4}\left(-\frac{1}{6}\cos 6x+\frac{1}{4}\cos 4x+\frac{1}{2}\cos 2x\right)+C$$

$$=\frac{1}{24}\cos 6x-\frac{1}{16}\cos 4x-\frac{1}{8}\cos 2x)+C$$

6. **解** $\int\frac{dx}{x^2\sqrt{x^2-1}}=\int\frac{dx}{x^3\sqrt{1-\frac{1}{x^2}}}=\int\frac{d\left(1-\frac{1}{x^2}\right)}{2\sqrt{1-\frac{1}{x^2}}}$

$$=\sqrt{1-\frac{1}{x^2}}+C=\frac{\sqrt{x^2-1}}{|x|}+C$$

7. **解** 令 $x=\tan t$, $dx=\sec^2 t dt$,则

$$\int \frac{dx}{x^4\sqrt{x^2+1}}=\int \frac{\sec^2 t dt}{\tan^4 t \cdot \sec t}=\int \frac{\cos^2 t}{\sin^4 t}\cos t dt$$

$$=\int \frac{1}{\sin^4 t}d\sin t-\int \frac{1}{\sin^2 t}d(\sin t)$$

$$=-\frac{1}{3}\sin^{-3} t+\frac{1}{\sin t}+C$$

$$=-\frac{\sqrt{(1+x^2)^3}}{3x^3}+\frac{\sqrt{1+x^2}}{x}+C$$

8. **解** 令 $\sqrt{x}=t$, $x=t^2$, $dx=2tdt$，则

$$\int \arctan\sqrt{x}dx=\int \arctan t dt^2=t^2\arctan t-\int \frac{1+t^2-1}{1+t^2}dt$$

$$=t^2\arctan t-t+\arctan t+C$$

$$=(x+1)\arctan\sqrt{x}-\sqrt{x}+C$$

9. **解** $$\int \frac{dx}{16-x^4}=\frac{1}{8}\int\left(\frac{1}{4+x^2}+\frac{1}{4-x^2}\right)dx$$

$$=\frac{1}{8}\cdot\frac{1}{2}\arctan\frac{x}{2}+\frac{1}{8}\cdot\frac{1}{4}\int\left(\frac{1}{2+x}+\frac{1}{2-x}\right)dx$$

$$=\frac{1}{16}\arctan\frac{x}{2}+\frac{1}{32}\ln\left|\frac{x+2}{x-2}\right|+C$$

10. **解** $$\int e^{\sin x}\frac{x\cos^3 x-\sin x}{\cos^2 x}dx=\int xe^{\sin x}\cos x dx-\int e^{\sin x}\tan x\sec x dx$$

$$=\int xd(e^{\sin x})-\int e^{\sin x}d\sec x$$

$$=xe^{\sin x}-\int e^{\sin x}dx-\sec xe^{\sin x}$$

$$+\int \sec xe^{\sin x}\cos x dx$$

$$=xe^{\sin x}-\sec xe^{\sin x}+C$$

11. **解** $$\int \frac{\ln x}{(1+x^2)^{\frac{3}{2}}}dx=\int \ln x d\left(\frac{x}{\sqrt{1+x^2}}\right)$$

$$=\frac{x\ln x}{\sqrt{1+x^2}}-\int \frac{x}{\sqrt{1+x^2}}\cdot\frac{1}{x}dx$$

$$=\frac{x\ln x}{\sqrt{1+x^2}}-\ln(x+\sqrt{1+x^2})+C$$

12. **解** 令 $\arcsin x=t$, $dx=\cos t dt$，则

$$\int \sqrt{1-x^2}\arcsin x\mathrm{d}x = \int t\cos^2 t\mathrm{d}t = \frac{1}{2}\int t(1+\cos 2t)\mathrm{d}t$$

$$= \frac{1}{4}t^2 + \frac{1}{4}\int t\mathrm{d}\sin 2t$$

$$= \frac{1}{4}t^2 + \frac{1}{2}t\sin t\cos t + \frac{1}{8}\cos 2t + C$$

$$= \frac{1}{4}(\arcsin x)^2 + \frac{1}{2}x\sqrt{1-x^2}\arcsin x - \frac{1}{4}x^2 + C$$

13. **解** $\int \frac{\mathrm{d}x}{\sin^3 x\cos x} = \int \frac{\sin^2 x+\cos^2 x}{\sin^3 x\cos x}\mathrm{d}x$

$$= \int \frac{1}{\sin x\cos x}\mathrm{d}x + \int \frac{\cos x}{\sin^3 x}\mathrm{d}x$$

$$= \int \frac{\sec^2 x}{\tan x}\mathrm{d}x + \int \frac{1}{\sin^3 x}\mathrm{d}\sin x$$

$$= \ln|\tan x| - \frac{1}{2\sin^2 x} + C$$

14. **解** 令 $\cos x = t$，则

$$\int \frac{\mathrm{d}x}{(2+\cos x)\sin x} = \int \frac{\sin x\mathrm{d}x}{(2+\cos x)\sin^2 x} = -\int \frac{\mathrm{d}t}{(2+t)(1-t^2)}$$

$$= -\int\left(\frac{1}{3}\frac{1}{1+t} - \frac{1}{3}\frac{1}{2+t} + \frac{1}{6}\frac{1}{1-t}\right)\mathrm{d}t$$

$$= \frac{1}{3}\ln|2+t| - \frac{1}{2}\ln|1+t| + \frac{1}{6}\ln|1-t| + C$$

$$= \frac{1}{6}\ln\left|\frac{(2+t)^2(1-t)}{(1+t)^3}\right| + C$$

$$= \frac{1}{6}\ln\left|\frac{(2+\cos x)^2(1-\cos x)}{(1+\cos x)^3}\right| + C$$

第五章　定积分及其应用

一、单选题

1. A　2. C　3. D　4. A　5. B　6. C

二、填空题

1. $\frac{2}{3}\ln 2$　2. $(\mathrm{e}^2, +\infty)$　3. a　4. -1　5. $y=x$　6. 1

三、计算及证明题

1. **解** 令 $u=\sqrt{5-4x}$，则 $u^2=5-4x$，$x=\frac{5-u^2}{4}$，$\mathrm{d}x=-\frac{u}{2}\mathrm{d}u$。

$x=-5$ 时，$u=5$；$x=1$ 时，$u=1$，于是

$$\int_{-5}^{1}\frac{x+1}{\sqrt{5-4x}}\mathrm{d}x=-\frac{1}{2}\int_{5}^{1}\frac{9-u^2}{4u}u\,\mathrm{d}u=\frac{1}{8}\int_{1}^{5}(9-u^2)\mathrm{d}u=-\frac{2}{3}$$

2. **解** 求交点，解方程组

$$\begin{cases}y=2-x^2\\ y=x\end{cases}\quad 得(-2,\ -2),\ (1,\ 1)$$

所围面积 $A=\int_{-2}^{1}(2-x^2-x)\mathrm{d}x=\left(2x-\frac{x^3}{3}-\frac{x^2}{2}\right)\Big|_{-2}^{1}=\frac{7}{6}+\frac{10}{3}=\frac{9}{2}$

3. **解** 设 $t=2x+1$，则 $\mathrm{d}t=2\mathrm{d}x$，$f(t)=f(2x+1)$。

$t=3$ 时，$x=1$；$t=5$ 时，$x=2$，于是

$$\int_{3}^{5}f(t)\mathrm{d}t=2\int_{1}^{2}f(2x+1)\mathrm{d}x=2\int_{1}^{2}x\mathrm{e}^x\mathrm{d}x=2[\mathrm{e}^x(x-1)]_1^2=2\mathrm{e}^2$$

4. **解** 因为 $f(x^2-1)=\ln\frac{x^2}{x^2-1}=\ln\frac{(x^2-1)+1}{(x^2-1)-1}$，所以 $f(x)=\ln\frac{x+1}{x-1}$。

又因为 $f[\varphi(x)]=\ln\frac{\varphi(x)+1}{\varphi(x)-1}=\ln x$，所以 $\frac{\varphi(x)+1}{\varphi(x)-1}=x$，解得 $\varphi(x)=\frac{x+1}{x-1}$，

于是 $\int_{2}^{\mathrm{e}+1}\varphi(x)\mathrm{d}x=\int_{2}^{\mathrm{e}+1}\frac{x+1}{x-1}\mathrm{d}x=[x+2\ln(x-1)]\,\Big|_2^{\mathrm{e}+1}=\mathrm{e}+1$

5. **解** $\int_0^2 xf''(x)\mathrm{d}x=\int_0^2 x\mathrm{d}f'(x)=xf'(x)\,\Big|_0^2-\int_0^2 f'(x)\mathrm{d}x=2-\mathrm{d}f(x)\,\Big|_0^2=0$

6. **解** 由已知条件：抛物线 $y=ax^2+bx+c$ 通过点 $(0,\ 0)$，可得 $c=0$，抛物线 $y=ax^2+bx+c$ 与直线 $x=1$，$y=0$ 所围图形的面积为

$$S=\int_0^1(ax^2+bx)\mathrm{d}x=\frac{a}{3}+\frac{b}{2}$$

从而得到 $\dfrac{a}{3}+\dfrac{b}{2}=\dfrac{4}{9}$,即 $a=\dfrac{4}{3}-\dfrac{3}{2}b$,该图形绕 x 轴旋转而成的旋转体体积为

$$V=\int_0^1 \pi(ax^2+bx)^2\,dx=\pi\left(\frac{a^2}{5}+\frac{ab}{2}+\frac{b^2}{3}\right)=\frac{\pi}{30}(b-2)^2+\frac{2}{9}\pi$$

因此当 $b=2$ 时体积为最小,此时 $a=-\dfrac{5}{3}$,抛物线为 $y=-\dfrac{5}{3}x^2+2x=\dfrac{x}{3}(6-5x)$。在区间$[0,1]$上,此抛物线满足 $y\geqslant 0$,故所求解 $a=-\dfrac{5}{3}$, $b=2$, $c=0$ 符合题目要求。

7. **证** (1) $F'(x)=f(x)+\dfrac{1}{f(x)}\geqslant 2\sqrt{f(x)\cdot\dfrac{1}{f(x)}}=2$

(2) $F(a)=\displaystyle\int_b^a\frac{dt}{f(t)}=-\int_a^b\frac{dt}{f(t)}<0$, $F(b)=\displaystyle\int_a^b f(t)\,dt>0$

由闭区间上连续函数性质可知 $F(x)$在区间(a,b)内必有零点,根据(1)可知函数 $F(x)$在区间$[a,b]$上单调增加,从而零点唯一,即方程 $F(x)=0$ 在区间(a,b) 内有且仅有一个根。

第六章　微分方程

一、单选题

1. D　2. A　3. B　4. A　5. D　6. B　7. C　8. A　9. A　10. C

二、填空题

1. 数;函数　2. 常微分方程;偏微分方程　3. 连续 n 次积分　4. 伯努利方程　5. y^*+y　6. 设 $y'=P(x)$　7. $y=C_1y_1(x)+C_2y_2(x)$　8. $9y''-6y'+y=0$

三、计算及证明题

1. **解** (1) 原方程可写成 $x\dfrac{dy}{dx}-y\ln y=0$,分离变量,得$\dfrac{dy}{y\ln y}=\dfrac{dx}{x}$,两边积分,得$\displaystyle\int\frac{dy}{y\ln y}=\int\frac{dx}{x}$,即 $\ln(\ln y)=\ln x+\ln c=\ln cx$,即 $\ln y=cx$,通解为 $y=e^{cx}$。

(2) 原方程可写成 $5\frac{dy}{dx}=3x^2+5x$，分离变量，得 $5dy=(3x^2+5x)dx$，两边积分，得 $\int 5dy=\int(3x^2+5x)dx$，即 $5y=x^3+\frac{5}{2}x^2+c$，通解为 $y=\frac{1}{5}x^3+\frac{1}{2}x^2+c$。

2. **解** (1) 分离变量，得 $e^y dy=e^{2x}dx$，两边积分，得 $\int e^y dy=\int e^{2x}dx$，$e^y=\frac{1}{2}e^{2x}+c$，即 $y=\ln\left(\frac{1}{2}e^{2x}+c\right)$。由 $y(0)=0$ 得 $\ln\left(c+\frac{1}{2}\right)=0$，所以 $c=\frac{1}{2}$，满足初始条件的特解为 $y=\ln\left(\frac{e^{2x}+1}{2}\right)$。

(2) 分离变量，得 $\tan y dy=\tan x dx$，两边积分，得 $\int\tan y dy=\int\tan x dx$，即 $-\ln(\cos y)=-\ln(\cos x)-\ln c$，亦即 $\cos y=c\cos x$。$y(0)=\frac{\pi}{4}$，$\cos\frac{\pi}{4}=c\cos 0=c$，$c=\frac{1}{\sqrt{2}}$，$\sqrt{2}\cos y=\cos x$。

3. **解** 设在任意 t 时刻物体的温度为 $T(t)$，则由题意

$$\frac{dT}{dt}=-k(T-20)$$

分离变量得

$$\frac{dT}{T-20}=-k dt$$

两边积分得 $T-20=Ce^{-kt}$

当 $t=0$ 时，$T=100$ 代入得，$C=80$，因此该物体的温度随时间的变化规律为

$$T=80e^{-kt}+20$$

4. **解** (1) 根据题意，$\frac{dx}{dt}=-0.0404t$，两边积分得 $x=Ce^{-0.0404t}$。将 $x(0)=2000$ 代入得到 $C=2000$，则体内药量变化规律为 $x=2000e^{-0.0404t}$。

(2) 血药浓度的变化规律 $c=c(t)=\frac{x(t)}{3.44}=\frac{2000e^{-0.0404t}}{3.44}=$

$581.4e^{-0.0404t}$。

(3) 由题意得 $581.4e^{-0.0404t_{0.5}}=\frac{1}{2}\times 581.4$，则 $t_{0.5}=\frac{\ln 0.5}{-0.0404}\approx$ 17.2 h。

5. **解** (1) 原方程写成$\frac{dy}{dx}=\frac{y}{x}\ln\frac{y}{x}$，这是齐次方程，令$\frac{y}{x}=u$，则 $y=xu$，$\frac{dy}{dx}=u+x\frac{du}{dx}$，于是原方程变为 $u+x\frac{du}{dx}=u\ln u$，分离变量得 $\frac{du}{u(\ln u-1)}=\frac{dx}{x}$，两边积分得 $\ln(\ln u-1)=\ln x+c_1$，即 $u=e^{cx+1}$，其中 $c=e^{c_1}$。将 $u^{\frac{y}{x}}$ 代入上式，原方程的通解为 $y=xe^{cx+1}$。

(2) $\frac{dy}{dx}=\frac{x^2+y^2}{xy}=\frac{1+\left(\frac{y}{x}\right)^2}{\frac{y}{x}}$，令 $u=\frac{y}{x}$，原方程化为 $u+x\frac{du}{dx}=\frac{1+u^2}{u}$，$x\frac{du}{dx}=\frac{1}{u}$，$udu=\frac{dx}{x}$，$\frac{1}{2}u^2=\ln x+\ln c_1$。于是 $\frac{y^2}{x^2}=2\ln x+2\ln c_1$，即 $y^2=x^2\ln(cx^2)(c=c_1^2)$。

(3) $y=e^{-\int\tan x dx}[\int\sin 2x\cdot e^{\int\tan x dx}dx+c]=e^{\ln\cos x}[\int\sin 2x\cdot e^{-\ln\cos x}dx+c]=\cos x[\int\frac{\sin 2x}{\cos x}dx+c]=c\cos x-2\cos^2 x$。

(4) $y=e^{-\int 2x dx}(\int 4xe^{\int 2x dx}dx+c)=e^{-x^2}(\int 4xe^{x^2}dx+c)=e^{-x^2}(2e^{x^2}+c)=2+ce^{-x^2}$。

6. **解** (1) $y=e^{\int\tan x dx}[\int\sec x\cdot e^{\int\tan x dx}dx+c]=e^{-\ln\cos x}[\int\sec x\cdot\cos x dx+c]=\frac{1}{\cos x}(x+c)$，

由 $x=0$，$y=0$，得 $c=0$，$y=\frac{x}{\cos x}$。

(2) $y=e^{-\int\frac{1}{x}dx}\left(\int\frac{\sin x}{x}e^{\int\frac{1}{x}dx}dx+c\right)=\frac{1}{x}\left(\int\sin x dx+c\right)=\frac{1}{x}(-\cos x+c)$，由 $x=\pi$，$y=1$，得 $c=\pi-1$。所以，所求特解为 $y=\frac{1}{x}(\pi-1-\cos x)$。

7. **解** 由题意得 $y'=2x+y$, $y(0)=0$,于是 $y=e^{\int dx}[\int 2xe^{-\int dx}dx+c]=e^{x}[2\int xe^{-x}dx+c]=e^{x}[-2\int xd(e^{-x})+c]=e^{x}(-2xe^{-x}-2e^{-x}+c)$,$x=0$, $y=0$时,$c=2$, $y=e^{x}(-2xe^{-x}-2e^{-x}+2)=2(e^{x}-x-1)$。

8. **解** (1) 特征方程为 $r^2+r-2=0$,得 $r_1=1$, $r_2=-2$,通解为 $y=c_1e^{x}+c_2e^{-2x}$。

(2) 特征方程为 $r^2-4r=0$,得 $r_1=0$, $r_2=4$,通解为 $y=c_1+c_2e^{4x}$。

(3) $r^2+a^2=0$, $r=\pm ai$,对应齐次方程的通解为 $Y=c_1\cos ax+c_2\sin ax$,$f(x)=e^{x}$, $\lambda=1$,不是特征方程的根。设 $y^*=ce^{x}$, $(y^*)'=(y^*)''=ce^{x}$,代入原方程得,$ce^{x}+a^2ce^{x}=e^{x}$, $c=\dfrac{1}{1+a^2}$,通解为 $y=c_1\cos ax+c_2\sin ax+\dfrac{e^{x}}{1+a^2}$。

(4) $2r^2+5r=0$, $r_1=0$, $r_2=-\dfrac{5}{2}$,对应齐次方程的通解为 $Y=c_1+c_2e^{-\frac{5}{2}x}$, $f(x)=5x^2-2x$, -1, $\lambda=0$,是特征方程的根。

设 $y^*=x(b_0x^2+b_1x+b_2)=b_0x^3+b_1x^2+b_2x$,代入原方程,得 $2(6b_0x+2b_1)+5(3b_0x^2+2b_1x+b_2)=5x^2-2x-1$,即 $15b_0x^2+(12b_0+10b_1x)+(4b_1+5b_2)=5x^2-2x-1$,比较系数,得 $b_0=\dfrac{1}{3}$,$b_1=-\dfrac{3}{5}$, $b_2=\dfrac{7}{25}$, $y^*=\dfrac{1}{3}x^3-\dfrac{3}{5}x^2+\dfrac{7}{25}x$,通解为 $y=c_1+c_2e^{-\frac{5}{2}x}+\dfrac{1}{3}x^3-\dfrac{3}{5}x^2+\dfrac{7}{25}x$。

(5) $2r^2+r-1=0$, $r_1=\dfrac{1}{2}$, $r_2=-1$,对应的齐次方程的通解为 $Y=c_1e^{\frac{x}{2}}+c_2e^{-x}$, $f(x)=2e^{x}$, $\lambda=1$,不是特征方程的根。设 $y^*=be^{x}$,代入原方程,得 $2be^{x}+be^{x}-be^{x}=2e^{x}$, $b=1$,求得一个特解为 $y^*=e^{x}$,原方程的通解为 $y=c_1e^{\frac{x}{2}}+c_2e^{-x}+e^{x}$。

(6) $r^2+1=0$, $r_{1,2}=\pm i$, 对应的齐次方程的通解为 $Y=c_1\cos x+c_2\sin x$, 方程 $y''+y=e^{x}$ 应有 Ae^{x} 形式的特解,方程 $y''+y=\cos x$ 应有 $x(B\cos x+C\sin x)$ 形式的特解。

设 $y^*=Ae^{x}+x(B\cos x+C\sin x)$,代入原方程,得到 $2Ae^{x}+$

$2C\cos x - 2B\sin x = e^x + \cos x$。比较系数，得 $A = \frac{1}{2}$，$C = \frac{1}{2}B = 0$，$y^* = \frac{e^x}{2} + \frac{x}{2}\sin x$，故原方程的通解为 $y = (c_1\cos x + c_2\sin x) + \frac{e^x}{2} + \frac{x}{2}\sin x$。

9. **解** (1) 特征方程为 $r^2 - 3r - 4 = 0$，解得 $r_1 = -1$，$r_2 = 4$，通解为 $y = c_1 e^{-x} + c_2 e^{4x}$，代入初始条件，得 $\begin{cases} c_1 + c_2 = 0 \\ -c_1 + 4c_2 = -5 \end{cases}$，则 $\begin{cases} c_1 = 1 \\ c_2 = -1 \end{cases}$，所求特解为 $y = e^{-x} - e^{4x}$。

(2) 特征方程为 $r^2 - 10r + 9 = 0$，解得 $r_1 = 1$，$r_2 = 9$，对应齐次方程的通解为 $Y = c_1 e^x + c_2 e^{9x}$。

$f(x) = e^{2x}$，$\lambda = 2$，不是特征方程的根。设 $y^* = Ae^{2x}$，那么 $(y^*)' = 2Ae^{2x}$，$(y^*)'' = 4Ae^{2x}$，代入原方程，得 $4A - 20A + 9A = 1$，即 $A = -\frac{1}{7}$，$y^* = -\frac{1}{7}e^{2x}$，$y = c_1 e^x + c_2 e^{9x} - \frac{1}{7}e^{2x}$ 为原方程的通解。将 $y' = c_1 e^x + 9c_2 e^{9x} - \frac{2}{7}e^{2x}$ 代入初始条件，得 $c_1 = \frac{1}{2}$，$c_2 = \frac{1}{2}$，方程满足初始条件的特解为 $y = \frac{1}{2}(e^x + e^{9x}) - \frac{1}{7}e^{2x}$。

(3) 特征方程为 $r^2 - 4r = 0$，解得 $r_1 = 0$，$r_2 = 4$，对应齐次方程的通解为 $Y = c_1 + c_2 e^{4x}$，$f(x) = 5$，$\lambda = 0$，是特征方程的单根。设 $y^* = Ax$，那么 $(y^*)' = A$，$(y^*)'' = 0$，代入原方程，得 $A = -\frac{5}{4}$，$y^* = -\frac{5}{4}x$，$y = c_1 + c_2 e^{4x} - \frac{5}{4}x$ 为原方程的通解。

将 $y' = 4c_2 e^{4x} - \frac{5}{4}$ 代入初始条件，得 $c_1 = \frac{11}{16}$，$c_2 = \frac{5}{16}$，方程满足初始条件的特解为 $y = \frac{1}{16}(11 + 5e^{4x}) - \frac{5}{4}x$。

10. **解** 由拉氏变换线性性质得

$$L\{f(t)\} = L\{e^{3t}\} + L\{t^2\} + L\{1\} = \frac{1}{s-3} + \frac{2}{s^3} + \frac{1}{s}$$

11. **解** 根据拉氏逆变换线性性质得

$$f(t)=L^{-1}\{F(s)\}=L^{-1}\left\{\frac{3}{s+1}-\frac{2}{s-2}\right\}$$

$$=3\left\{L^{-1}\frac{1}{s-(-1)}\right\}-L^{-1}\left\{\frac{1}{s-2}\right\}=3e^{-t}-2e^{2t}$$

第七章　多元函数微分学

一、单选题

1. A　2. A　3. B　4. C　5. C　6. C　7. C　8. C　9. D　10. D

二、填空题

1. 椭圆抛物面；双曲抛物面　2. $\{(x, y)\mid 4x-y^2\geqslant 0, 1-x^2-y^2>0, x^2+y^2\neq 0\}$　3. $\frac{2xy}{x^2+y^2}$　4. $3u^2\sin v\cos v(\cos v-\sin v)$；$-2u^3\sin v\cos v(\sin v+\cos v)+u^3(\sin^3 v+\cos^3 v)$　5. $[2x+4y+(2x+y)\ln(2x+y)](2x+y)^{x+2y-1}dx+[x+2y+(4x+2y)\ln(2x+y)](2x+y)^{x+2y-1}dy$

6. $\frac{ydx+xdy}{1+(xy)^2}$　7. 0.502　8. $\frac{-y^2e^{-xy}(e^z-2)^2-y^2e^{-2xy+z}}{(e^z-2)^3}$　9. 0.58，0.60

三、判断题

1. 是　2. 错　3. 错　4. 错　5. 错　6. 错　7. 是

四、计算及证明题

1. 解　$f(1, 2)=(1+1)^2\cdot 2=8$

2. 解　(1) 由 $xy\geqslant 0$，得 $\begin{cases}x\geqslant 0\\ y\geqslant 0\end{cases}$ 或 $\begin{cases}x\leqslant 0\\ y\leqslant 0\end{cases}$

(2) 由 $\begin{cases}y-1>0\\ -\infty<x<+\infty\end{cases}$，得 $\begin{cases}y>1\\ -\infty<x<+\infty\end{cases}$

(3) 由 $\begin{cases}x-\sqrt{y}\geqslant 0\\ y\geqslant 0\end{cases}$，得 $\begin{cases}x\geqslant 0\\ y\geqslant 0\\ x^2\geqslant y\end{cases}$

(4) 由附图 5 得 $\begin{cases}y^2-2x\geqslant 0\\ 1-x^2-y^2>0\\ 1-x^2-y^2\neq 1\end{cases}$，得 $\begin{cases}2x\leqslant y^2\\ 0<x^2+y^2<1\end{cases}$

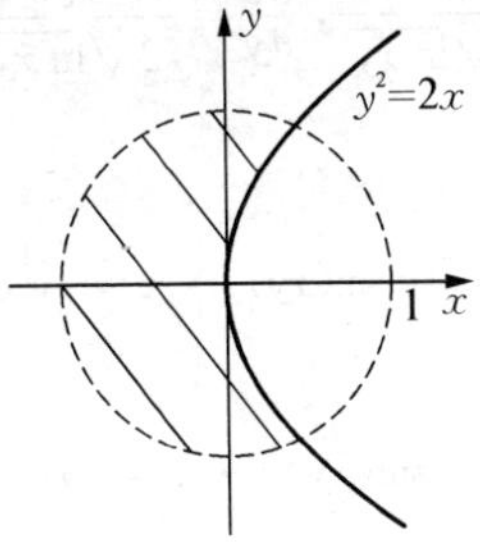

附图 5

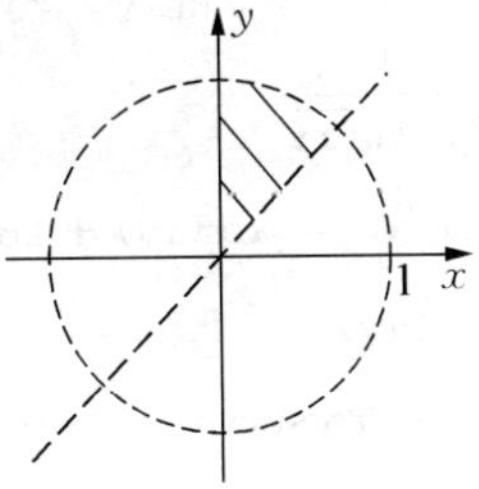

附图 6

(5) 由附图 6 得$\begin{cases} y-x>0 \\ x\geqslant 0 \\ 1-x^2-y^2>0 \\ 1-x^2-y^2\neq 1 \end{cases}$，得$\begin{cases} x<y \\ x\geqslant 0 \\ x^2+y^2<1 \end{cases}$

(6) 定义域为：$\begin{cases} x>0 \\ y>0 \\ z>0 \end{cases}$

(7) 由$\begin{cases} R^2-x^2-y^2-z^2\geqslant 0 \\ x^2+y^2+z^2-r^2>0 \end{cases}$，得

$$r^2<x^2+y^2+z^2\leqslant R^2$$

3. **证** (1) 当(x, y)沿 $y=0$ 趋于点$(0, 0)$时，$\lim\limits_{\substack{x\to 0\\ y\to 0}}\dfrac{x+y}{x-y}=\lim\limits_{x\to 0}\dfrac{x}{x}=1$。

当(x, y)沿 $x=0$ 趋于点$(0, 0)$时，$\lim\limits_{\substack{x\to 0\\ y\to 0}}\dfrac{x+y}{x-y}=\lim\limits_{y\to 0}\dfrac{y}{-y}=-1$。

所以$\lim\limits_{\substack{x\to 0\\ y\to 0}}\dfrac{x+y}{x-y}$的极限不存在。

(2) 当(x, y)沿 $y=0$ 趋于点$(0, 0)$时，极限$\lim\limits_{\substack{x\to 0\\ y\to 0}}\dfrac{x^4+y^4}{(x^2+y^4)^3}=\lim\limits_{x\to 0}\dfrac{x^4}{x^6}=\lim\limits_{x\to 0}\dfrac{1}{x^2}$不存在，所以$\lim\limits_{\substack{x\to 0\\ y\to 0}}\dfrac{x^4+y^4}{(x^2+y^4)^3}$的极限不存在。

4. **解** (1) 间断点为$(0, 0)$；(2) 间断点是直线 $y=x$。

5. **解** (1) $\dfrac{\partial z}{\partial x}=3x^2y-y^3$，$\dfrac{\partial z}{\partial y}=x^3-3y^2x$

(2) $\frac{\partial z}{\partial x}=\frac{1}{2\sqrt{\ln xy}}\cdot\frac{y}{xy}=\frac{1}{2x\sqrt{\ln xy}}$，$\frac{\partial z}{\partial y}=\frac{1}{2\sqrt{\ln xy}}\cdot\frac{x}{xy}=\frac{1}{2y\sqrt{\ln xy}}$

(3) $\frac{\partial z}{\partial x}=y\cos(xy)+2\cos(xy)\cdot[-\sin(xy)]\cdot y=y[\cos(xy)-\sin(2xy)]$

$\frac{\partial z}{\partial y}=x\cos(xy)+2\cos(xy)\cdot[-\sin(xy)]\cdot x=x[\cos(xy)-\sin(2xy)]$

(4) $\frac{\partial z}{\partial x}=\frac{1}{\tan\frac{x}{y}}\cdot\sec^2\frac{x}{y}\cdot\frac{1}{y}=\frac{2}{y}\csc\frac{2x}{y}$，$\frac{\partial z}{\partial y}=\frac{1}{\tan\frac{x}{y}}\cdot\sec^2\frac{x}{y}\cdot\left(-\frac{x}{y^2}\right)=-\frac{2x}{y^2}\csc\frac{2x}{y}$

(5) $\frac{\partial z}{\partial\varphi}=e^{\varphi-\theta}$，$\frac{\partial z}{\partial\theta}=-e^{\varphi-\theta}$

(6) $\frac{\partial u}{\partial x}=\frac{x^{\frac{y}{z}-1}y}{z}$，$\frac{\partial u}{\partial y}=\frac{x^{\frac{y}{z}}\ln x}{z}$，$\frac{\partial u}{\partial z}=-\frac{x^{\frac{y}{z}}y\ln x}{z^2}$

6. **解**　$\frac{\partial z}{\partial x}=1$，$\frac{\partial z}{\partial y}=2y$　$\left.\frac{\partial z}{\partial x}\right|_{\substack{x=0\\y=1}}=1$，$\left.\frac{\partial z}{\partial y}\right|_{\substack{x=0\\y=1}}=2$

$dz=\frac{\partial z}{\partial x}dx+\frac{\partial z}{\partial y}dy=1\times0.1+2\times(-0.3)=-0.5$

7. **解**　$\frac{\partial z}{\partial x}=\frac{1}{x}$，$\frac{\partial z}{\partial y}=\frac{1}{y}$　$\left.\frac{\partial z}{\partial x}\right|_{\substack{x=2\\y=1}}=\frac{1}{2}$，$\left.\frac{\partial z}{\partial y}\right|_{\substack{x=2\\y=1}}=1$

$dz=\frac{\partial z}{\partial x}dx+\frac{\partial z}{\partial y}dy=\frac{1}{2}dx+dy$

8. **解**　(1) $\frac{\partial u}{\partial x}=\frac{x}{\sqrt{1+x^2+y^2}}$，$\frac{\partial u}{\partial y}=\frac{y}{\sqrt{1+x^2+y^2}}$

$du=\frac{\partial u}{\partial x}dx+\frac{\partial u}{\partial y}dy=\frac{1}{\sqrt{1+x^2+y^2}}(xdx+ydy)$

(2) $\frac{\partial u}{\partial x}=e^{x+y}\cos x\cos y-e^{x+y}\sin x\cos y$

$\frac{\partial u}{\partial y}=e^{x+y}\cos x\cos y-e^{x+y}\cos x\sin y$

$du=\frac{\partial u}{\partial x}dx+\frac{\partial u}{\partial y}dy$

$$= (e^{x+y}\cos x\cos y - e^{x+y}\sin x\cos y)dx + (e^{x+y}\cos x\cos y - e^{x+y}\cos x\sin y)dy$$

$$= e^{x+y}[\cos y(\cos x - \sin x)dx + \cos x(\cos y - \sin y)dy]$$

(3) $\frac{\partial u}{\partial x} = \frac{-x}{\sqrt{a^2 - x^2 - y^2 - z^2}}$, $\frac{\partial u}{\partial y} = \frac{-y}{\sqrt{a^2 - x^2 - y^2 - z^2}}$,

$\frac{\partial u}{\partial z} = \frac{-z}{\sqrt{a^2 - x^2 - y^2 - z^2}}$

$du = \frac{\partial u}{\partial x}dx + \frac{\partial u}{\partial y}dy + \frac{\partial u}{\partial z}dz = \frac{-1}{\sqrt{a^2 - x^2 - y^2 - z^2}}(xdx + ydy + zdz)$

(4) $\frac{\partial u}{\partial x} = y\sin\frac{1}{\sqrt{x^2 + y^2}} + xy\cos\frac{1}{\sqrt{x^2 + y^2}} \cdot \left(-\frac{x}{\sqrt{(x^2 + y^2)^3}}\right)$,

$\frac{\partial u}{\partial y} = x\sin\frac{1}{\sqrt{x^2 + y^2}} + xy\cos\frac{1}{\sqrt{x^2 + y^2}} \cdot \left(-\frac{y}{\sqrt{(x^2 + y^2)^3}}\right)$

$du = \frac{\partial u}{\partial x}dx + \frac{\partial u}{\partial y}dy = \left(y\sin\frac{1}{\sqrt{x^2 + y^2}} - \frac{x^2 y}{\sqrt{(x^2 + y^2)^3}}\cos\frac{1}{\sqrt{x^2 + y^2}}\right)dx + \left(x\sin\frac{1}{\sqrt{x^2 + y^2}} - \frac{xy^2}{\sqrt{(x^2 + y^2)^3}}\cos\frac{1}{\sqrt{x^2 + y^2}}\right)dy$

(5) $\frac{\partial u}{\partial x} = yx^{y-1}y^z z^x + x^y y^z z^x \ln z = x^y y^z z^x\left(\frac{y}{x} + \ln z\right)$

$\frac{\partial u}{\partial y} = x^y \ln x \cdot y^z z^x + x^y z y^{z-1} z^x = x^y y^z z^x\left(\frac{z}{y} + \ln x\right)$

$\frac{\partial u}{\partial z} = x^y y^z \ln y \cdot z^x + x^y y^z x z^{x-1} = x^y y^z z^x\left(\frac{x}{y} + \ln y\right)$

$du = \frac{\partial u}{\partial x}dx + \frac{\partial u}{\partial y}dy + \frac{\partial u}{\partial z}dz = x^y y^z z^x\left[\left(\frac{y}{x} + \ln z\right)dx + \left(\frac{z}{y} + \ln x\right)dy + \left(\frac{x}{z} + \ln y\right)dz\right]$

(6) $\frac{\partial u}{\partial x} = 2^{xyz}\ln 2 \cdot yz$, $\frac{\partial u}{\partial y} = 2^{xyz}\ln 2 \cdot xz$, $\frac{\partial u}{\partial y} = 2^{xyz}\ln 2 \cdot xy$

$du = \frac{\partial u}{\partial x}dx + \frac{\partial u}{\partial y}dy + \frac{\partial u}{\partial z}dz = 2^{xyz}\ln 2(yzdx + xzdy + xydz)$

9. **解** (1) $\frac{\partial z}{\partial x} = \ln(xy) + x \cdot \frac{1}{xy} \cdot y = \ln(xy) + 1$, $\frac{\partial z}{\partial y} = x \cdot \frac{1}{xy} \cdot x =$

$\frac{x}{y}$

$\frac{\partial^2 z}{\partial x^2}=\frac{1}{xy}\cdot y=\frac{1}{x}$，$\frac{\partial^2 z}{\partial x\partial y}=\frac{1}{xy}\cdot x=\frac{1}{y}$，$\frac{\partial^2 z}{\partial y^2}=-\frac{x}{y^2}$

(2) $\frac{\partial z}{\partial x}=y^x\ln y$，$\frac{\partial z}{\partial y}=xy^{x-1}$

$\frac{\partial^2 z}{\partial x^2}=y^x\ln^2 y$，$\frac{\partial^2 z}{\partial x\partial y}=xy^{x-1}\ln y+y^x\cdot\frac{1}{y}=y^{x-1}(x\ln y+1)$，$\frac{\partial^2 z}{\partial y^2}=$ $x(x-1)y^{x-2}$

10. **解** $f'_x(x,y)=e^x\sin y$，$f'_y(x,y)=e^x\cos y$

$f''_{xx}(x,y)=e^x\sin y$，$f''_{xy}(x,y)=f''_{yx}(x,y)=e^x\cos y$，$f''_{yy}(x,y)=-e^x\sin y$

$f''_{xx}(0,\pi)=0$，$f''_{xy}(0,\pi)=f''_{yx}(0,\pi)=-1$，$f''_{yy}(0,\pi)=0$

11. **证** $\frac{\partial u}{\partial x}=z\cdot\frac{1}{1+\frac{x^2}{y^2}}\cdot\frac{1}{y}=\frac{yz}{x^2+y^2}$，$\frac{\partial^2 u}{\partial x^2}=-\frac{2xyz}{(x^2+y^2)^2}$

$\frac{\partial u}{\partial y}=z\cdot\frac{1}{1+\frac{x^2}{y^2}}\cdot\left(-\frac{x}{y^2}\right)=-\frac{xz}{x^2+y^2}$，$\frac{\partial^2 u}{\partial y^2}=\frac{2xyz}{(x^2+y^2)^2}$

$\frac{\partial u}{\partial z}=\arctan\frac{x}{y}$，$\frac{\partial^2 u}{\partial z^2}=0$

$\frac{\partial^2 u}{\partial x^2}+\frac{\partial^2 u}{\partial y^2}+\frac{\partial^2 u}{\partial z^2}=-\frac{2xyz}{(x^2+y^2)^2}+\frac{2xyz}{(x^2+y^2)^2}+0=0$

12. **解** $\frac{du}{dx}=\frac{\partial u}{\partial x}+\frac{\partial u}{\partial y}\frac{dy}{dx}+\frac{\partial u}{\partial z}\frac{dz}{dx}$

$$=\frac{1}{1+\left(\frac{xy}{z}\right)^2}\cdot\frac{y}{z}+\frac{1}{1+\left(\frac{xy}{z}\right)^2}\cdot\frac{x}{z}\cdot ae^{ax}+\frac{1}{1+\left(\frac{xy}{z}\right)^2}\cdot\left(-\frac{xy}{z^2}\right)\cdot 2a(ax+1)$$

$$=\frac{1}{x^2y^2+z^2}\cdot[zy+axze^{ax}-2axy(ax+1)]$$

13. **解** $\frac{dz}{dx}=\frac{\partial z}{\partial x}+\frac{\partial z}{\partial y}\frac{dy}{dx}=\frac{2x}{x^2+y}+\frac{1}{x^2+y}\cdot\frac{1}{x}=\frac{2x^2+1}{x(x^2+y)}$

14. **解** $\frac{\partial z}{\partial t}=\frac{\partial z}{\partial x}\frac{\partial x}{\partial t}+\frac{\partial z}{\partial y}\frac{\partial y}{\partial t}=-\frac{1}{(x+y)^2}\cdot 3-\frac{1}{(x+y)^2}\cdot$

$$8t=-\frac{8t+3}{(x+y)^2}$$

$$\frac{\partial z}{\partial s}=\frac{\partial z}{\partial x}\frac{\partial x}{\partial s}+\frac{\partial z}{\partial y}\frac{\partial y}{\partial s}=-\frac{1}{(x+y)^2}\cdot 1-\frac{1}{(x+y)^2}\cdot\cos s=-\frac{\cos s+1}{(x+y)^2}$$

15. **解** 令 $u=x^2-y^2$，$v=\frac{y}{x}$，则 $z=e^{xy}f(u,v)$。

$$\frac{\partial z}{\partial x}=ye^{xy}f(u,v)+e^{xy}\frac{\partial f}{\partial x}=ye^{xy}f(u,v)+e^{xy}\left(\frac{\partial f}{\partial u}\frac{\partial u}{\partial x}+\frac{\partial f}{\partial v}\frac{\partial v}{\partial x}\right)$$

$$=e^{xy}\left[yf(u,v)+2xf'_u(u,v)-\frac{y}{x^2}f'_v(u,v)\right]$$

$$\frac{\partial z}{\partial y}=xe^{xy}f(u,v)+e^{xy}\frac{\partial f}{\partial y}=xe^{xy}f(u,v)+e^{xy}\left(\frac{\partial f}{\partial u}\frac{\partial u}{\partial y}+\frac{\partial f}{\partial v}\frac{\partial v}{\partial y}\right)$$

$$=e^{xy}\left[xf(u,v)-2yf'_u(u,v)+\frac{1}{x}f'_v(u,v)\right]$$

16. **解** $u=f(x,y,z)=\ln(x+y+z)$，$z=e^{xy}$。

$$\frac{\partial u}{\partial x}=\frac{\partial f}{\partial x}+\frac{\partial f}{\partial z}\frac{\partial z}{\partial x}=\frac{1}{x+y+z}+\frac{1}{x+y+z}\cdot ye^{xy}=\frac{1+ye^{xy}}{x+y+z}$$

$$\frac{\partial u}{\partial y}=\frac{\partial f}{\partial y}+\frac{\partial f}{\partial z}\frac{\partial z}{\partial y}=\frac{1}{x+y+z}+\frac{1}{x+y+z}\cdot xe^{xy}=\frac{1+xe^{xy}}{x+y+z}$$

17. **证** 设 $u=xy$，$v=yz$，则 $w=F(u,v)$。

$$\frac{\partial w}{\partial x}=\frac{\partial w}{\partial u}\frac{\partial u}{\partial x}=yF'_u(u,v)$$

$\frac{\partial w}{\partial y}=\frac{\partial w}{\partial u}\frac{\partial u}{\partial y}+\frac{\partial w}{\partial v}\frac{\partial v}{\partial y}=xF'_u(u,v)+zF'_v(u,v)$，$\frac{\partial w}{\partial z}=\frac{\partial w}{\partial v}\frac{\partial v}{\partial z}=$ $yF'_v(u,v)$

$x\frac{\partial w}{\partial x}+z\frac{\partial w}{\partial z}=xyF'_u(u,v)+yzF'_v(u,v)=y(xF'_u(u,v)+zF'_v(u,v))=y\frac{\partial w}{\partial y}$

18. **解** 设三角形三内角分别为 x，y，z，则 $x+y+z=\pi$，$z=\pi-x-y$，它们的正弦之积为 $u=\sin x\sin y\sin[\pi-(x+y)]=\sin x\sin y\sin(x+y)$。由 $\begin{cases}u'_x=\cos x\sin y\sin(x+y)+\sin x\sin y\cos(x+y)=0\\ z'_y=\sin x\cos y\sin(x+y)+\sin x\sin y\cos(x+y)=0\end{cases}$，

解得 $x=y=\frac{\pi}{3}$ 时，它们的正弦之积为最大。

19. **解** 设圆心角分别为 x, y, z,则 $x+y+z=2\pi, z=2\pi-x-y$。

$s=\frac{1}{2}R^2(\sin x+\sin y+\sin z)=\frac{R^2}{2}[\sin x+\sin y+\sin(2\pi-x-y)]$

$=\frac{R^2}{2}[\sin x+\sin y-\sin(x+y)]$

$s'_x=\frac{R^2}{2}[\cos x-\cos(x+y)],\ s'_y=\frac{R^2}{2}[\cos y-\cos(x+y)]$

$s'_x=s'_y=0$,得 $\cos x=\cos(x+y)=\cos y$。

所以当 $x=y=z=\frac{2}{3}\pi$ 时,面积最大,此时 $s=\frac{R^2}{2}\cdot 3\sin\frac{2}{3}\pi=$

$\frac{3\sqrt{3}}{4}R^2$。

第八章 多元函数积分学

一、单选题

1. D 2. B 3. C 4. B 5. D 6. A 7. C 8. C 9. C 10. A
11. C 12. A 13. B 14. C 15. D

二、填空题

1. $\iint\limits_D f(r\cos\theta, r\sin\theta)r\mathrm{d}r\mathrm{d}\theta$ 2. $\int_{-1}^{2}\mathrm{d}y\int_{y^2}^{y+2}f(x, y)\mathrm{d}x$ 3. $\iint\limits_{D_1}f(x, y)\mathrm{d}\sigma+\iint\limits_{D_2}f(x, y)\mathrm{d}\sigma$ 4. $\frac{\pi}{4}$ 5. $\int_0^1\mathrm{d}y\int_y^{\sqrt{y}}f(x, y)\mathrm{d}x$ 6. 3π 7. $\frac{3\pi a^4}{4}$
8. 18π 9. 2π 10. $\frac{\partial P}{\partial y}=\frac{\partial Q}{\partial x}$

三、计算及证明题

1. **解** $I=\iint\limits_D e^{-(x^2+y^2)}\mathrm{d}x\mathrm{d}y=\int_0^{2\pi}\mathrm{d}\theta\int_0^a e^{-r^2}\cdot r\mathrm{d}r=\pi(1-e^{-a^2})$

2. **解** $\int_0^1\mathrm{d}y\int_y^1 e^{x^2}\mathrm{d}x=\int_0^1\mathrm{d}x\int_0^x e^{x^2}\mathrm{d}y=\frac{1}{2}(e-1)$

3. **解** $I=\iint\limits_D f(x, y)\mathrm{d}x\mathrm{d}y=\int_{\frac{\pi}{4}}^{\frac{\pi}{2}}\mathrm{d}\theta\int_0^R e^{-r^2}r\mathrm{d}r=\frac{\pi}{4}\left(-\frac{1}{2}e^{-r^2}\right)\Big|_0^R=$

$\frac{\pi}{8}\left(1-e^{-R^2}\right)$

4. **解** $\int_L y^2 ds = 2a^3\int_0^{2\pi}\sin\frac{t}{2}(1-\cos t)^2 dx = 8a^3\int_0^{2\pi}\sin^5\frac{t}{2}dx = \frac{256}{15}a^3$

5. **解** 利用格林公式，有 $P(x, y) = x^2 y$, $Q(x, y) = y^3$，即

$$\frac{\partial P}{\partial y} = x^2,\ \frac{\partial Q}{\partial x} = 0$$

$$\oint_L x^2 y dx + y^3 dy = \iint_D (0 - x^2) dxdy = \int_0^1 dx\int_x^{x^{\frac{2}{3}}}(-x^2)dy = -\frac{1}{44}$$

6. **解** 薄片所占区域为

$$D = \{(x, y) \mid x^2 + y^2 \leqslant a^2,\ y \geqslant 0\}$$

该薄片对 x 轴的转动惯量为

$$I_x = \iint_D y^2 \rho d\sigma = \rho\iint_D y^2 d\sigma = \rho\int_0^{\pi}d\theta\int_0^a r^2\sin^2\theta \cdot r dr$$

$$= \rho\cdot\frac{1}{4}a^4\int_0^{\pi}\sin^2\theta d\theta = \frac{1}{4}\rho a^4\cdot\frac{\pi}{2} = \frac{1}{8}\rho\pi a^4$$

7. **解** $W = \oint_L -kx dx - ky dy = k\int_0^{2\pi}(a^2 - b^2)\sin t\cos t dt = 0$

第九章　线性代数基础

一、单选题

1. B　2. A　3. A　4. D　5. B　6. C　7. B　8. D　9. A　10. C

二、填空题

1. $(-1)^n$　2. 1 或 3　3. $\frac{1}{|A|}A^*$　4. $m = n$，且 A 与 B 可互换

5. $|A| = 0$ 或 $|B| = 0$　6. 系数矩阵的秩等于增广矩阵的秩　7. $n = r$；$n > r$　8. $\neq 0$，A^{-1}　9. 相　10. $-\frac{2}{3}$

三、计算及证明题

1. **解** (1) $\begin{vmatrix} 3 & 1 & -1 & 2 \\ -5 & 1 & 3 & -4 \\ 2 & 0 & 1 & -1 \\ 1 & -5 & 3 & -3 \end{vmatrix} \xlongequal[(2)\times 5+(1)]{} \begin{vmatrix} 8 & 1 & -1 & 2 \\ 0 & 1 & 3 & -4 \\ 2 & 0 & 1 & -1 \\ -24 & -5 & 3 & -3 \end{vmatrix}$

$$\xlongequal{(3)\times 12+(4)}\begin{vmatrix}8&1&-1&2\\0&1&3&-4\\2&0&1&-1\\0&-5&15&-15\end{vmatrix}\xlongequal{(2)\times 5+(4)}$$

$$\begin{vmatrix}8&1&-1&2\\0&1&3&-4\\2&0&1&-1\\0&0&30&-35\end{vmatrix}=5\begin{vmatrix}8&1&-1&2\\0&1&3&-4\\2&0&1&-1\\0&0&6&-7\end{vmatrix}\xlongequal{(4)\times 6/7+(3)}5$$

$$\begin{vmatrix}8&1&\frac{5}{7}&2\\0&1&-\frac{3}{7}&-4\\2&0&\frac{1}{7}&-1\\0&0&0&-7\end{vmatrix}\xlongequal[(1)\div(-4)+(3)]{(2)\times(-1)+(1)}\begin{vmatrix}8&0&\frac{8}{7}&6\\0&1&-\frac{3}{7}&-4\\0&0&-\frac{1}{7}&-\frac{5}{2}\\0&0&0&-7\end{vmatrix}=$$

$$5\left[8\times\left(-\frac{1}{7}\right)\times(-7)\right]=40$$

(2) $$\begin{vmatrix}1&1&1&1\\1&2&3&4\\1&3&6&10\\1&4&10&20\end{vmatrix}\xlongequal[\substack{(1)\times(-1)+(3)\\(1)\times(-1)+(4)}]{(1)\times(-1)+(2)}\begin{vmatrix}1&1&1&1\\0&1&2&3\\0&2&5&9\\0&3&9&9\end{vmatrix}$$

$$\xlongequal[(2)\times(-2)+(4)]{(2)\times(-2)+(3)}\begin{vmatrix}1&1&1&1\\0&1&2&3\\0&0&1&3\\0&0&3&10\end{vmatrix}\xlongequal{(3)\times(-3)+(4)}$$

$$\begin{vmatrix}1&1&1&1\\0&1&2&3\\0&0&1&3\\0&0&0&1\end{vmatrix}=1$$

2. **解** (1) $$\begin{vmatrix}0&a&b\\-a&0&c\\-b&-c&0\end{vmatrix}\xlongequal{(1)\times\frac{c}{a}+(3)}\begin{vmatrix}0&a&b\\-a&0&c\\-b&0&\frac{bc}{a}\end{vmatrix}\xlongequal{(1)\sim(2)}$$

$$\begin{vmatrix} -a & 0 & c \\ 0 & a & b \\ -b & 0 & \frac{bc}{a} \end{vmatrix} \xlongequal{(1)\times\left(\frac{-b}{a}\right)+(3)} \begin{vmatrix} -a & 0 & c \\ 0 & a & b \\ 0 & 0 & 0 \end{vmatrix} = 0$$

(2) $$\begin{vmatrix} a+b & c & c \\ a & b+c & a \\ b & b & c+a \end{vmatrix} \xlongequal{(1)\times\left(\frac{-a}{a+b}\right)+(2)}$$

$$\begin{vmatrix} a+b & c & c \\ 0 & \frac{b(a+b+c)}{a+b} & \frac{b(a+b-c)}{a+b} \\ b & b & c+a \end{vmatrix} \xlongequal{(1)\times\frac{-b}{a+b}+(3)}$$

$$\begin{vmatrix} a+b & c & c \\ 0 & \frac{b(a+b+c)}{a+b} & \frac{a(a+b-c)}{a+b} \\ 0 & \frac{b(a+b-c)}{a+b} & \frac{a(a+b+c)}{a+b} \end{vmatrix} =$$

$$(a+b)\begin{vmatrix} \frac{b(a+b+c)}{a+b} & \frac{a(a+b-c)}{a+b} \\ \frac{b(a+b-c)}{a+b} & \frac{a(a+b+c)}{a+b} \end{vmatrix} = \frac{ab}{a+b}\begin{vmatrix} a+b+c & a+b-c \\ a+b-c & a+b+c \end{vmatrix}$$

$= 4abc$

3. **解** (1) $D_1 = \begin{vmatrix} 1 & -3 \\ 8 & 2 \end{vmatrix} = 26$ $D_2 = \begin{vmatrix} 2 & 1 \\ 3 & 8 \end{vmatrix} = 13$ $D = \begin{vmatrix} 2 & -3 \\ 3 & 2 \end{vmatrix} = 13$

则 $x = \frac{D_1}{D} = \frac{26}{13} = 2$，$y = \frac{D_2}{D} = \frac{13}{13} = 1$

(2) $D_1 = \begin{vmatrix} 3 & 2 & -1 \\ 1 & -1 & -2 \\ 6 & 3 & 1 \end{vmatrix} = -20$ $D_2 = \begin{vmatrix} 1 & 3 & -1 \\ 2 & 1 & -2 \\ 1 & 6 & 1 \end{vmatrix} = -10$

$$D_3 = \begin{vmatrix} 1 & 2 & 3 \\ 2 & -1 & 1 \\ 1 & 3 & 6 \end{vmatrix} = -10$$

$$D = \begin{vmatrix} 1 & 2 & -1 \\ 2 & -1 & -2 \\ 1 & 3 & 1 \end{vmatrix} = -10$$

则 $x=\frac{D_1}{D}=2$，$y=\frac{D_2}{D}=1$，$z=\frac{D_3}{D}=1$

4. **解** (1) $X=\begin{pmatrix}5&-1&2\\6&3&-7\end{pmatrix}-\begin{pmatrix}5&-5&10\\30&15&-35\end{pmatrix}$

$$=\begin{pmatrix}0&4&-8\\-24&-12&28\end{pmatrix}$$

(2) $X=\begin{pmatrix}-1&1&-2\\4&3&1\end{pmatrix}+2\begin{pmatrix}-1&0&1\\1&2&2\end{pmatrix}-\begin{pmatrix}3&1&2\\-1&2&-1\end{pmatrix}=$

$\begin{pmatrix}-6&0&-2\\7&5&6\end{pmatrix}$

5. **解** (1) $\begin{pmatrix}1&1\\2&1\\1&-1\end{pmatrix}_{3\times2}\begin{pmatrix}1&3&0&2\\2&1&1&3\end{pmatrix}_{2\times4}=\begin{pmatrix}3&4&1&5\\4&7&1&7\\-1&2&-1&-1\end{pmatrix}_{3\times4}$

(2) $\begin{pmatrix}a&b&c\\c&b&a\\1&1&1\end{pmatrix}\begin{pmatrix}1&a&c\\1&b&b\\1&c&a\end{pmatrix}=\begin{pmatrix}a+b+c&a^2+b^2+c^2&b^2+2ac\\a+b+c&b^2+2ac&a^2+b^2+c^2\\3&a+b+c&a+b+c\end{pmatrix}$

(3) $\begin{pmatrix}2&1&1\\3&1&0\\0&1&2\end{pmatrix}^T(x,\ y,\ z)^T=\left[(x,\ y,\ z)\begin{pmatrix}2&1&1\\3&1&0\\0&1&2\end{pmatrix}\right]^T=(2x+$

$3y,\ x+y+z,\ x+2z)^T=\begin{pmatrix}2x+3y\\x+y+z\\x+2z\end{pmatrix}$

(4) $(x,\ y)_{1\times1}\begin{pmatrix}a&b\\c&d\end{pmatrix}_{2\times2}\begin{pmatrix}x\\y\end{pmatrix}_{2\times1}=(ax+xy\quad bx+\mathrm{d}y)\begin{pmatrix}x\\y\end{pmatrix}=ax^2+$

$cxy+bxy+\mathrm{d}y^2$

6. **解** $\begin{pmatrix}n_1\\n_2\\n_3\\n_4\end{pmatrix}=\begin{pmatrix}f_1&f_2&f_3&f_4\\p_1&0&0&0\\0&p_2&0&0\\0&0&p_3&0\end{pmatrix}\begin{pmatrix}m_1\\m_2\\m_3\\m_4\end{pmatrix}$

7. **解** (1) $A^*=\begin{pmatrix}8&-3\\-2&1\end{pmatrix}$

(2) $A_{11}=\begin{vmatrix}1&0\\1&2\end{vmatrix}=2$，$A_{12}=-\begin{vmatrix}3&0\\0&2\end{vmatrix}=-6$，$A_{13}=\begin{vmatrix}3&1\\0&1\end{vmatrix}=3$

$$A_{21}=-\begin{vmatrix}1&1\\1&2\end{vmatrix}=2,\ A_{22}=\begin{vmatrix}2&1\\0&2\end{vmatrix}=4,\ A_{23}=-\begin{vmatrix}2&1\\0&1\end{vmatrix}=-2$$

$$A_{31}=\begin{vmatrix}1&1\\1&0\end{vmatrix}=-1,\ A_{32}=-\begin{vmatrix}2&1\\3&0\end{vmatrix}=3,\ A_{33}=\begin{vmatrix}2&1\\3&1\end{vmatrix}=-1$$

故 $A^*=\begin{pmatrix}2&-1&-1\\-6&4&3\\3&-2&-1\end{pmatrix}$

8. **解** (1) $A^{-1}=\dfrac{1}{a_{11}a_{22}-a_{12}a_{21}}\begin{pmatrix}a_{22}&-a_{12}\\-a_{21}&a_{11}\end{pmatrix}=\dfrac{1}{-9+10}\begin{pmatrix}-3&5\\-2&3\end{pmatrix}=$

$\begin{pmatrix}-3&5\\-2&3\end{pmatrix}$

(2) $A^{-1}=\dfrac{A^*}{|A|}=\dfrac{1}{4}\begin{pmatrix}2&-1&-1\\0&4&0\\0&-2&2\end{pmatrix}$

9. **解** (1) $\begin{pmatrix}2&-1\\1&2\end{pmatrix}\begin{pmatrix}x_1\\x_2\end{pmatrix}=\begin{pmatrix}3\\4\end{pmatrix}$ $|A|=5\neq 0,\ A^{-1}=\dfrac{1}{5}\begin{pmatrix}2&1\\-1&2\end{pmatrix}$

$\begin{pmatrix}x_1\\x_2\end{pmatrix}=\dfrac{1}{5}\begin{pmatrix}2&1\\-1&2\end{pmatrix}\begin{pmatrix}3\\4\end{pmatrix}=\begin{pmatrix}2\\1\end{pmatrix}$

(2) $\begin{pmatrix}1&-1&3\\2&1&-1\\3&4&2\end{pmatrix}\begin{pmatrix}x\\y\\z\end{pmatrix}=\begin{pmatrix}-8\\23\\11\end{pmatrix}$

$\begin{pmatrix}x\\y\\z\end{pmatrix}=\dfrac{1}{28}\begin{pmatrix}6&14&-2\\-7&-7&7\\5&-7&3\end{pmatrix}\begin{pmatrix}-8\\23\\11\end{pmatrix}=\dfrac{1}{28}\begin{pmatrix}252\\-28\\-168\end{pmatrix}=\begin{pmatrix}9\\-1\\-6\end{pmatrix}$

10. **解** 由题意:第一车间总产量为:$x_1=22+0.1x_1+0.2x_2+0.45x_3$

第二车间的总产量为:$x_2=0+0.2x_1+0.2x_2+0.3x_3$

第三车间的总产量为:$x_3=55.6+0.5x_1+0.12x_3$

方程组为:$\begin{cases}18x_1-4x_2-9x_3=440\\2x_1-8x_2+3x_3=0\\25x_1-44x_3=-2\,780\end{cases}$

方程可表示为:$AX=C$,即:

$$A^{-1}=\frac{1}{|A|}A^{*}=\frac{1}{3\,884}\begin{pmatrix}352 & -176 & -84\\163 & -567 & -72\\200 & -100 & -136\end{pmatrix}$$

$$X=A^{-1}C=\frac{1}{3\,884}\begin{pmatrix}352 & -176 & -84\\163 & -567 & -72\\200 & -100 & -136\end{pmatrix}\begin{pmatrix}440\\0\\-2\,780\end{pmatrix}$$

$$=\frac{1}{3\,884}\begin{pmatrix}388\,400\\271\,880\\466\,080\end{pmatrix}=\begin{pmatrix}100\\70\\120\end{pmatrix}$$

11. **解**　(1) $A^T=(a^T,\ b^T,\ c^T)=\begin{pmatrix}2 & -1 & 1\\2 & 2 & 2\\0 & 1 & 2\\1 & 3 & 0\end{pmatrix}\to\begin{pmatrix}1 & 3 & 0\\0 & -4 & 2\\0 & 1 & 2\\0 & -7 & 1\end{pmatrix}\to$

$$\begin{pmatrix}1 & 3 & 0\\0 & 1 & 2\\0 & 0 & 10\\0 & 0 & 15\end{pmatrix}\to\begin{pmatrix}1 & 3 & 0\\0 & 1 & 2\\0 & 0 & 1\\0 & 0 & 0\end{pmatrix}$$

$R(A)=3=n$ 故线性无关。

(2) $A^T=(a^T,\ b^T,\ c^T)=\begin{pmatrix}1 & 3 & 2\\0 & 1 & 0\\2 & 8 & 4\end{pmatrix}\to\begin{pmatrix}1 & 3 & 2\\0 & 1 & 0\\0 & 0 & 0\end{pmatrix}$，

$R(A)=2<3=n$ 故线性相关。

12. **解**　(1) $\begin{pmatrix}2 & -4 & 3 & -1\\1 & 4 & 1 & -3\end{pmatrix}\to\begin{pmatrix}1 & 0 & \frac{4}{3} & \frac{-4}{3}\\0 & 1 & \frac{-1}{12} & \frac{-5}{12}\end{pmatrix}$

一般解为 $\begin{cases}x_1=-\frac{4}{3}x_3+\frac{4}{3}x_4\\x_2=\frac{1}{12}x_3+\frac{5}{12}x_4\end{cases}$，一个基础解系为 $X_1=\begin{pmatrix}-16\\1\\12\\0\end{pmatrix}$，

$X_2=\begin{pmatrix}16\\5\\0\\12\end{pmatrix}$，

通解为 $\begin{pmatrix}x_1\\x_2\\x_3\\x_4\end{pmatrix}=k_1\begin{pmatrix}-16\\1\\12\\0\end{pmatrix}+k_2\begin{pmatrix}16\\5\\0\\12\end{pmatrix}$

(2) $\begin{pmatrix}2&7&3&1&6\\3&5&2&2&4\\9&4&1&7&2\end{pmatrix}\rightarrow\begin{pmatrix}2&7&3&1&6\\0&-11&-5&1&-10\\0&0&0&0&0\end{pmatrix}\rightarrow$

$\begin{pmatrix}1&0&-\frac{1}{11}&\frac{9}{11}&\frac{-2}{11}\\0&1&\frac{5}{11}&\frac{-1}{11}&\frac{10}{11}\end{pmatrix}$

$\begin{cases}x_1=\frac{1}{11}x_3-\frac{9}{11}x_4-\frac{2}{11}\\x_2=-\frac{5}{11}x_3+\frac{1}{11}x_4+\frac{10}{11}\end{cases}$

在线性方程组的一般解，令 $x_3=x_4=0$，得特解 $X_0=\left(-\frac{2}{11},\frac{10}{11},0,0\right)^T$

在对应齐次线性方程组的一般解分别令 x_3 和 x_4 之一为 0，得到一个基础解系 $(1,-5,11,0)^T$、$(-9,1,0,11)^T$，故得线性方程组的通解为 $\begin{pmatrix}x_1\\x_2\\x_3\\x_4\end{pmatrix}=\begin{pmatrix}-\frac{2}{11}\\\frac{10}{11}\\0\\0\end{pmatrix}+k_1\begin{pmatrix}1\\-5\\11\\0\end{pmatrix}+k_2\begin{pmatrix}-9\\1\\0\\11\end{pmatrix}$

13. **解** $\begin{vmatrix}-\lambda&1&0\\0&\frac{1}{2}-\lambda&\frac{1}{2}\\\frac{1}{4}&\frac{1}{2}&-\lambda\end{vmatrix}\underline{\underline{\begin{matrix}(1)\sim(3)\\4(1)\\(3)+\lambda(1)\end{matrix}}}\begin{vmatrix}1&2&-4\lambda\\0&\frac{1}{2}-\lambda&\frac{1}{2}\\0&1+2\lambda&-4\lambda^2\end{vmatrix}=$

$\frac{1}{4}\begin{vmatrix}\frac{1}{2}-\lambda&\frac{1}{2}\\1+2\lambda&-4\lambda^2\end{vmatrix}=\frac{1}{4}\left[-4\lambda^2\left(\frac{1}{2}-\lambda\right)-\frac{1}{2}(1+2\lambda)\right]=\lambda^3-\frac{1}{2}\lambda^2-\frac{1}{4}\lambda-\frac{1}{8}$,

故特征方程可化为 $\lambda^3-\frac{1}{2}\lambda^2-\frac{1}{4}\lambda-\frac{1}{8}=0$

$0.919\,6^3-\frac{1}{2}\times 0.919\,6^2-\frac{1}{4}\times 0.919\,6-\frac{1}{8}\approx 0.777\,7-0.422\,8-0.229\,9-0.125=-0.000\,3\approx 0$

故有特征值 $\lambda\approx 0.919\,6$

14. **解** $|A-\lambda E|=\begin{vmatrix} 1-\lambda & \frac{1}{4} & \frac{1}{18} \\ 0 & \frac{2}{4}-\lambda & \frac{8}{18} \\ 0 & \frac{1}{4} & \frac{9}{18}\lambda \end{vmatrix}=(1-\lambda)\left[\left(\frac{1}{2}-\lambda\right)^2-\frac{1}{9}\right]=0$

$\lambda=1$, $\lambda=5/6$, $\lambda=1/6$,分别将它们代入下列齐次方程:

$$\begin{pmatrix} \lambda-1 & \frac{1}{4} & \frac{1}{18} \\ 0 & \lambda-\frac{1}{2} & \frac{8}{18} \\ 0 & \frac{1}{4} & \frac{9}{18}\lambda \end{pmatrix}\begin{pmatrix} x_1 \\ x_2 \\ x_3 \end{pmatrix}=0$$

故 $\lambda_1=1$ 的特征向量为:$X_1=\begin{pmatrix} 1 \\ 0 \\ 0 \end{pmatrix}$,$\lambda_2=5/6$ 的特征向量为 $X_2=\begin{pmatrix} -7 \\ 4 \\ 3 \end{pmatrix}$,$\lambda_3=1/6$ 的特征向量为:$X_3=\begin{pmatrix} 1 \\ -4 \\ 3 \end{pmatrix}$